职业院校课程改革系列教材

U0826417

技术物理基础

上册 （第二版）

丁振华　张　影　主编

中国教育出版传媒集团
高等教育出版社·北京

内容提要

本书是职业院校课程改革系列教材《技术物理基础》的修订版。本次修订在保持原书特色的基础上，全面贯彻落实党的二十大精神，深入推进党的二十大精神进教材、进课堂、进头脑，充分反映新时代伟大变革和取得的重大成就，强化了教材育人导向，重视对学生创新意识及科学思维方法的训练，突出物理核心素养的培养，强化物理在工程领域的应用，渗透“科学·技术·社会·环境”教育，体现教材的时代性、实用性和职教特色。

全书分上、下两册，上册包括力学、热学；下册包括电磁学、光学、原子核基础知识、物理学与高新技术、环境保护等内容。本书内容通俗易懂、语言简练、插图丰富。本书可供五年制高职各专业使用，也可作为中职教材使用。

本套教材配套丰富的辅教辅学资源，请登录高等教育出版社新形态教材网（https://abooks.hep.com.cn）获取相关资源。详细使用方法见本书最后一页“郑重声明”下方的“学习卡账号使用说明”。

图书在版编目（CIP）数据

技术物理基础. 上册 / 丁振华，张影主编. -- 2版. -- 北京：高等教育出版社，2024.12

ISBN 978-7-04-061617-0

Ⅰ. ①技… Ⅱ. ①丁… ②张… Ⅲ. ①物理学-高等职业教育-教材 Ⅳ. ①O4

中国国家版本馆CIP数据核字（2024）第029192号

JISHU WULI JICHU

策划编辑	王丹丹	责任编辑	陆　明	特约编辑	王楚思	封面设计	李卫青
版式设计	马　云	责任绘图	邓　超	责任校对	张　然	责任印制	耿　轩

出版发行	高等教育出版社	网　　址	http://www.hep.edu.cn
社　　址	北京市西城区德外大街4号		http://www.hep.com.cn
邮政编码	100120	网上订购	http://www.hepmall.com.cn
印　　刷	鸿博昊天科技有限公司		http://www.hepmall.com
开　　本	787mm × 1092mm　1/16		http://www.hepmall.cn
印　　张	18.75	版　　次	2004年7月第1版
字　　数	300千字		2024年12月第2版
购书热线	010-58581118	印　　次	2024年12月第1次印刷
咨询电话	400-810-0598	定　　价	59.30元

本书如有缺页、倒页、脱页等质量问题，请到所购图书销售部门联系调换

物 料 号　61617-00

第二版前言

《技术物理基础》自出版以来，已在全国高等职业学校广泛使用，深受师生的欢迎。为全面贯彻落实党的二十大精神，深入推进党的二十大精神进教材、进课堂、进头脑，充分反映新时代伟大变革和取得的重大成就，适应新时代我国职业教育发展，有必要对本教材进行修订，以便更好地为职业教育人才培养服务。

在修订过程中，强化了教材育人导向，突出物理核心素养的培养，恰当引入现代科技成果，体现教材的时代性、实用性和职教特色，对教学内容进行了改革和创新。具体有：

1. 强化教材育人导向，落实立德树人根本任务。教材修订以习近平新时代中国特色社会主义思想为指导，站在落实立德树人根本任务的高度，引导学生自觉践行社会主义核心价值观，突出了教材的育人功能，通过“技术·中国”栏目展现中国在高新技术领域取得的巨大成就，如取得辉煌成就的中国航天事业、震撼世界的中国桥梁技术、走向世界的中国高铁技术等，弘扬民族精神，培育时代精神，激发爱国情怀，增强民族自豪感，引导学生树立正确的世界观、人生观和价值观。增加“行为与责任”栏目，引导学生将工匠精神、绿色发展和社会责任等落实到具体行动中。

2. 注重物理概念的建构和物理规律的探究，突出物理核心素养的培养。教材对很多物理概念、定理、定律不再直接给出，而是通过“观察与思考”“实验与探究”等栏目，创设问题情境、实验探究后得出，点燃了学生科学探究的兴趣与热情，将物理学研究中的假设推理、科学论证、探究设计等核心素养渗透在学习中，养成实事求是的科学态度和精益求精的工匠精神；“实践与探索”栏目提升了学生动手操作、质疑与创新、合作交流、分析与解决问题的能力；“思维与方法”栏目让学生了解和掌握研究问题的科学思维方法，发展学生思辨与创新的能力，促进学科素养的形成，落实职业教育物理课程在核心素养四个方面的要求。

3. 体现为专业服务的理念，突出教材的实用性。修订时对教材章节结构、教学内容进行了优化组合，精选了工科类专业学生后续专业课程学习中必备的基础知识与技能，突出了知识和技能的应用，尤其突出了物理在工程领域的技术应用，并通过“技术应用”栏目把所学物理知识与生产生活、工程技术结合起来。在“练习与应用”栏目中，增加了习题数量，设计了大量开放性问题和合作探究等活动，将学业质量分为水平Ⅰ和水平Ⅱ，以适应不同层次的教学需求。

4. 恰当引入现代科技成果，突出教材的时代性和职教特色。围绕新时代伟大变革和取得的重大成就更新教材内容，及时将我国在载人航天、探月探火、深海深地探测、超级计算机、卫星导航、量子信息、核电技术、新能源技术、大飞机制造、生物医药领域等取得的重大成果、绿色低碳生态环境保护建设等内容融入教材中。例如，在教材中介绍了人工智能及应用、柔性显示屏、绿色建筑在节能减排低碳环保中的应用等，既拓宽了学生的知识面，又突出了教材的时代性和职教特色。

本套教材配套丰富的辅教辅学资源，请登录高等教育出版社新形态教材网（https://abooks.hep.com.cn）获取相关资源。详细使用方法见本书最后一页“郑重声明”下方的“学习卡账号使用说明”。

参与本书修订的老师有：徐州工业职业技术学院丁振华（修订内容为绪论、第1—6章）、长春市机械工业学校张影（修订内容为第7—8章）。全书由丁振华、张影任主编并统稿，南京旅游职业学院黄斌主审。

由于编者水平有限，书中难免有不妥之处，恳请读者批评指正。读者意见反馈邮箱：zz_dzyj@pub.hep.cn。

编　者

2023年12月

第一版前言

进入 21 世纪以来，我国五年制高等职业教育得到了迅猛发展，而编写与五年制高等职业教育发展水平相适应、定位科学准确、特色鲜明的五年制高职教材，是体现五年制高职教育特色的关键，这对深化高等职业教育改革，保证五年制高职人才培养目标的实现具有重要意义。

为此，本教材的编写是以五年制高等职业教育培养目标为依据，以培养学生素质和能力为中心，以实践应用为主体，将与物理有关的新知识、新技术、新工艺及时反映到教材中来，突出教材的实用性、先进性和职教特色。教材重视对学生科学探究能力、创新意识及科学精神的培养。本书具有以下特点：

一、体现以学生学习为主体

教材是按照学生的学习心理规律来编写的。每章都有章首，在章首介绍了本章的主要内容，使学生在学习新知识之前，对本章内容大概了解。在每节内容前面，提出了本节内容的“知识目标”和“能力目标”，使学生带着明确的学习目标来学习这节内容。每节开头都创设情境，提出问题，让学生想一想，然后通过观察或实验，分析归纳得出物理概念和规律。有的章节还有“观察与思考”“自己动手做”，这些内容着重培养学生观察能力、实验能力、分析问题和解决问题的能力。带“*”号的为选修内容，供不同学校、不同专业根据需要选用。

二、突出教材的实用性、先进性和职教特色

由于物理课是五年制高职各专业通用的一门重要的必修课，教材内容既要充分体现五年制高职培养的目标，兼顾到学生终身学习的需要，同时又要考虑到五年制高职物理课安排在一年级开设，仍属于初中后教育，不能随意拔高。因此，本教材在内容上精选了学生终身学习和后续课程学习必备的基础知识与技能，将与物理有关的新知识、新技术、新工艺及时反映到教材中来。比如，在【知识窗】中介绍了与物理知识有关的高新技术，如磁悬浮列车、神奇的γ刀等，用一章介绍物理学与高新技术的关系，如航天技术、通信技术、信息技术、传感技术、纳米技术等，使物理的基础性与技术性、物理原理与工程技术有机地结合。这些内容既拓宽了学生知识面，又体现了教材的实用性、先进性和职教特色。

三、教材贴近学生生活，渗透“科学·技术·社会”教育

科学技术问题都是直接或间接与社会相联系的，让学生了解科学、技术对社会的积极作用和不利影响，了解科学、技术、社会问题是如何相互促进和发展的，有利于培养学生用联系、发展的观点看待问题，使学生觉得物理是有用的，是活生生的。因此，教材选择一些与学生生活联系密切的内容，如电冰箱的制冷原理、微波炉的原理、声音的传播与多普勒效应，物理学与环境保护等。这些内容贴近学生生活，联系社会实际，增加了学生对物理的兴趣，渗透了“科学·技术·社会”教育。

四、突出物理科学方法的教育

科学发展的历史表明，每一个科学上的新发现，特别是具有重大意义的科学发现，都为学习者提供科学思维方式和科学研究方法。本书在编写中，力求通过观察、实验、理想化模型、图像、等效、类比、假说、分析、综合、归纳、演绎等一系列物理科学方法的渗透和应用，让学生了解研究问题的科学方法，培养学生形成科学的世界观和方法论。

五、插图丰富、内容新颖

教材力求做到图文并茂，每节内容都用大量贴近生活、具有真实感的彩色图片来提供知识信息，或补充说明相关物理概念，来帮助学生感知物理现象，引发学生对学习物理的兴趣，降低知识理解的难度。

本书适用于以初中毕业为起点的五年制高职物理课程的教学，可供五年制高职工科各专业使用，也可作为中职教材使用。

本书是在中国物理学会教学委员会职教分委会、中国教育学会物理专业委员会职教工委会组织和指导下，由徐州工业职业技术学院丁振华编写、山东建工学院张世忠主审。在编写过程中，得到徐建中、牛金生、郝超、段超英、黄斌等同志的大力支持和帮助。在本书与广大读者见面之际，谨向他们表示衷心的感谢。

编写本书时，参考了许多文献资料，在此对有关资料的编著者深表谢意。

由于编者水平有限，加上编写时间仓促，书中难免有不妥之处，恳请读者批评指正。

编　者

2003 年 12 月

目录

绪论　走进物理世界

人们对周围发生的事情总是感兴趣的。当你打开电视机欣赏电视台转播北京冬奥会精彩的体育比赛时（图 1），当你收看电视台播送天气预报时，你是否会想到正是遨游在苍穹中的地球同步卫星（图 2）给你带来了这一切？ 2023 年，我国神舟十六号载人飞船发射成功，中国空间站顺利建成，标志着我国航天技术发展到新高度。你会为中华民族感到自豪，可你是否知道长征二号 F 型运载火箭起飞时的总质量是多少？起飞推力是多少？火箭是利用什么原理飞行的？它的速度要达到多少才能飞离地球？

图 1　电视机

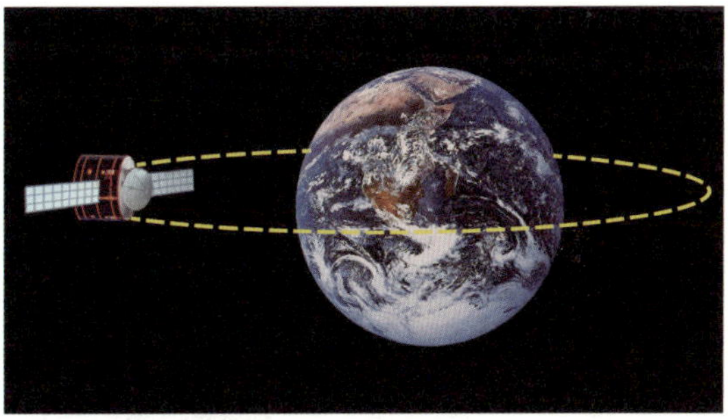

图 2　地球同步卫星示意图

如果你把不理解的问题列个清单，恐怕得写了又写，甚至写不完。学习物理会帮助你更好地了解物理世界的本质。在学习物理的过程中，你会找到前面提出的问题的答案。现在就让我们开始吧！

什么是物理学

物理学（Physics）一词最早出自古希腊文，含义是“自然”，在古代是自然科学的总称。早期的科学家是把整个自然界作为研究对象。阿基米德、伽利略和牛顿等物理学家都自称“自然哲学家”。不过，随着科学的发展，自然科学逐渐分为天文学、物理学、数学、化学、生物学、地质学等。物理学自身也向专业化纵深发展，如力学又分为流体力学、弹性力学、材料力学、工程力学等分支；由于物理学在各个方面的广泛应用，又陆续形成了许多交叉学科，如化学物理、地球物理、天体物理、生物物理等。同时也发展了原子能、半导体、激光、超导、等离子体、粒子物理等许多尖端技术。现在人类已进入高科技的时代，向太空进军。光纤通信的应用、核电站的建立、计算机的普及以及信息高速公路的建设等，无不以物理理论为主要基础。

物理学的研究范围是非常广阔的。最小研究对象是数量级约为 10^{-15} m 的基本粒子，最大研究对象是数量级为 10^{26}～10^{27} m 的星系宇宙。从 10^{-15} m 到 10^{27} m，共跨越了 43 个数量级。图 3 标出了物质空间的尺度，形象地说明最大的宇宙和最小的粒子之间的尺寸关系。

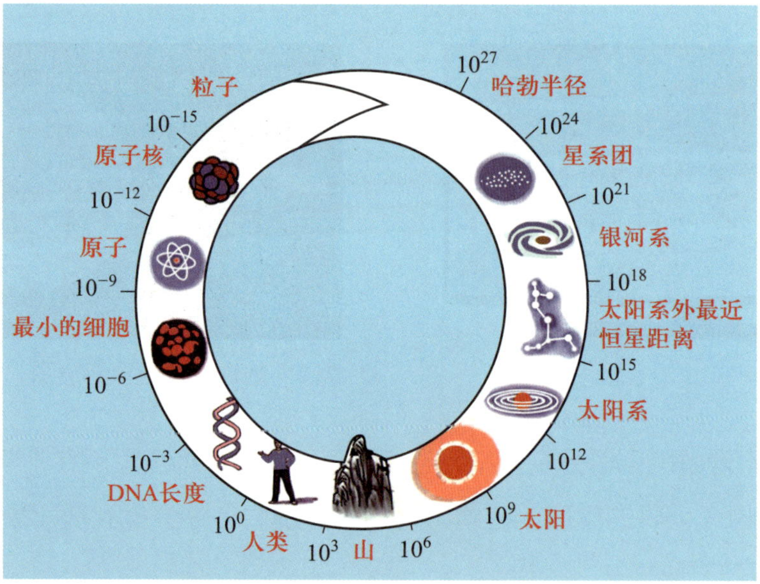

图 3 物质空间的尺度

今天人们正在雄心勃勃地用观察、实验和推理的方法来探索各种物理规律，小到微观粒子结构，大到宇宙星系。因此我们说，**物理学是研究物质基本结构和运动基本规律的科学**。物理学像一株枝繁叶茂、包罗万象的长青知识树（图 4）。

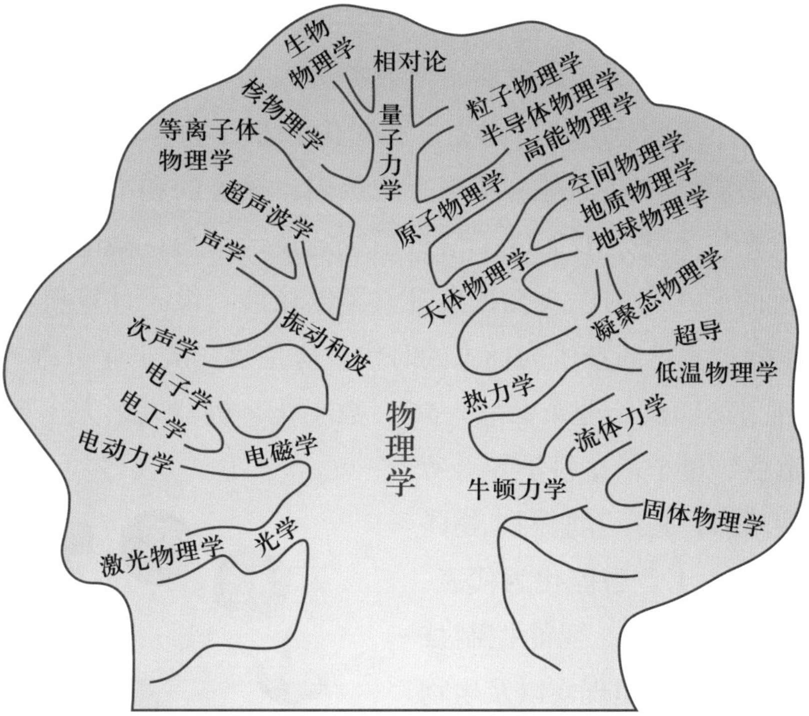

图 4　物理学研究的内容

今天我们开设的物理课，主要是在初中物理的基础上进一步学习有关力学、热学、电磁学、光学、原子和原子核物理学等知识，掌握并运用物理学的基本知识，培养分析问题、解决问题的能力，提高自己的科学文化素养，掌握基本的实验技能和技巧，并为后续专业课程的学习打下扎实的基础。现在所学的物理将向你们展现比初中物理更精彩、更多姿的世界。

物理学是现代技术的重要基础

物理学的知识来源于实践。人们通过生产实践和科学实验，总结出物理规律，使之上升为理论，成为物理定理、定律。物理学和生产技术的关系十分密切，它们相辅相成，相互促进。物理学的新成就对生产力的发展起了巨大的推动作用。可以说，人类历史上的四次工业革命，都是物理学的推广和应用。

18 世纪，由于牛顿力学的建立和热力学的发展，蒸汽机技术得到广泛应用，引起了第一次工业革命，极大地提高了社会生产力；到了 19 世纪，电磁学理论的建立与发展，推动了电气化发展，使人类进入了电能应用的时代，这是第二次工业革命；19 世纪末到 20 世纪初，相对论和量子力学的建立，使人类对原子、原子核及物质微粒有了进一步深入的认识，核能的和平应用加速了能源开发的进程；激光技术的发展促成了信息系统的技术革命；微电子学的建立带动了电子计算机的广泛应用。人类社会进入了以核能、电子计算机技术、激光技术、航天与空间技术等新技术为标志的时代，这是第三次工业革命。

现在已迎来第四次工业革命——5G、数字化、机器人、人工智能、生物医药、先进制造业、量子信息科学等。所谓第四次工业革命，是以互联网、物联网产业化（图 5）、工业智能化为代表，以人工智能、清洁能源、智能控制技术、量子信息技术、虚拟现实以及生物技术为主的全新技术革命。

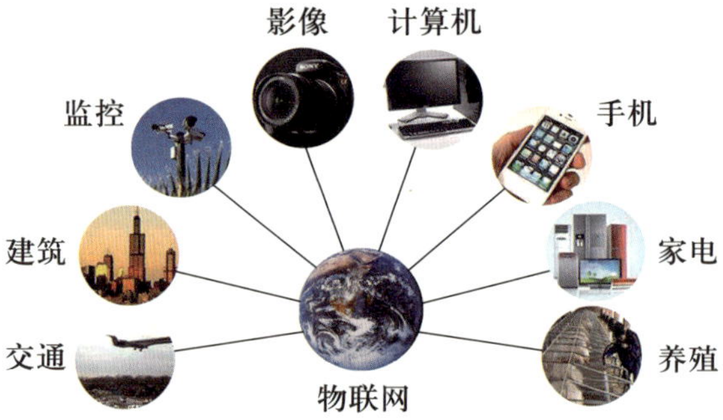

图 5　物联网产业化

对于已经到来的第四次工业革命，中国正全力发展人工智能、数据经济以及 5G 网络等新型科技产业，基础研究和原始创新不断加强，一些关键核心技术已实现突破，战略性新兴产业发展壮大，载人航天、探月探火、深海探测、超级计算机、卫星导航、量子信息、核电技术、新能源技术、大飞机制造、生物医药等取得重大成果，进入创新型国家行列。我们要贯彻新时代新发展理念，着力推进高质量发展，以中国式现代化推进中华民族伟大复兴。

物理学与学科核心素养

物理学是整个自然科学的基础。它不仅能传播物理知识、物理概念和物理图像，而且还传授科学的工作语言、思想方法和研究方法，是一门重要的文化基础课。本课程重在核心素养的培养。通过对本课程的学习，同学们可以了解物质结构、物体运动、相互作用等方面的基本概念和规律，以及在生产、生活中的应用，形成基本的物理观念；通过实验观察与学习思考的过程，可以了解基本的物理思维与方法，提高问题分析、模型建构、假设推理、科学论证、质疑创新等能力；通过动手实践，可以增强操作技能，了解技术运用，敢于进行科学探究设计；在本课程的学习中，可以培养同学们积极的合作意识，精益求精的大国工匠精神，增强同学们科技传承的历史使命感、保护生态环境的社会责任感；培养爱党爱国、自觉践行社会主义核心价值观的家国情怀。

物理学将为你后续课程的学习以及今后走上工作岗位，进行生产和科研打下扎实的基础，它是其他课程无法替代的。

我国对物理学的贡献

中华民族素以勤劳、智慧和勇敢著称于世。我国古代的发现和发明，往往超过同时代的欧洲，我国对天体和天象的观测、记录和研究，已有 4 000 多年的历史。从春秋战国开始，我国对力、声、热、电、磁和光等物理现象和规律，就有了广泛的探索及多种多样的重要发明。较集中地记载着物理知识，在历史上有较大影响的典籍，有墨家的《墨经》,《周礼》中的《考工记》，汉朝王充的《论衡》，宋朝沈括的《梦溪笔谈》，明朝方以智的《物理小识》等。无论在我国还是在世界的科学史上，《梦溪笔谈》都享有很高的声誉。1979 年，国际上曾以沈括的名字命名了一颗小行星，以纪念他对科学的贡献。东汉时期的张衡，则以其地动仪（图 6）的伟大发明，以及对浑天仪（测天体仪器）的改进而闻名于世。

图 6　地动仪的示意图

在近代和现代的物理发展史上，我国人才辈出，群星璀璨，先后涌现了一大批享有国际声誉的物理学家，其中有周培源、钱三强、钱学森、钱伟长、赵九章、邓稼先、张文裕、王淦昌和吴大猷等人。不论是基础理论或物理实验，在众多的研究领域中，都有中华儿女的突出建树。在美籍华裔物理学家中，李政道和杨振宁（1957 年）、丁肇中（1976 年）、朱棣文（1997 年）、崔琦（1998 年）都获得了被视为科学最高荣誉的诺贝尔物理学奖。

第一章　直线运动

一个小球沿光滑的斜面下滑是简单运动，而汽车轮胎的运动是复杂运动；使飞机起飞需要巨大的力，而使电子运动只需微乎其微的力；一颗射出的子弹具有动能，一头狂奔的犀牛也具有动能，转动着的地球同样具有动能。对于这些好像毫无联系的现象，你将发现只用少得惊人的几条基本定律即能对它们作出解释。这就是我们要在力学中讨论的运动学、牛顿运动定律、功和能、机械能守恒和动量守恒。下面几章将介绍这些最重要的物理定律及有关的物理概念。

我们先从物体的运动开始学习物理学，暂且不考虑运动的起因。这种不管起因，而只对运动本身进行研究的科学，我们称为运动学。它涉及速度、加速度、时间和距离之间的关系等。实践证明，运动学是非常有用的，它对研究力及力引起运动变化的动力学很有帮助。

学习目标

了解位移、路程、时间、时刻、平均速度、瞬时速度、加速度等概念，知道位移和路程、时间和时刻、瞬时速度和平均速度的区别和联系；知道矢量与标量的区别；理解质点的概念，知道把物体看成质点的条件；理解匀变速直线运动和自由落体运动规律，能用其进行简单的计算，并解释或解决生活中的实际问题。

建构质点、匀变速直线运动、自由落体运动等物理模型，进一步领会模型方法在科学研究中的作用；运用公式、图像等数学方法描述匀变速直线运动规律，并能用其解决实际问题，培养应用数学工具处理物理问题的能力。

通过测量运动物体的速度和加速度、探究自由落体运动规律等实践活动，发展实验观察、动手操作、探究设计能力；通过了解车辆测速技术、汽车的加速性能，提升技术运用等核心素养。

通过测量物体速度和加速度等实验，培养规范操作、认真观察的实验态度以及一丝不苟、精益求精的工匠精神。通过了解神舟十五号航天员成功出舱、嫦娥五号探月工程、C919 大飞机等，传承科技报国之志，点燃科技强国之梦，增强民族自信心和自豪感。

1.1　运动的描述

观察与思考

2020 年 7 月 23 日我国首次在文昌航天发射场用长征五号遥四运载火箭成功将天问一号探测器送入预定轨道，开启火星探测之旅（图 1-1-1）。可以用哪些物理量来描述天问一号探测器运动快慢和运动的距离呢?

机械运动　物体运动有一个共同点，就是它们的空间位置随时间发生了变化。因此，物理学中把**一个物体相对于别的物体的位置变化**称为**机械运动**，简称**运动**。机械运动是最普遍的运动形式，小到分子、原子，大到宇宙的天体，

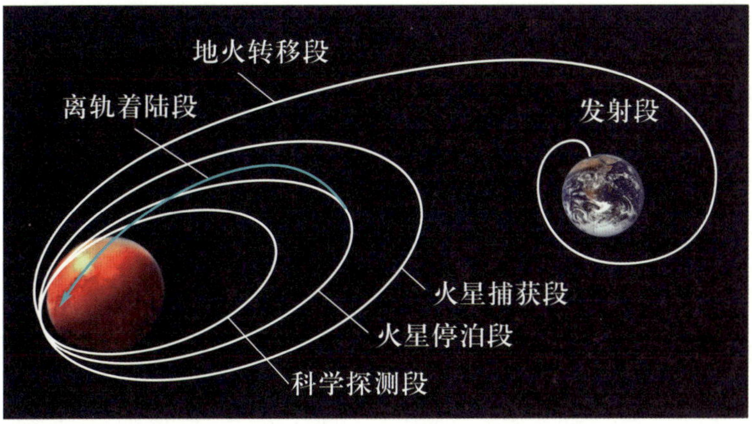

图 1-1-1 探测器飞往火星的示意图

一切物体都在运动。

参考系 假如你正坐在高速行驶的“复兴号”动车上，你说你是运动的还是静止的？你身旁的乘客会说你是静止的，因为从他的视角来看，你没有移动。可是，站在地面上的人会说你是运动的。谁的说法正确呢？当然他们都是正确的。因为他们是参考不同物体来判断你是否运动。**为了描述物体的运动而被选作参考用的物体称为参考系**。

参考系的选择是任意的。对同一个物体的运动，如果选取不同的参考系来描述，得出的结论可能完全不同。这就是**运动描述的相对性**。

思考与讨论

空中加油机可为长途飞行的各种飞机进行空中加油，我国是掌握空中加油技术的少数国家之一。图 1-1-2 所示为我国自行研制的战斗机“歼－20”在空中加油的情景，若以加油机为参考系，战斗机是__________的。若地面为参考系，战斗机是__________的。

图 1-1-2 加油机给“歼－20”加油

至于选择什么物体作为参考系，这要依据研究问题的性质及研究的方便程度而定。例如，判断船是否运动，常选择河岸上静止的物体作为参考系；判断汽车、火车的运动常用地面或建筑物、树木作为参考系。因此，研究物体在地面上的运动时，一般以地面或地面上静止的物体作为参考系。如果我们要研究地球围绕太阳旋转或研究太阳系中的行星的运动，则以太阳作为参考系比较合适。

本书中所说物体的“运动”，如未特别说明，均以地面或地面上静止的物体作为参考系。

质点　实际物体的运动，往往比较复杂，要详细地描述这些运动，并非易事。比如，天问一号探测器飞往火星的过程中，要全面描述探测器的运动是相当困难的。实际上人们只关心探测器飞行的速度、时间和距离，并不关心探测器的形状。像这样，物体的形状和大小对研究物体的运动影响不大时，就可以不考虑它的大小和形状，而将物体看成一个具有该物体全部质量的点，或者说用一个具有该物体全部质量的点来代替整个物体，这样的点称为**质点**。

思考与讨论

一个物体能不能看成质点，要根据具体情况而定。研究地球绕太阳公转时（图 1-1-3），能否把地球看作质点？在研究地球自转时（图 1-1-4），能否把地球当作质点处理？（地球直径约为 1.3×10^{7} m，地球与太阳的距离约为 1.5×10^{11} m）

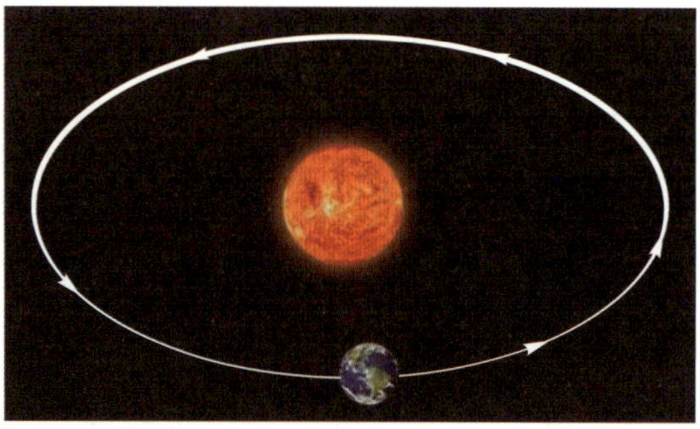

图 1-1-3　地球绕太阳公转

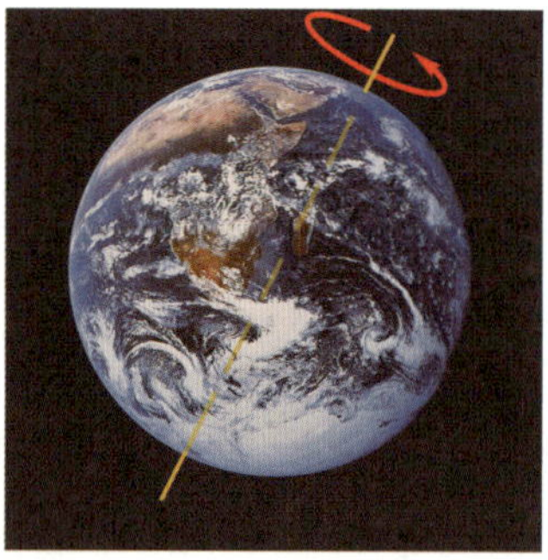

图 1-1-4　地球自转

在本书有关力学的内容中，如未特别说明，都可以把物体当作质点来处理。

思维与方法　物理模型

为了研究问题的方便，人们往往根据研究问题的性质和范围，先对研究对象进行简化或抽象，突出主要因素，忽略次要因素，就得到了**物理模型**。这是研究问题的一种科学方法。质点是力学中一个抽象的概念，实际上可看成质点的物体往往并不是很小，因此不能将它与数学上的几何点等同起来，它是人们为研究的需要而引入的一种理想化的物理模型。如质量可忽略的轻绳、轻滑轮、轻弹簧等也都是物理模型。在以后的学习中，我们还会接触到其他物理模型。

位移和路程　质点在运动过程中，它的位置随时间在不断地改变，那么用什么物理量来表示质点位置的改变呢？一个人从上海去北京，可以选择不同的交通方式，既可以坐高铁、坐飞机，也可以先坐轮船，再坐高铁或汽车。显然，在这几种情况下，他所通过的路线，也就是运动轨迹是不一样的，但是，就位置的变动来说，无论使用什么交通工具，走过了怎样不同的路程，他总是从上海到达了向北偏西方向直线距离大约 1 000 km 的北京（坐高铁距离大约 1 460 km），他的位置变动是相同的（图 1–1–5）。

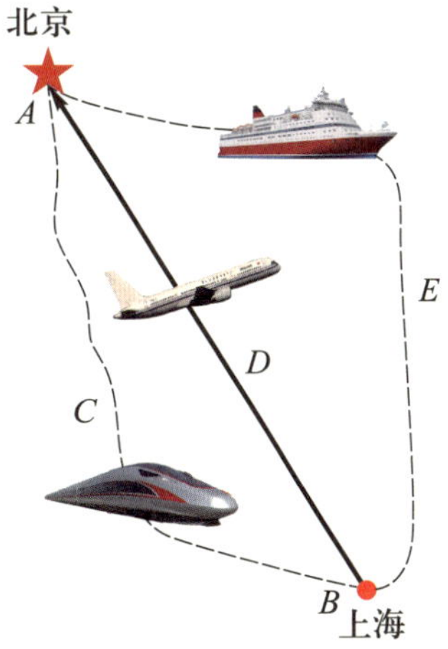

图 1–1–5　上海到北京的位置变化

物理学中把**质点从空间的一个位置运动到另一个位置的变化**称为质点在这一运动过程中的**位移**。

位移是矢量，它用物体的初位置指向末位置的有向线段 $\boldsymbol{r}$ 来表示。箭头的指向表示位移的方向，线段的长度表示位移的大小，单位是 m（米），如图 1–1–6 所示。

路程是指质点运动所通过的路径的长度，常用 s 表示。路程只有大小，没有方向，是标量。

无论质点沿什么样的路径运动，它的位移都是由起点（初位置）到终点（末位置）的有向线段。

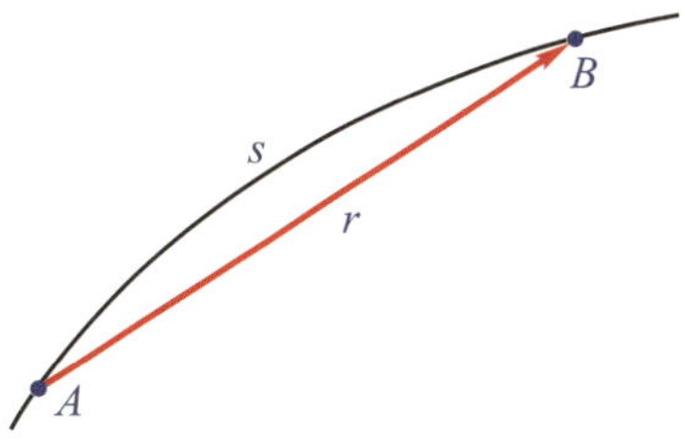

图 1–1–6　位移

位移只与初、末位置有关，与运动路径无关。一般情况下，位移的大小和路程不相等，只有质点做单方向直线运动时，位移的大小才等于路程。

从本节起，若不另作说明，凡是说到直线运动，都是指方向不变的直线运动，这时位移方向就是物体运动方向，而且位移的大小 r 等于路程 s，因而用大家熟悉的 s 来代替 r。

时间和时刻　时刻是指某一瞬间。比如上午 8 点开始上课，到 8 点 45 分下课，这里的 8 点是指这一节课开始的时刻（称之为初时刻），8 点 45 分是这节课结束的时刻（称之为末时刻），这两个时刻之间相隔 45 min，就是上课所经历的时间。

质点运动时，它的每一位置及此时的速度，都和某一时刻对应（图 1–1–7）。初位置（或初速度 v_0）和末位置（或末速度 v_t）所对应的时刻，分别称为**初时刻** t_0 和**末时刻** t。末时刻与初时刻之差，就是物体从初位置运动到末位置所用的时间 t。它和位移（路程）相对应。若从初位置开始计时，则初时刻 $t_0=0$，那么 t 就直接表示发生位移所用的时间。$t_0=0$ 的时刻也称**零时刻**。“3 s 内”或“前 3 s”是指从零时刻开始到第 3 s 末，这两个时刻之间的 3 s 时间，表示物体运动的时间是 3 s。“第 3 s 内”是指第 2 s 末（即第 3 s 初）到第 3 s 末，这两个时刻之间的 1 s 时间，如图 1–1–8 所示。

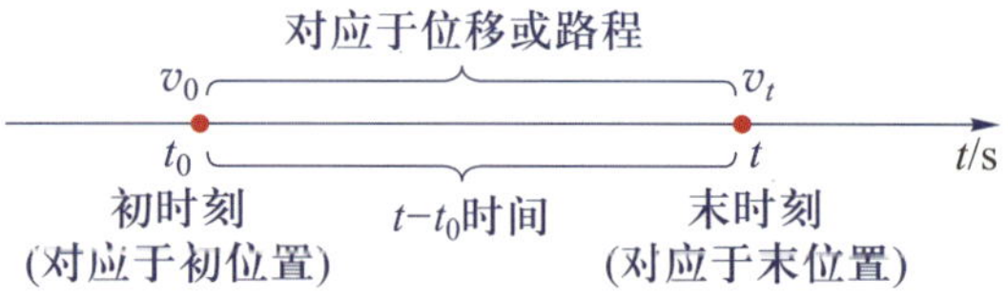

图 1–1–7　位置与时刻的关系

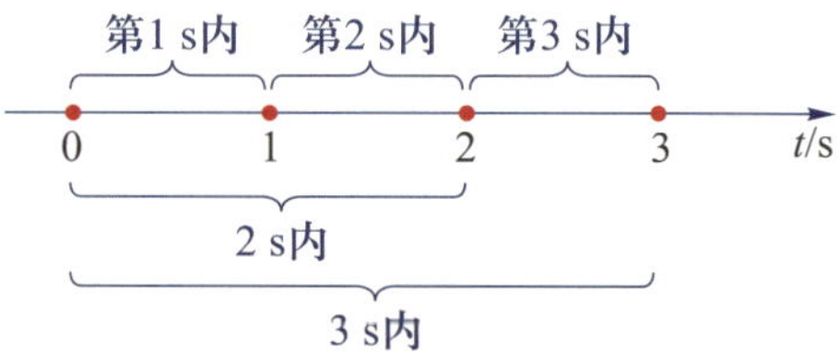

图 1–1–8　时间和时刻的关系

思考与讨论

2023 年 2 月 9 日 17 时 10 分，神舟十五号航天员从问天实验舱成功出舱。经过约 7 h 的出舱活动（图 1–1–9），圆满完成全部既定

图 1–1–9　“神舟十五号”航天员出舱

任务，航天员于2月10日0时16分安全返回问天实验舱。与同学讨论，上面各数据对应的是时间还是时刻。

速度和速率 物体运动的快慢常用速度来描述。在直线运动中，物体的位移与通过这段位移所用时间的比值称为**速度**。即

$$v=\frac{s}{t}$$

速度是既有大小又有方向的矢量，其方向就是物体的运动方向，速度的大小称为**速率**。在国际单位制中，速度的单位是m/s（米/秒），读作米每秒。

物体做匀速直线运动时的速度是不变的，但这种运动在自然界中是比较少见的，火车、汽车、飞机等在更多的情况下，是做变速直线运动。做变速直线运动的物体，在相等的时间内位移往往不相等，所以没有恒定的速度。我们可以用平均速度来粗略描述物体运动的快慢。

在变速直线运动中，物体运动的位移 s 与发生这段位移所用时间 t 的比值称为这段时间内的平均速度。用 $\bar{v}$ 表示平均速度，即

$$\bar{v}=\frac{s}{t}$$

平均速度是对运动的一种粗略描述，如果要精确地研究物体具体的运动过程，就必须知道物体在某一时刻（或某一位置）的速度。**运动物体在某一时刻（或某一位置）的速度，称为瞬时速度**，简称**速度**。

运动的初时刻和末时刻对应的瞬时速度，分别称为**初速度 v_0** 和**末速度 v_t**。在工程技术上，瞬时速度要比平均速度重要得多。为了能够随时随地了解瞬时速度的大小，飞机、汽车等交通工具都装有速度表（图1-1-10），随时可以从上面读出瞬时速度的大小。瞬时速度也是矢量，它的方向就是物体在该时刻（或该位置）的运动方向。**瞬时速度的大小称为瞬时速率**，简称**速率**。需要注意的是平均速率并不表示平均速度的大小，而是指运动质点的路程与时间的比值。

天问一号探测器发射后，在地球轨道上飞行的速度大约为29.8 km/s，脱离地球后，通过加速，探测器速度变为32.7 km/s左右，从而进入地（球）火（星）

图 1-1-10　速度表

转移轨道。经过大约 260 天飞行后，探测器来到火星轨道，此时探测器的速度约为 21.5 km/s，再通过点火加速，探测器的速度达到 24.1 km/s，进入火星轨道。2021 年 5 月 15 日，天问一号祝融号火星车成功着陆火星，飞行里程超过 4.7 亿千米，标志着我国星际探测迈出了关键的一步。

思考与讨论

一辆小汽车在平直公路上做变速直线运动，如图 1-1-11 所示。怎样测出汽车经过 A 点的瞬时速度呢?

图 1-1-11　测量汽车经过 A 点的瞬时速度

标量和矢量　在我们所学的物理量中有一类物理量只有大小而没有方向，例如，时间、长度、质量、温度，像这些**只有大小而没有方向的物理量**称为**标量**。标量中有的物理量只取正值，如长度、质量、时间；有的物理量既可取正值也可以取负值，例如，已知月球白天的温度在 100 ℃以上，晚上的温度在 −180 ℃以下，温差高达 300 ℃。标量运算遵从代数运算法则，可以直接加减。比较标量大小时要考虑它们的正负，例如，35 ℃>0 ℃>−10 ℃>−20 ℃。

还有一类**物理量不仅有大小，而且有方向**，这类物理量称为**矢量**。例如，力、速度等。当对同一物体施加不同方向的力，产生的效果当然不一样（如开门和关门）。火箭发射需要火箭推进器产生的推力与预定轨道方向一致，如果推力方向出现偏离得不到修正，火箭就会脱离预定轨道，导致发射失败。可见，方向有时比它的大小更重要。

矢量在书写时形如 $\vec{F}$ 、$\vec{v}$ ，表示它既有大小又有方向；在印刷时一般用黑体字表示，如 $\boldsymbol{F}$、$\boldsymbol{v}$。如果本书上的矢量不用黑体字表示，说明只表示矢量的大小，而方向另外说明。

矢量的图示是用带箭头的有向线段来表示，线段的长度表示矢量的大小，箭头的指向表示矢量的方向。矢量的运算不能直接加减，而要遵照平行四边形定则。矢量不变表示该物理量的大小和方向都没有发生变化。

技术应用　车辆测速技术

车辆测速技术主要有雷达测速、激光测速、视频测速、地感线圈测速等。下面介绍常见的 3 种车辆测速技术。

（1）雷达测速　雷达测速是利用多普勒效应测量行驶车辆的速度。测速时雷达测速仪向被测车辆发射一定频率的无线电波，根据发射波与反射波频率的差异就能知道车辆的行驶速度。图 1−1−12 所示为一款雷达测速仪。雷达测速具有易发现目标、测速准确、测速距离远、技术成熟、价格合理等优点，广泛应用于各种车辆测速上。

（2）激光测速　激光测速就是对被测车辆进行两次有特定时间间隔的激光测距，取得在这一时间段内被测车辆移动的距离，从而计算出车辆行驶的速度。图 1−1−13 所示是一款手持激光测速仪。

（3）视频测速　视频测速是利用视频图像处理技术测量行驶车辆速度的方法。在一定时间内连续两次抓拍行驶车辆的图像，再根据图像上特征点的相对位移计算出车速。图 1-1-14 所示是一款高清抓拍测速仪。

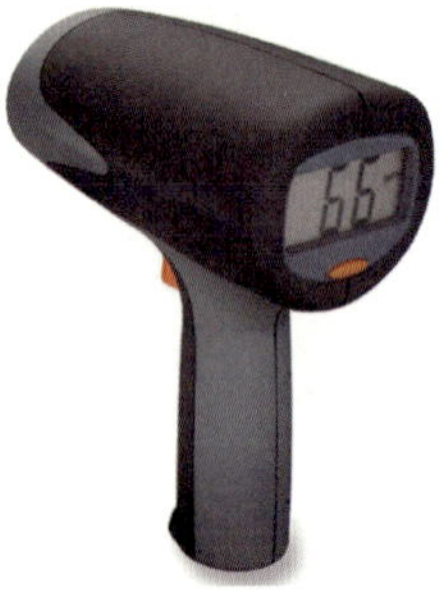

图 1-1-12　雷达测速仪

图 1-1-13　手持激光测速仪

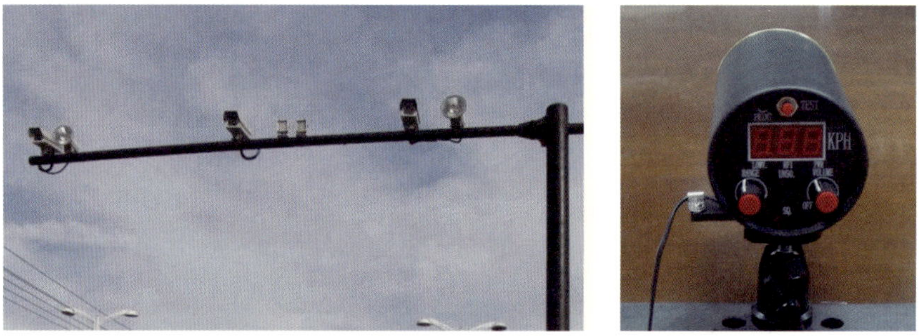

图 1-1-14　高清抓拍测速仪

练习与应用（Ⅰ）

1. 2023 年 5 月 30 日 16 时，神舟十六号载人飞船与天和核心舱成功对接后在轨运行，则（　　）。

A. 选地球为参考系，天和核心舱是静止的

B. 选地球为参考系，神舟十五号是静止的

C. 选天和核心舱为参考系，神舟十五号是静止的

D. 选神舟十五号为参考系，天和核心舱是运动的

2. 北京已成功举办 2022 年冬季奥运会。速度滑冰、自由滑雪都是冬季奥运会项目，研究速度滑冰运动员滑冰的快慢、自由滑雪运动员的空中姿态时，能否将运动员看作质点？在运动会上的田径赛中，田赛和径赛测量的距离是位移

还是路程？请你举例说明。

3. 高速公路上采用单点测速仪测量车速，这是测量什么速率？采用区间测速，这是测量什么速率？

4. 一辆汽车向东行驶了 8 km，又向北行驶了 6 km，求汽车位移的大小和路程。

练习与应用（Ⅱ）

1. 中国首颗绕月探测卫星嫦娥一号由长征三号甲运载火箭成功送入太空，在嫦娥一号卫星飞向月球的漫长旅途中，需要进行一系列高度复杂又充满风险的控制动作，即三次绕地球变轨，然后进入地月转移轨道，再三次绕月球变轨，最后绕月球做圆周运动。图 1-1-15 所示是嫦娥一号运动的路线图，下列说法正确的是（　　）。

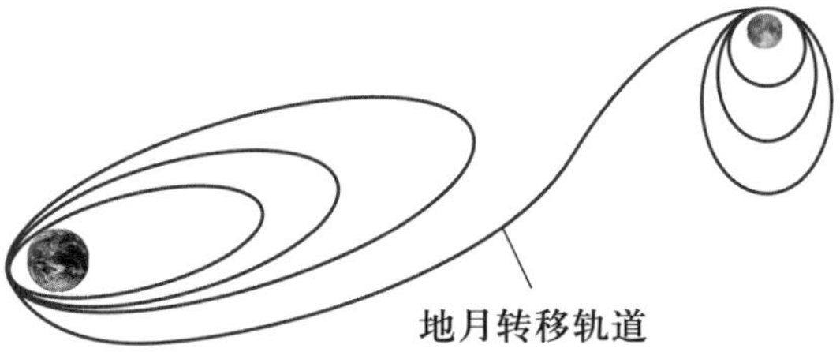

图 1-1-15　嫦娥一号运动路线示意图

A. 图中描述卫星绕地球运动情境的三个椭圆轨道都是以地球为参考系的

B. 图中描述卫星绕月球运动情境的三个椭圆轨道都是以地球为参考系的

C. 图中描述卫星运动情境的所有轨道都是以地球为参考系的

D. 图中描述卫星运动情境的所有轨道都是以太阳为参考系的

2. 2017 年 9 月 21 日，复兴号动车组在京沪高速铁路率先按 350 km/h 的速度商业运营，为世界高速铁路商业运营树立了新的标杆。表 1-1-1 是从北京南开往上海虹桥的 G5 次列车时刻表，请说出列车到达南京南的时刻、开车时刻、停车时间和已行驶的时间。

表 1-1-1　G5 次列车的时刻表

序号	车站	到达时刻	开车时刻	里程 /km
1	北京南	—	09:00	0
2	济南西	10:22	10:25	406
3	南京南	12:24	12:26	1 023
4	苏州北	13:10	13:12	1 237
5	上海虹桥	13:37	—	1 318

3. 2020 年 12 月 3 日 23 时 10 分，嫦娥五号上升器月面点火，3 000 N 发动机工作约 6 min，成功将携带样品的嫦娥五号上升器送入距近月点高度约 200 km 的椭圆环月轨道（图 1-1-16），这是我国首次实现地外天体起飞。关于嫦娥五号，下列说法正确的是（　　）。

A. 2020 年 12 月 3 日 23 时 10 分表示的是时间间隔

B. 发动机工作约 6 min，这里的“6 min”表示时刻

C. 嫦娥五号在椭圆环月轨道上运动一周，路程和位移的大小相等

D. 研究嫦娥五号绕月球做椭圆轨道运动时，可将其看成质点

4. 如图 1-1-17 所示，一个人沿倾角为 45°的楼梯从大门走到 3 楼，假如每层楼的高度都是 3 m，求他走过的位移的大小和路程？（人上楼过程等效为物体沿坡滑行）

图 1-1-16　嫦娥五号上升器

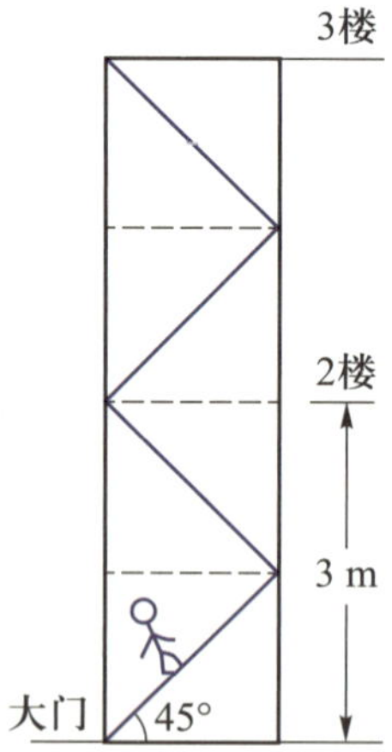

图 1-1-17　人上楼示意图

1.2 匀变速直线运动

观察与思考

图 1-2-1 为某机场举办电动汽车与空载民航客机竞速比赛的示意图。高性能的电动汽车其百公里加速时间仅为 2.8 s。比赛开始，电动汽车一马当先，但前进 900 m 后被追上。那么，开始时刻电动汽车与客机速度变化快慢是否相同？哪个速度变化快？

图 1-2-1 电动汽车与空载客机比赛示意图

假设一辆小汽车和一列高速列车都从静止开始沿直线做加速运动，表 1-2-1 给出了小汽车和高速列车每隔 5 s 的速度值。则小汽车和高速列车在相等的时间内速度是如何变化的？速度变化的快慢是否相同？

表 1-2-1 小汽车和高速列车每隔 5 s 的速度值

时刻	0	5 s 末	10 s 末	15 s 末
小汽车速度 $v/(\mathrm{m \cdot s^{-1}})$	0	10	20	30
高速列车速度 $v/(\mathrm{m \cdot s^{-1}})$	0	4	8	12

可以看出，汽车每隔 5 s，速度增加值都是 10 m/s，高速列车每隔 5 s，速度增加值都是 4 m/s。即在相等的时间内，速度的改变量都相等。在变速直线运动中，物体的速度会发生变化，那么最简单但又很重要的变化就是速度均匀地变化。

匀变速直线运动　**物体在一条直线上运动，如果在任意相等的时间内速度的改变量都相等，这种运动**就称为**匀变速直线运动**，简称匀变速运动，它包括匀加速直线运动和匀减速直线运动。

在日常生活中，石块从不高的地方竖直下落的运动，火车在平直的轨道上从静止开始的运动，射击时子弹在枪膛里的运动等都可以近似地看成匀加速直线运动。火车进站时的运动以及汽车在平直公路上的刹车运动则可看成匀减速直线运动。

加速度　在不同的变速直线运动中，质点速度变化的快慢往往是不同的。F1 赛车在 2.5 s 内速度可达到 100 km/h，小汽车在 6.9 s 内速度可达到 100 km/h；磁悬浮列车在 70 s 内速度可达到 431 km/h，我国研制的电磁轨道炮可以在 0.008 s 内将弹体速度从 0 提高到 2 500 m/s。为了描述运动物体速度变化的快慢，我们引入加速度的概念。

在匀变速直线运动中，速度的改变量与所用时间的比值，称为**匀变速直线运动的加速度**。用 a 表示加速度，v_0 表示运动物体开始计时的初速度，v_t 表示经过一段时间 t 的末速度，则物体运动的加速度

$$a=\frac{v_t-v_0}{t}$$

在国际单位制中，加速度的单位是 m/s^2（米 / 秒 ^{2}），读作米每二次方秒。

加速度不但有大小，而且有方向，是矢量。在直线运动中，取开始运动的方向（速度方向）为正方向时，如果物体做匀加速直线运动，$v_t>v_0$，a 为正值，表示加速度的方向与初速度的方向相同，如图 1−2−2 所示。如果物体做匀减速直线运动，$v_t<v_0$，a 为负值，表示加速度的方向与初速度的方向相反，如图 1−2−3 所示。

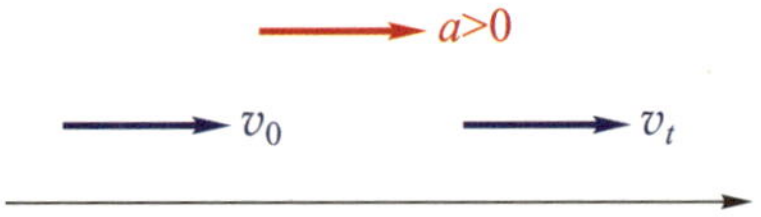

图 1−2−2　匀加速直线运动

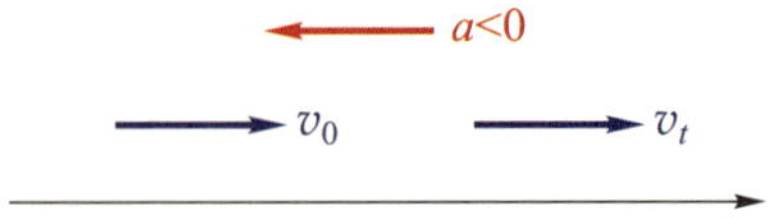

图 1−2−3　匀减速直线运动

思维与方法　比值定义法

用比值来定义物理量的方法称为**比值定义法**。速度、加速度都是用比值定义法来定义的物理量。这种方法能够简洁、准确地揭示和表达所定义物理量的本质，其关键在于要理解比值的物理意义。

今后我们还会学到用比值定义法定义的物理量，如电场强度、磁感应强度等。

注意：在匀变速直线运动中，同一物体运动的加速度的大小和方向始终不变，所以匀变速直线运动是加速度恒定的运动。如果物体运动的加速度大小或方向或两者都发生变化，则物体不再做匀变速运动，而做变速运动。

速度和加速度是两个含义不同的物理量，它们之间没有直接的联系。速度的大小反映了物体运动的快慢，运动快的物体速度大；而加速度大小反映了速度变化的快慢。如果一个物体运动的速度很大，但它的速度变化很小，或者根本不变化，则物体的加速度就很小，甚至等于零（如匀速直线运动）。反过来，如果一个物体运动的速度很小，但是它在很短时间内速度变化很大，那么这个物体的加速度可以很大。因此，“速度大，加速度也一定大；速度小，加速度也一定小”的说法是没有道理的。

【例题 1】试求下列各种情况下的加速度，并比较其大小。（1）高速列车从车站由静止开出，经过 170 s 速度达到 306 km/h；（2）某电动汽车与客机开始比赛时，达到时速百千米的加速时间为 2.8 s；客机在跑道上从静止开始做匀加速度运动 15 s，达到起飞速度 270 km/h；（3）小汽车在高速公路上紧急刹车，在 3 s 内速度由 108 km/h 减小到零。

分析：先把各种运动的速度单位 km/h 化为速度的国际单位 m/s，然后根据加速度公式计算加速度的大小。

解：（1）高速列车加速度为

$$a_1 = \frac{v_t - v_0}{t} = \frac{85-0}{170}\,\mathrm{m/s^2} = 0.5\,\mathrm{m/s^2}$$

（2）电动汽车的加速度为

$$a_2=\frac{v_t-v_0}{t}\approx\frac{27.78-0}{2.8}\text{m/s}^2\approx 9.92\text{m/s}^2$$

客机在跑道上起飞的加速度为

$$a_3=\frac{v_t-v_0}{t}=\frac{75-0}{15}\text{m/s}^2=5.0\text{m/s}^2$$

（3）小汽车紧急刹车的加速度为

$$a_4=\frac{v_t-v_0}{t}=\frac{0-30}{3}\text{m/s}^2=-10\text{m/s}^2$$

讨论：从计算结果可以看出，小汽车刹车时加速度最大，负号只表示加速度的方向与运动方向相反。显然在比赛开始时某电动汽车比客机在跑道上起飞时速度变化快，加速度大。

思考与讨论

做匀变速直线运动的物体遵循什么规律？初速度 v_0、末速度 v_t、加速度 a、位移 s 和时间 t 这五个物理量之间又有什么关系呢？

匀变速直线运动的规律　在匀变速直线运动中，运动物体的速度变化是均匀的，加速度 a 不变，因此，做匀变速直线运动的物体经过时间 t 后的速度

$$v_t=v_0+at$$

如果已知做匀变速直线运动的物体的初速度和加速度，就可以求出物体经过任何一段时间内发生的位移

$$s=v_0t+\frac{1}{2}at^2$$

利用上面两个公式化简可获得做匀变速直线运动的物体的速度和位移的关系为

$$v_t^2-v_0^2=2as$$

如果物体做初速度为零的匀加速直线运动，则上述与加速度有关的公式可写成

$$v_t=at\text{，}\quad s=\frac{1}{2}at^2\text{，}\quad v_t^2=2as$$

速度-时间图像　物体运动的规律不但可以用公式来表示，还可以用图像来表示。表示速度和时间关系的图像称为**速度-时间图像**，也称 $v-t$ 图像。在平面直角坐标系中，用横轴表示时间 t，用纵轴表示速度 v，就可以画出速度和时间关系的图像。

匀速直线运动的速度不随时间变化，它的 $v-t$ 图像是一条与横轴平行的直线。图 1-2-4 中两条直线分别表示速度为 5 m/s 的自行车和速度为 10 m/s 的汽车做匀速直线运动。

如果我们问：上述汽车行驶 30 s 的位移是多少？从位移公式 $s = vt$ 可知，$s = 10\times30\ \text{m} = 300\ \text{m}$。

我们也可应用 $v-$t 图像来求出物体在任何时间内的位移。如图 1-2-5 所示，汽车在 30 s 内的位移大小恰好与图中阴影所示的矩形面积大小相等。“v”相当于矩形的宽，“t”相当于矩形的长。即在 $v-t$ 图像中，速度图线与坐标轴围成的面积大小，等于物体在 t 时间内所发生的位移大小。这个结论对于其他种类的运动同样成立，只不过面积不再是矩形的面积而已。

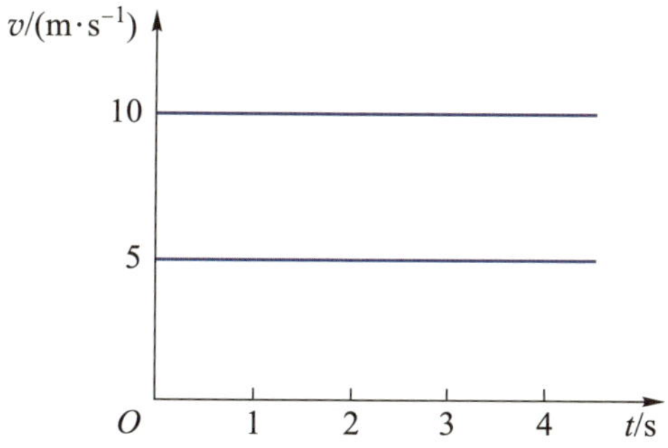

图 1-2-4　匀速直线运动的 $v-t$ 图像

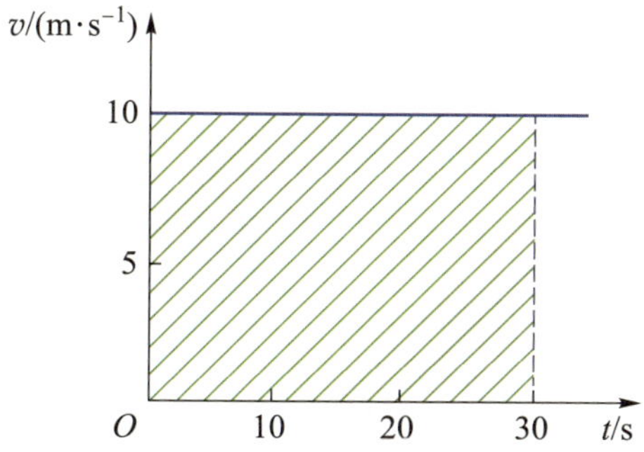

图 1-2-5　位移大小与速度图线的关系

注意：位移和面积是两个不同的物理量，我们只是借用“面积”的大小来表示位移的大小，两者只是数值相等而已。

由匀变速直线运动的速度公式 $v_t=v_0+at$ 可知，匀变速直线运动的 $v\text{-}t$ 图像是一条倾斜的直线。图 1-2-6（a）是初速度为零的匀加速直线运动的 $v\text{-}t$ 图像；图 1-2-6（b）是初速度不为零的匀加速直线运动的 $v\text{-}t$ 图像；图 1-2-6（c）是匀减速直线运动的 $v\text{-}t$ 图像。利用匀变速运动的 $v\text{-}t$ 图像，可以求出加速过程中任何时刻的瞬时速度，以及达到任一速度所需的时间。

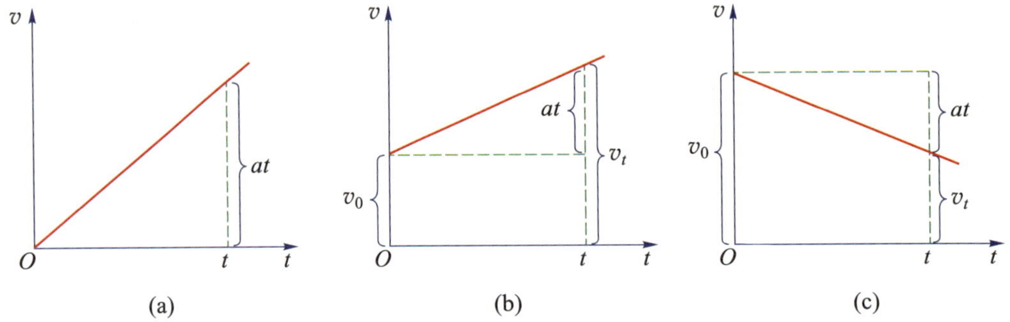

图 1-2-6　匀加速直线运动的 $v\text{-}t$ 图像

思维与方法　图像法

根据一组或几组实验数据，在平面直角坐标系中作出图像的方法就是**图像法**。图像法是研究物理问题的重要工具与方法，用它描述物理现象与规律具有简洁、直观的特点，这种方法更能形象地反映物理规律。利用 $v\text{-}t$ 图像可判断物体的运动性质：是做匀速直线运动还是做匀变速直线运动；可以求任一时刻的速度或达到某一速度所需的时间；还可以根据面积求位移。

【例题 2】一辆汽车以 72 km/h 的速度正在平直公路上匀速行驶，突然发现前方 40 m 处有需要紧急停车的危险信号，司机立即采取制动措施。已知该车在制动过程中加速度的大小为 5 m/s²，则从制动开始经过 5 s 汽车前进的距离是多少？此时是否已经进入危险区域？

分析： 已知初速度 $v_0 = 72\ \text{km/h} = 20\ \text{m/s}$，若误认为运动时间为 $t = 5\ \text{s}$，从而套用公式 $s = v_0t + \frac{1}{2}at^2$，代入数据得 $s = v_0t + \frac{1}{2}at^2 = \left(20\times5 - \frac{1}{2}\times5\times5^2\right)\text{m} = 37.5\ \text{m}$ $<40\ \text{m}$，进而判断汽车未进入危险区域就容易出错。

解： 设汽车由制动开始至停止运动所用的时间为 t，选初速度方向为正方向，由于汽车做匀减速直线运动，加速度 $a = -5\ \text{m/s}^2$，则根据 $v_t = v_0 + at$ 得

$$t = \frac{v_t - v_0}{a} = \frac{0-20}{-5}\text{s} = 4\ \text{s}$$

可见，该汽车制动后经过 4 s 就已停下，其后的时间内汽车是静止的。

由运动学公式可知，从制动开始经过 5 s 汽车通过的距离为

$$s = v_0t + \frac{1}{2}at^2 = (20\times4 - \frac{1}{2}\times5\times4^2)\ \text{m} = 40\ \text{m}$$

即汽车此时恰好到达危险区域边缘，未进入危险区域。

【例题 3】 某住宅小区的电梯从静止开始匀加速直线上升，4 s 后速度达到 2.0 m/s，然后以此速度匀速上升 8 s，最后在 4 s 内匀减速上升，到达住户楼层正好停止。求电梯上升的高度，绘出运动的 v–t 图像。

分析： 根据题意，电梯运动的示意图如图 1–2–7 所示。运动的性质为匀加速直线运动、匀速直线运动和匀减速直线运动。

解法 1： 根据题意，作 v–t 图像（图 1–2–8）。质点在时间 t 内的位移，在数值上等于 v–t 图像与坐标轴围成的面积。

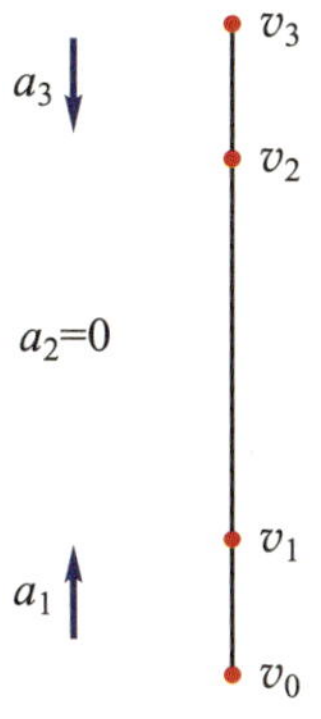

图 1–2–7　电梯运动的示意图

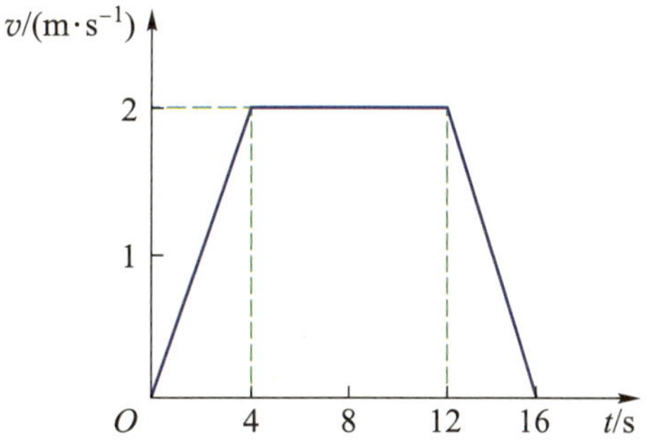

图 1–2–8　v–t 图像

$$s=\frac{8+16}{2}\times 2\ \text{m}=24\ \text{m}$$

解法 2：

$$s=s_1+s_2+s_3=\frac{1}{2}a_1t_1^2+v_2t_2+v_2t_3+\frac{1}{2}a_3t_3^2$$

$$=\left(\frac{1}{2}\times\frac{2-0}{4}\times 4^2+2\times 8+2\times 4+\frac{1}{2}\times\frac{0-2}{4}\times 4^2\right)\text{m}=24\,\text{m}$$

讨论：本章“练习与应用”中的问题大多可以灵活选择公式，一题多解。

技术·中国　市场前景广阔的国产大飞机 C919

2023 年 5 月 28 日，我国自行研制、具有自主知识产权的大型喷气式客机 C919（图 1–2–9）首次商业飞行圆满完成，打破了国外飞机巨头的市场垄断，开启了属于中国人自己的大飞机时代。到 2022 年底，C919 客机已经获得了超 1 000 架订单，市场前景广阔。未来，C919 还会加快规模化、系列化发展，推出更多的机型。

图 1–2–9　大型喷气式客机 C919

发展大飞机是建设创新型国家的标志性工程，对国民经济增长具有带动效应。C919 在设计和建造过程中，采用先进的超临界机翼等气动力设计技术，具有更高的巡航气动效率。发动机油耗低、排放少，采用了大量先进的复合材料，并通过先进的结构设计，降低了飞机的质量和噪声。C919 客机不仅完成了 102 项关键技术攻关，而且在系统集成上实现了技术突破，其投入产出比高达 1∶80，一架大飞机通常有 300 万～500 万个零件，在倒逼我国工业标准持续升级的同时，带动了一大批新产业发展，以航空业为主轴的科技创新和先进制造业生态正加快形成，拉动新材料、先进制造、电子信息等一系列相关产业链的发展，诸如以第三代铝锂合金为代表的先进材料规模化应用，以钛合金 3D 打印等为代表的先进加工方法等，越来越多地扩散至传统制造业生产中，加快了我国现代化产业体系建设。

练习与应用（Ⅰ）

1. 下列三种运动可看成匀变速直线运动，求它们的加速度。

（1）自行车由静止开始，经过 10 s 后它的速度是 5 m/s；

（2）某高速动车由静止开始加速出站，在 4 min 内其速度达到 302.4 km/h；

（3）汽车以 43.2 km/h 的速度在运动，关闭油门后经过 15 s 停止。

2. 图 1-2-10 为某物体运动的 $v-t$ 图像，求开始运动后 4 s 内物体通过的位移是多少？

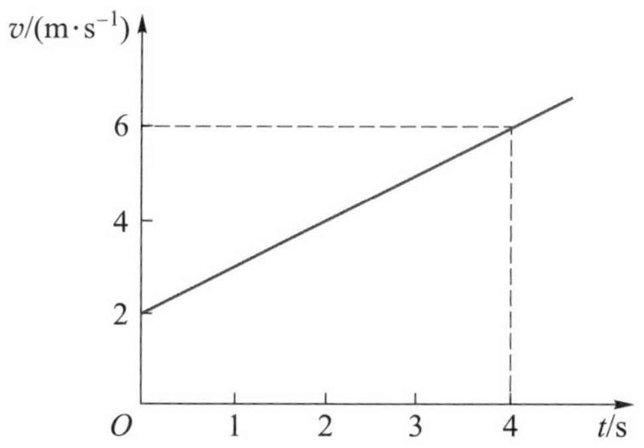

图 1-2-10　物体运动的 $v-t$ 图像

3. 假设我国长征二号火箭点火升空后第 3 s 末的速度为 36 m/s，求火箭升空时的加速度和 3 s 内火箭上升的高度。

4. 一辆汽车做匀加速直线运动，第 1 s 末的速度是 10 m/s，第 6 s 末的速度是 15 m/s，求它在 6 s 内通过的位移的大小。

练习与应用（Ⅱ）

1. “福建舰”是中国完全自主设计建造的首艘电磁弹射型航空母舰，采用平直通长飞行甲板。假设某战斗机在跑道上加速时加速度大小为 10 m/s^2，弹射系统向战斗机提供的初速度大小为 30 m/s，当战斗机速度达到 60 m/s 时能离开航空母舰起飞，战斗机在跑道上的运动可视为匀加速直线运动。下列说法正确的是（　　）。

A. 航空母舰静止，战斗机需在甲板上滑行 6 s 起飞

B. 航空母舰静止，战斗机需在甲板上滑行 135 m 起飞

C. 若航空母舰沿战斗机起飞方向航行，战斗机需相对甲板滑行 135 m 起飞

D. 战斗机在航空母舰上加速运动时，航空母舰可以看成质点

2. 某汽车关闭油门从 10 m/s 的速度开始做匀减速运动，第 2 s 末的速度是 6.0 m/s。求汽车在这 2 s 内通过的位移和汽车从开始减速到停止运动需要的时间。

3. 磁悬浮列车由静止开始加速出站，加速度为 0.6 m/s^2，2 min 后列车速度为多大？列车匀速运动时速度为 432 km/h，如果以 0.8 m/s^2 的加速度减速进站，则减速 160 s 时速度为多大？

4. 高速公路的 ETC 电子收费系统示意图如图 1-2-11 所示，ETC 通道的长度是从识别区起点到自动栏杆的水平距离。某人驾驶汽车以 5 m/s 的速度匀速进入 ETC 通道，ETC 天线用了 0.4 s 的时间识别车载电子标签，识别完成后发出“滴”的一声，司机发现自动栏杆没有抬起，于是立即制动，汽车刚好紧贴栏杆停下。已知司机的反应时间为 0.3 s，制动时汽车的加速度大小为 3 m/s^2，则该 ETC 通道的长度约为多少？

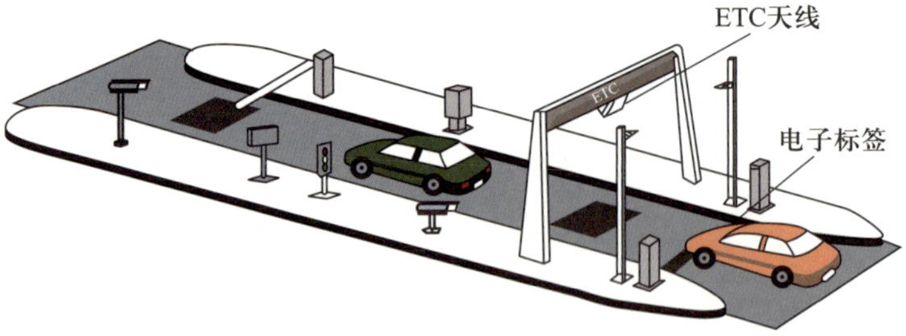

图 1-2-11　ETC 电子收费系统示意图

1.3 自由落体运动

观察与思考

高空跳伞（图 1-3-1）是一项有趣的极限运动。高空跳伞者乘飞机、气球等航空器或其他器械升至高空后跳下，在空中张开降落伞，并利用降落伞减缓下降速度，在指定区域安全着陆。那么，高空跳伞者在降落伞张开之前做什么运动？如何计算这一过程他下落的时间和速度？

图 1-3-1　高空跳伞

16 世纪以前，人们一般认为物体下落的快慢是由物体的质量决定的，质量越大的物体下落得越快。古希腊哲学家亚里士多德对此现象观察后得出结论：重的物体比轻的物体下落得快。这种观念符合人们的常识，在其后两千多年的时间里，被奉为经典。

16 世纪末，意大利科学家伽利略对亚里士多德的观点表示了怀疑。他假设把一块大石头和一块小石头捆在一起，让其下落，结果如何？按亚里士多德的说法，原来落得快的大石头要被落得慢的小石头拖着，下落速度就要变慢；原来落得慢的小石头被落得快的大石头拉着，下落速度就要变快。因此，两块石头捆在一起下落的速度应介于大石头和小石头原来的速度之间。可是，按照亚里士多德的重物下落得快的观念进行推理，两块石头捆在一起更重了，应该比大石头下落得更快。可见，亚里士多德关于落体的观念自相矛盾，不能成立。因此，伽利略认为只有一种可能：重物与轻物应该下落得同样快。

伽利略为此进行了大量细致的实验，并通过严密的数学推理，最终发现了物体下落的真正规律，也证明了亚里士多德关于落体运动观念的错误。伽利略这种敢于质疑的科学态度及运用实验方法和逻辑思维相结合，对自然规律进行研究的科学方法是值得我们学习的。

实验与探究　观察自由落体运动

如图 1-3-2 所示，拿一个一端封闭，另一端带有阀门的玻璃管，把硬币和羽毛放在玻璃管的底部，并抽去管内的空气（这种管子俗称钱毛管），然后把它倒竖起来，你将看到，硬币和羽毛同时到达管的底端，并非物体越重，下落越快。

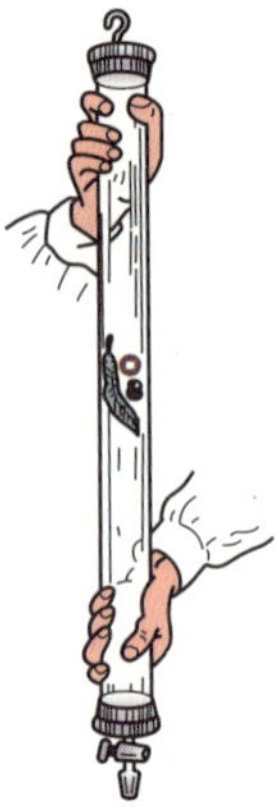

图 1-3-2　观察物体下落情况

1971 年，阿波罗飞船登上无大气的月球后，宇航员特地做了使羽毛和重锤从同一高度释放的实验（图 1-3-3），无数观众从荧屏上看到，它们并排下落，同时落到月球表面。由此可见，重力不同的物体下落快慢不同，主要是由于空气阻力的影响不同造成的。当消除了空气阻力之后或空气阻力可忽略不计时，它们下落的快慢完全相同。

图 1-3-3　宇航员做实验示意图

自由落体运动　**物体只在重力作用下，从静止开始下落的运动称为自由落体运动。**

对于在空气中从静止开始下落的运动，若无说明，均指空气阻力可忽略的情况，也就是说可以把它当成自由落体运动来处理。

图 1-3-4 是小球做自由落体运动的闪光照片，照片上相邻的像是相隔相同时间拍摄的。从照片上可以看出，在相等的时间间隔里，小球下落的位移越来越大，表明小球的速度越来越大，即小球是在做加速直线运动。通过实验研究可以证明：**自由落体运动是初速度为零的匀加速直线运动。**

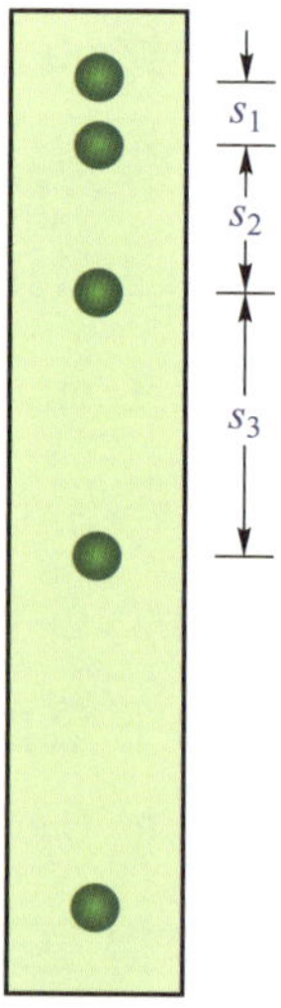

图 1-3-4　闪光照片

重力加速度　在钱毛管实验中，从同一高度同时自由下落的不同物体同时着地，这一实验现象说明不同物体在相同时间 t 内，位移 s 也相同。根据 $s=\frac{1}{2}at^2$ 可知，它们的加速度 a 也相同。由此可以得出如下结论：

在同一地点，一切物体在做自由落体运动中的加速度都相同，这个加速度称为**重力加速度**，用符号 g 表示，其方向竖直向下。重力加速度 g 值是重要的科学技术数据，可以通过实验测得。在地面上的不同地方，g 值略有差别，表 1–3–1 是几个地方的重力加速度值。

表 1–3–1

地点	北极	北京	上海	广州	赤道
纬度	90°	39° 56′	31° 12′	23° 06′	0°
g/（m · s^{-2}）	9.832	9.801	9.794	9.788	9.780

通常计算中，取 $g=9.8\ \text{m/s}^2$，较粗略的计算可取 $g=10\ \text{m/s}^2$。

实践与探索

在同一高度同时释放一枚硬币和一张纸片，会看到什么现象？若把纸片揉成一个小纸团，再让它和硬币从同一高度同时释放，又会看到什么现象？为什么这两次实验有不同的结果？

自由落体运动的规律　自由落体既然做初速度为零的匀加速直线运动，当然适用于匀变速直线运动的基本公式。我们习惯用 h 表示物体在时间 t 内下落的高度，加速度 a 用 g 来代替。因而自由落体的运动公式如下：

$$v_t=gt,\ h=\frac{1}{2}gt^2,\ v_t^2=2gh$$

掌握了自由落体运动的规律，有助于进一步研究空气阻力不可忽略的情况。例如，雨滴通常从 1 500 m 左右的高空落下来，如果不考虑空气阻力，它到达地面的速度为 $v_t=\sqrt{2gh}\approx 171\ \text{m/s}$。真要这样，雨滴岂不成了“雨弹”了。实际上，用实验测量雨滴到达地面时的速度不超过 8 m/s，无风时为匀速直线运动。这说明：（1）物体从很高的地方下落时，空气阻力是不可忽略的；（2）空气阻力可以大到等于物体的重力。

【例题 1】1992 年 1 月 16 日，一个钢制的电视塔正在建设中，下午 4 点 15 分，一个扳手从 19.6 m 高处落下，问经过多长时间落到地面？它落到地面时速度是多少？

解：扳手下落可以看作自由落体运动，因此下落时间为

$$t=\sqrt{\frac{2h}{g}}=\sqrt{\frac{2\times19.6}{9.8}}\text{ s}=2.0\text{ s}$$

落地时速度为

$$v_t=\sqrt{2gh}=\sqrt{2\times9.8\times19.6}\text{ m/s}=19.6\text{ m/s}$$

讨论：解题要抓住物理实质，忽略无关的细节（如日期、时间、电视塔是钢制的，等等）和次要因素（如空气阻力等）。

【例题 2】图 1-3-5 是重力加速度测量仪。在 A、B 两处分别放置一个光电门，测得小钢球经过 A 点的速度是 2.42 m/s，B 点的速度是 4.64 m/s，所用时间是 226 ms，求重力加速度 g 的大小和 AB 间的距离 h。

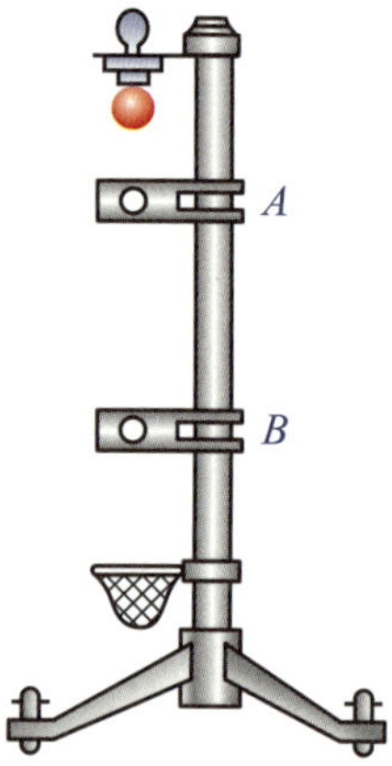

图 1-3-5　重力加速度测量仪

解：自由落体运动是匀加速直线运动，所以由 $v_B-v_A=gt$ 得

$$g=\frac{v_B-v_A}{t}=\frac{4.64-2.42}{0.226}\text{ m/s}^2\approx9.82\text{ m/s}^2$$

$$h_{AB}=\frac{v_A+v_B}{2}t=\frac{2.42+4.64}{2}\times0.226\text{ m}\approx0.80\text{ m}$$

实践与探索

运动员、司机和飞行员都需要反应灵敏，当发现某种情况时，能及时采取相应行动，战胜对手，或避免危险。人从发现情况到采取相应行动经过的时间称为反应时间。你想知道自己的反应时间吗？这里向你介绍一种测定方法。请一位同学用手捏住木尺顶端（图 1-3-6），你拳起一只手的手指，在木尺下部，做好握住木尺的准备，但手

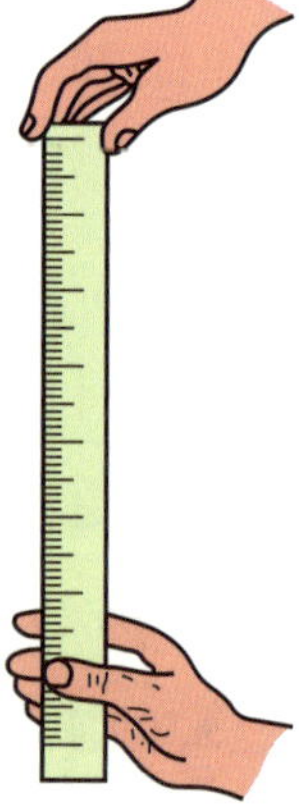
图 1-3-6　测量反应时间

的任何部位都不要碰到木尺。当看到那位同学放开手时，你立即握住木尺。测出木尺降落的高度，根据自由落体运动知识，可以算出你的反应时间。

巨匠与创新　伽利略与他的科学实验方法

伽利略（1564—1642）是意大利著名的物理学家和天文学家（图 1–3–7），是近代物理实验的创始人。他把科学实验方法首次引入物理学中，应用数学知识首次提出了惯性、加速度等概念，发现了自由落体定律、运动叠加原理和单摆的周期性等。

图 1–3–7　伽利略

伽利略用 5 年时间写了一本《关于两大世界体系的对话》，热情地宣传哥白尼的日心说，因此受到罗马教会的迫害。强权没有迫使伽利略屈服，他在家里又写下了《关于两门新科学的对话》，在书中伽利略巧妙地利用反证法把亚里士多德关于轻重不同的物体，重的落得快的理论驳倒了，巧妙论证了重物体不会比轻物体下落得更快。

伽利略的伟大在于他打碎了近一千年来的传统枷锁，纠正了亚里士多德提出的关于运动的错误观点，为创立现代自然科学扫清了道路。他为真理奋斗了一生。他的伟大还在于他提出了研究自然规律的科学方法，他对实验的强调使物理学发生了革命性的变化。他的这一贡献超过他在力学和天文学中的具体发现，因此，他被誉为“近代科学之父”。

练习与应用（Ⅰ）

1. 一个物体做自由落体运动，下列说法不正确的是（　　）。

A. 物体在运动过程中仅受重力作用

B. 物体是从静止开始下落的

C. 第 1 s 末的速度大小是 9.8 m/s

D. 第 1 s 内通过的位移大小是 9.8 m

2. 在研究自由落体运动的过程中，伽利略通过实验和逻辑推理，发现问题、解决问题，开创了近代科学的研究方法，发展了人类的科学思维方式和科学研究方法。下列说法正确的是（　　）。

A. 伽利略靠滴水计时的方法测量出物体自由落体运动所用的时间

B. 伽利略通过数学运算得出自由落体运动的速度与时间成正比

C. 伽利略用实验证实了自由落体运动是初速度为零的匀加速直线运动

D. 伽利略运用逻辑推理得出，没有空气阻力，重物与轻物应该下落得同样快

3. 某广场举办热气球活动。如果从空中悬停的热气球上由静止落下一个螺丝，不计空气阻力，下列说法正确的是（　　）。

A. 螺丝在第 1 s 的平均速度大于在 0.5 s 时的速度

B. 螺丝在开始连续的三个 1 s 内通过的位移之比为 1 : 3 : 5

C. 螺丝在开始连续的三个 1 s 内通过的位移之比为 1 : 4 : 9

D. 螺丝所受重力的方向一定指向地球球心

4. 为了测量井口到水面的深度，将一石子自井口由静止下落，经过 2.0 s 听到石块击水的声音，求井口到水面深度（不考虑声音传播所用的时间）。

练习与应用（Ⅱ）

1. 某跳伞运动员做跳伞运动，打开伞前可视为自由落体运动，打开伞后先做减速运动，最后做匀速运动，取竖直向下为正方向。在整个运动过程中，运动员的速度 v 随时间 t 变化的图像（图 1-3-8）是（　　）。

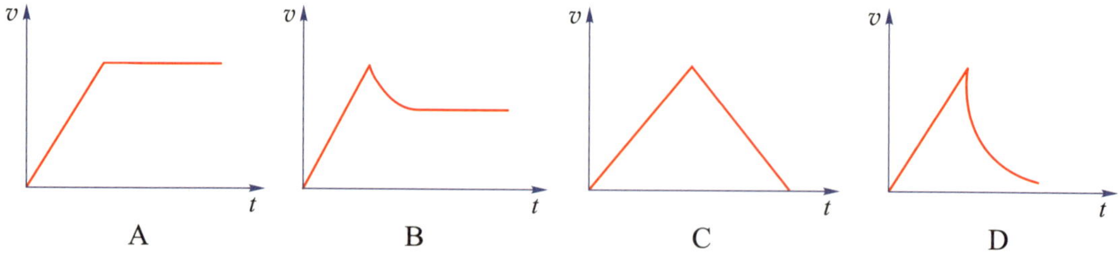

图 1-3-8　v-t 图像

2. 跳水运动员训练时从离水面 5 m 高的跳台双脚朝下自由落下，某同学利用手机的连拍功能，拍摄了多张照片。从其中两张连续的照片中可知，运动员双脚离水面的实际高度分别为 4.2 m 和 1.8 m。由此估算手机连拍时间间隔为多少？

3. 在一次低空跳伞训练中，伞兵在直升飞机离地面 224 m 悬停时跳下，先做自由落体运动，125 m 后立即打开降落伞，展伞后伞兵匀减速下降。为了伞兵的安全，要求伞兵落地速度最大不得超过 5 m/s（g 取 10 m/s^2），求：（1）伞兵刚展伞时的速度大小；（2）伞兵展伞后的加速度；（3）伞兵在空中的最短时间是多少？

4. 如图 1-3-9 所示，落在屋顶上的雨水，汇集于屋檐而自由下落，某人用仪器测量出某水滴经过高 1.5 m 的窗户所用的时间是 0.3 s，求屋檐到窗顶的距离和水滴从屋檐到窗顶所用的时间（g 取 10 m/s^2）？

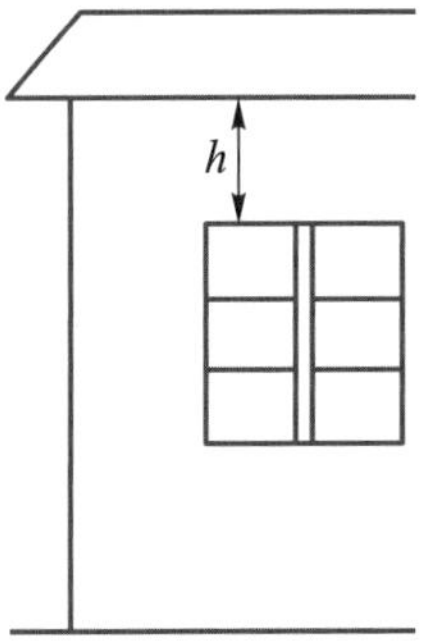

图 1-3-9　房子

本章思维导图

- 直线运动
  - 运动的描述
    - 机械运动：物体的空间位置随时间的变化，包括平动、转动、振动等运动形式；按轨迹分为直线运动和曲线运动
    - 参考系
      - 为了描述物体的运动而被选作参考用的物体
      - 通常情况下，选取相对地面静止的物体为参考系
    - 质点
      - 理想化物理模型
      - 看成质点的条件：物体的形状和大小对研究物体运动的影响可以忽略
    - 位移和路程
      - 区别
        - 位移是质点位置的改变，路程是质点运动通过路径的长度
        - 位移是矢量，路程是标量
        - 运算法则：位移用平行四边形定则，路程用代数运算
      - 联系
        - 单方向的直线运动的位移大小等于路程
        - 路程总是大于或等于位移的大小
    - 时间和时刻
      - 时刻指的是某一瞬间，如第几秒末描述的是时刻
      - 时间指的是两个时刻的间隔，如前几秒描述的是时间
    - 速度和速率
      - 速度是描述物体运动快慢的物理量，是矢量，速率是标量
      - 平均速度
        - 公式：$\bar{v}=\frac{s}{t}$
        - 表示物体在某一段时间内运动平均快慢的程度
      - 瞬时速度：描述运动物体在某一时刻(或某一位置)的速度
  - 匀变速直线运动
    - 特点：在任意相等的时间内，速度的变化量Δv都相等
    - 加速度
      - 公式：$a=\frac{v_t-v_0}{t}$
      - 物理意义：描述物体速度变化的快慢
      - 方向
        - 匀加速直线运动：加速度的方向与初速度的方向相同
        - 匀减速直线运动：加速度的方向与初速度的方向相反
    - 规律
      - 速度公式：$v_t=v_0+at$
      - 位移公式：$s=v_0t+\frac{1}{2}at^2$
      - 速度-位移公式：$v_t^2-v_0^2=2as$
  - 自由落体运动
    - 特点
      - 初速度为零，加速度$a=g$，方向总是竖直向下
      - 只受重力作用，没有空气阻力或空气阻力可忽略不计
    - 运动性质：初速度为零的匀加速直线运动
    - 规律：$v_t=gt$，$h=\frac{1}{2}gt^2$，$v_t^2=2gh$

第二章　力　物体的平衡

茫茫宇宙，大千世界，大大小小、各种各样的物体之间，无时无刻不在发生着各种相互作用力：有的是引力、弹力、摩擦力；有的是电场力、磁场力……

自然界里没有不受力的物体，物体的运动变化，物质结构等都离不开力所起的作用，各种力造就了丰富多彩的物理世界。人们对力的认识，是从日常生活和生产实践中产生的。随着生产的发展和科学技术的进步，人们对力的认识越来越深刻。

力是物理学中最基本、也是最重要的概念，本章我们将在复习初中知识的基础上，进一步学习力的知识，研究力学中常见的三种力——重力、弹力和摩擦力的性质、产生原因、作用效果及计算方法；运用等效方法研究力的合成和分解；讨论在共点力作用下物体平衡的条件和有固定转轴物体平衡的条件。

学习目标

了解重力、弹力、摩擦力、力矩、物体平衡等概念，能结合物体运动状态分析简单物体受力的情况，理解共点力作用下物体的平衡条件和有固定转轴物体的平衡条件。能用力矩和力矩的平衡条件进行简单计算，并解释生活中的有关现象，发展相互作用的观念，拓展对物理世界的认识和理解。

了解运用放大法观察物体产生微小形变，掌握运用假设法判断相对运动趋势的有无，运用整体法、隔离法进行物体受力分析，运用等效替代法进行力的合成与分解等科学思维方法，体会运用图像法、函数法等数学方法进行科学论证。

通过探究弹簧弹力的大小与形变量的关系、两个互成角度的力的合成规律、有固定转轴物体平衡条件等实验，进一步增强实验操作技能。通过用斜面测动摩擦因数、硬币搭建悬空桥等实验，提升实验观察的核心素养。

通过观察微小形变、探究两个互成角度共点力的合成规律、探究有固定转轴物体的平衡条件等实验，掌握科学研究方法，养成科学思维习惯，增强创新意识。通过了解震撼世界的中国桥梁技术，增强科技传承的使命感和责任感。

2.1　重力　弹力　摩擦力

观察与思考

“力拔山兮气盖世”出自西楚霸王项羽败亡之前吟唱的一首诗《垓下歌》，有气壮山河，势吞万里之气象，使读者看到了一个高大的英雄形象。据《史记》记载，项羽力大过人，能直接把约 175 kg 重的大鼎轻松地举起来（图 2-1-1），又轻松地放下，这是常人做不到的。那么什么是力？能产生什么效果？力如何来表示？

力　人们对力的认识，最初是从人体肌肉的感觉中获得的。比如，举重时会引起肌肉的紧张（图 2-1-2），这时人们就说在用力。一个物体，我们用手可以托住它，放在桌面上同样可以托住它。这表明，不仅人或动物可以使出力来，就是无生命的东西也同样能使出力来。总之，只要一个物体对另外一个物体作用，就会有力产生。所以说，**力是物体对物体的作用**。

图 2-1-1　举鼎示意图

图 2-1-2　举重

一个物体受到力的作用，就一定有另一个物体对它施加这种作用，前者是受力物体，后者是施力物体。力是不能离开物体而独立存在的。

物体之间力的作用，是通过它的作用效果体现出来的。那么力的作用在物体上会产生怎样的效果呢？根据实验观察，力的作用效果有两个：

一是**使受力物体发生形变**。所谓“形变”，就是物体形状或体积发生变化。例如，用手拉弹簧时，弹簧伸长了（图 2-1-3）。当然，多数物体在受到力的作用后，形变十分微小，有的甚至用肉眼观察不出来。

图 2-1-3　弹簧的形变

二是**使受力物体的运动状态发生变化**。这里所说的“物体的运动状态发生变化”是指物体运动的速度发生变化，其中包括速度大小和速度方向两方面的变化。例如，足球运动员用头顶球，足球的运动方向改变了，运动员对足球也施加了力。

实践证明，一个力产生的作用效果，是由它的大小、方向和作用点三个因素共同决定的，三个因素中一个因素改变了，力的作用效果也随之改变。如图 2-1-4 所示，搬运木箱时，如果作用点的位置太高，木箱就有向前倾倒的可能。把决定力对物体作用的三个因素，称为**力的三要素**。力用符号 $\boldsymbol{F}$ 表示，在国际单位制中，力的单位是 N（牛顿，简称牛）。力的大小和方向可以用一根带箭头的有向线段来表示。线段的长度按照一定的比例表示力的大小，箭头的指向表示力的方向，这种表示力的方法，称为**力的图示**。图 2-1-5 表示作用在小车上 60 N 的力，方向水平向右，作用点在 O 点。

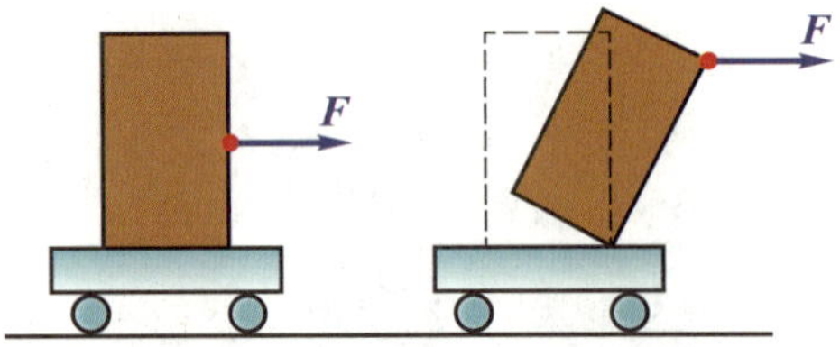

图 2-1-4　力的三要素

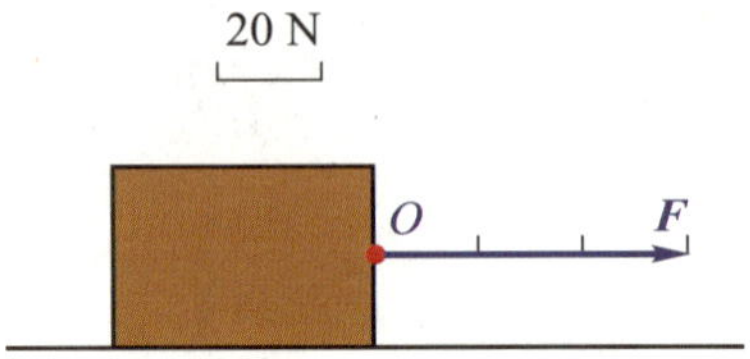

图 2-1-5　力的图示

由于物体间相互作用的方式不同，因而存在着各种性质不同的力，在力学中常见的力有重力、弹力和摩擦力，下面就分别研究这些力的特性。

重力　从静止开始释放的物体会竖直下落，抛出的物体会落回地面，水会自动从高处流向低处，等等。大量事实表明，地球上的一切物体，无论是运动的还是静止的，都要受到地球的吸引力。**物体由于地球的吸引而受到的力**称为**重力**。不管物体如何放置，重力的方向总是竖直向下的（图 2-1-6）。重力的大小可以用弹簧秤来测量（图 2-1-7）。根据二力平衡条件，物体对弹簧秤的拉力或压力的大小等于物体受到重力的大小。

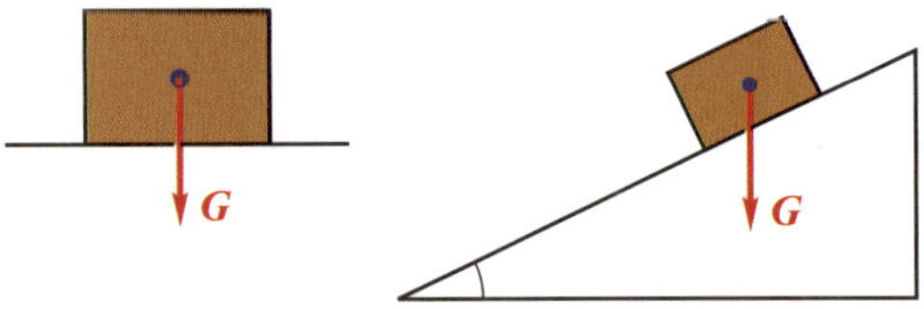

图 2-1-6　重力的方向

图 2-1-7　弹簧秤

在已知物体质量的情况下，重力的大小可以根据初中学过的重力 G 与质量 m 成正比的关系式 $G=mg$ 计算出来，式中 $g\approx 9.8\ \mathrm{m/s^2}$。

一个物体的各部分都要受到地球对它的吸引力，我们可以认为重力的作用集中于某一点，这一点称为物体的**重心**。

形状规则、质量分布均匀的物体，它的重心就在其几何中心上。例如，均匀直棒的重心在它的中点；均匀球体的重心在它的球心，均匀圆柱体的重心在轴线的中点，如图 2-1-8 所示。

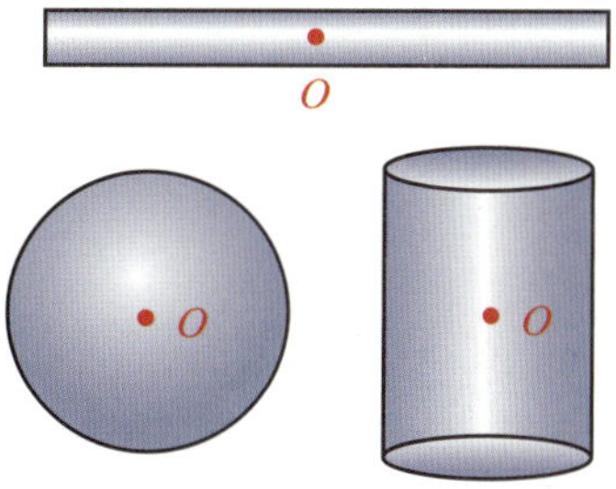

图 2-1-8 形状规则物体的重心

而质量分布不均匀的物体，重心的位置除跟物体的形状有关外，还跟物体内质量的分布有关。载重汽车的重心随着装货量和装载位置的变化而变化（图 2-1-9）。起重机的重心随着提升物的重量和高度的变化而变化。

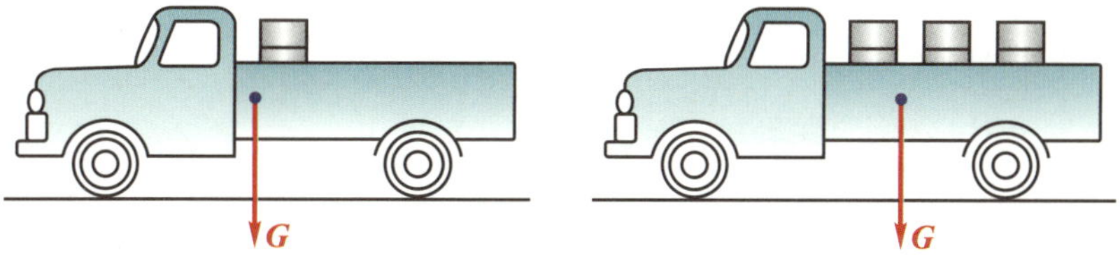

图 2-1-9 质量分布不均匀的物体的重心

重心的位置在工程上有相当重要的意义。例如，起重机在工作时，重心位置不合适就容易翻倒，高速旋转的轮子，若重心不在转轴上就会引起激烈的振动，增大物体的支撑面，降低它的重心，有助于提高物体的稳定程度。

图 2-1-10 起重机

思考与讨论

与同学一起讨论，履带式起重机（图 2-1-10）的重心如何随着货物质量和位置的变化而变化？

重力有许多应用。例如，在建筑工程中，工人常会用重锤线来测量房屋或木条是否水平或竖直（图 2-1-11）。它是利用重力的方向总是竖直向下的原理制造的仪器。与重锤线平行的线或面都是竖直的，与重锤线垂直的线或面都是水平的。

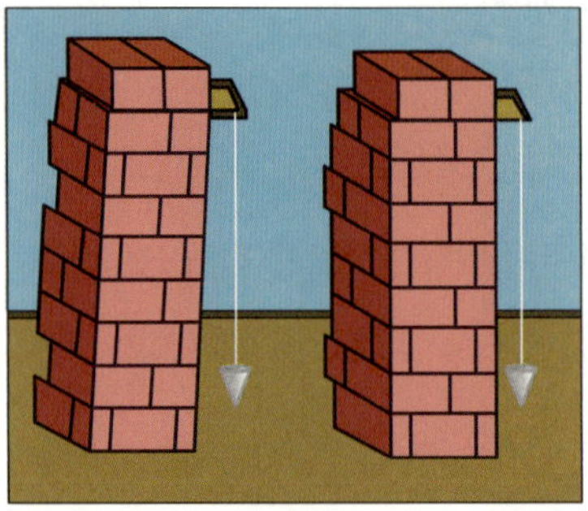

图 2-1-11 重锤线

实践与探索 用悬挂法测薄板的重心

一个不规则形状的薄板的重心位置可以用悬挂法测出。先在 A 点把物体悬挂起来，当物体处于平衡状态时，由二力平衡条件可知，物体所受的重力和悬绳的拉力在同一直线上，所以物体的重心一定在通过 A 点的竖直线 AB 上。然后在 D 点把物体悬挂起来，同样，物体的重心一定在通过 D 点的竖直线 DE 上。AB 和 DE 的交点 O，就是薄板重心的位置，如图 2-1-12 所示。请你做一做。

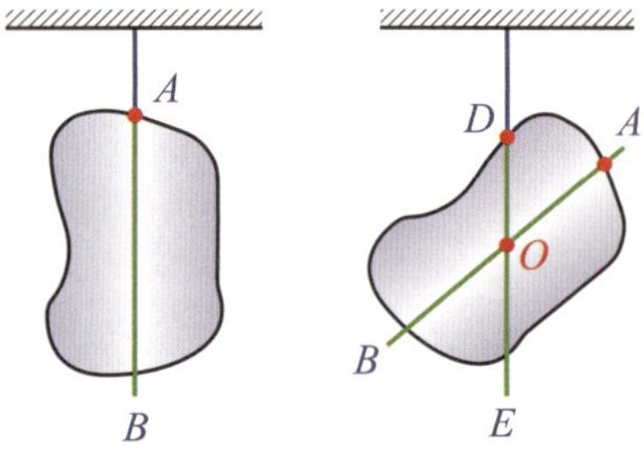

图 2-1-12 用悬挂法测重心

弹力 任何物体受力后都要发生形变，有的形变明显，能够直接看到，例如，撑竿跳高运动员跳高时，使用的撑竿发生明显的形变（图 2-1-13）；有的形变不明显，不能直接看到，只有用特殊的方法才能察觉。

图 2-1-13 撑竿跳高

实验与探究 观察微小形变

用手按压玻璃瓶时，我们看不到玻璃瓶的形变。但是用手按压如图 2-1-14 所示装满红水的扁玻璃瓶时，细管中的水面就上升或下降，松开手时，管中的水面又回到原处。

实验说明瓶子在受力时发生了形变，除去压力后又恢复原状。**外力停止作用，能够恢复原状的形变称为弹性形变**。

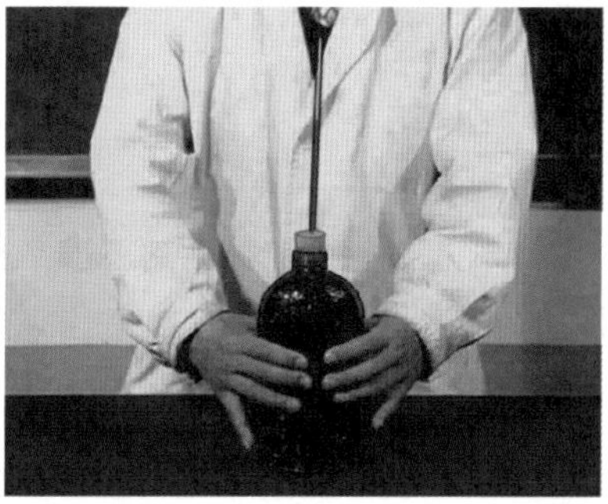

图 2-1-14 观察微小形变

思维与方法 放大法

在实验观测过程中，有些物理量由于太小而不易直接观察和测量，就要借助于声、光、电等方法，将待测量放大后再去观测，这就是放大法。通过手按压玻璃瓶使细管中的水面上升或下降，可以观察到玻璃瓶发生的微小形变。

拉弓才能把箭射出去，弦拉得与弓背的距离越大，箭就射得越远。可见，**发生弹性形变的物体，会对跟它接触的物体产生力的作用**，这种力称为**弹力**。弹性形变越大，产生的弹力越大。

一个物体对另一个物体要有弹力作用，这两个物体必须接触，并且产生形变。若物体之间没有发生形变，就无须恢复原状，也就不会产生弹力。用手拉弹簧时，弹簧要伸长，这时弹簧产生一种企图恢复原来长度的力，弹簧对我们手的拉力就是弹力。

把书放在桌面上，书同桌面互相挤压都发生了微小形变，这时书要恢复原来的形状，给予桌面一个向下的弹力 F'_N，通常称为**压力**。压力的方向总是垂直于接触面，指向被压的物体。桌子也企图恢复原来形状，而给予书向上的弹力 F_N，通常称为**支持力**。支持力的方向总是垂直于支持面，指向被支持的物体，如图 2-1-15 所示。静止在倾斜木板上的书，对木板要产生垂直于木板斜向下方的压力 F'_N，木板对书要产生斜向上的支持力 F_N，如图 2-1-16 所示。在力学中，我们平常所说的相互接触物体间的压力、支持力、拉力和推力等，实质上都是弹力。

如果施加在物体上的作用力超过一定限度，即使撤去外力，物体也不能恢复到原状。这个限度称为**弹性限度**。

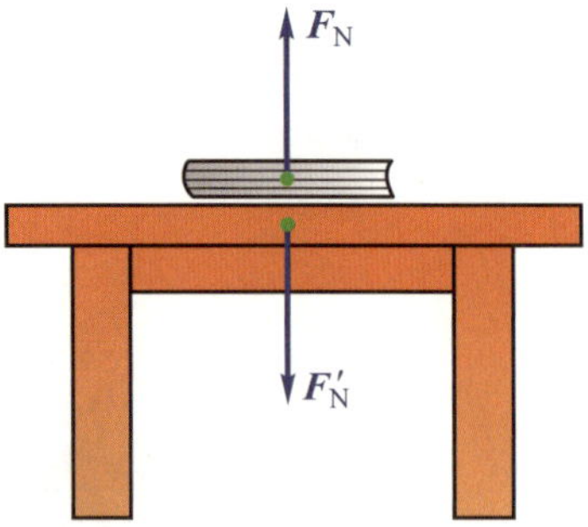

图 2-1-15　弹力的方向

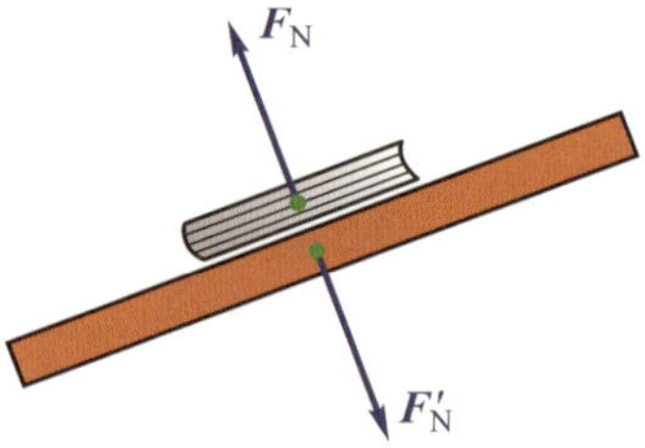

图 2-1-16　弹力的方向

实验与探究　探究弹簧弹力与形变量的关系

如图 2-1-17 所示，将弹簧上端固定在铁架台的横杆上，刻度尺固定在弹簧一侧。观察弹簧自由下垂时下端所对应的刻度为弹簧的原长 l。在弹簧下端悬挂一个钩码（重 50 g），记下钩码平衡时弹簧的总长 l 和钩码的重力。增加钩码的个数，重复上述实验过程。

根据实验数据，在坐标纸上描点，得出弹力 F 随弹簧伸长量 x 成正比（图 2-1-18）。

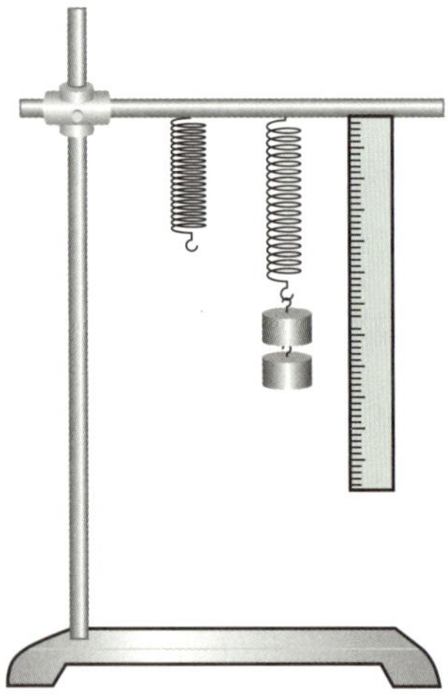

图 2-1-17　探究弹簧弹力与形变量关系的实验

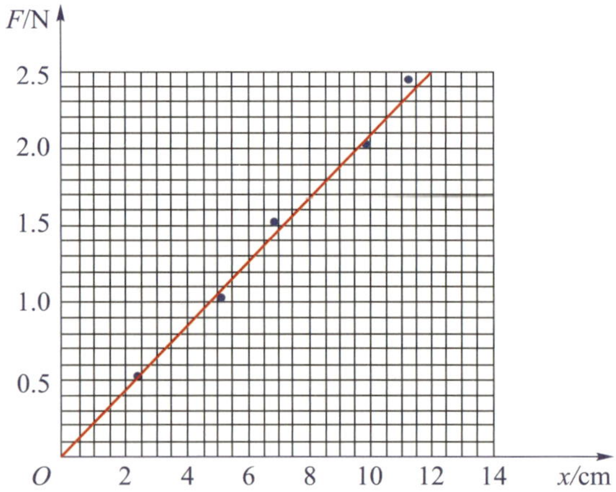

图 2-1-18　弹力与形变量的关系

英国科学家胡克在大量实验的基础上得出如下结论：**在弹性限度内弹簧发**

生形变时，弹力的大小 F 跟弹簧伸长（或缩短）的长度 x 成正比（图 2-1-19），这个定律称为**胡克定律**。其数学表达式为

$$F = kx$$

式中 k 称为弹簧的劲度系数，在国际单位制中，它的单位是 N/m（牛 / 米）。不同弹簧的劲度系数一般是不同的。

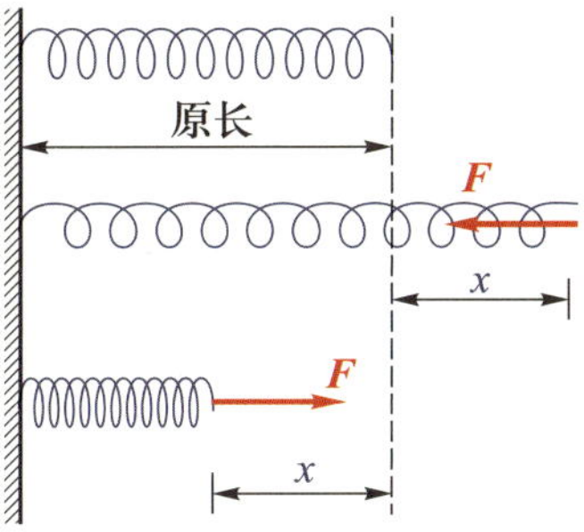

图 2-1-19 弹力与弹簧伸长（或缩短）长度的关系

【例题 1】一根弹簧从 20 cm 被拉长到 30 cm 时，由于弹性形变产生的弹力为 4 N，它的劲度系数是多少？当它被拉长到 50 cm 时能产生多大的弹力？

解：根据胡克定律 $F = kx$，弹簧的劲度系数为

$$k = \frac{F}{x} = \frac{F}{l - l_0} = \frac{4}{0.30 - 0.20}\,\mathrm{N/m} = 40\,\mathrm{N/m}$$

当弹簧被拉长到 0.50 m 时，其弹力大小为

$$F' = kx' = 40 \times 0.3\,\mathrm{N} = 12\,\mathrm{N}$$

静摩擦力 日常生活中普遍存在着摩擦现象。**两个相互接触的物体，有相对运动趋势但又未发生相对运动时产生的摩擦力**，称为**静摩擦力**。例如，静止在地面上的物体（图 2-1-20），在受到较小的水平推力后仍保持静止，说明物体受到静摩擦力的作用。静摩擦力的大小与外力的大小相等，方向与外力的方向相反。如果外力增大，静摩擦力也随之增大，并且在数值上两者总是相等。但是静摩擦力的增大不是无限制的，当随着外力增大到一定限度时，静摩擦力不再继续增大。如果这时外力再稍大一点，物体便会有相对于地面的运动发生。通常把**静摩擦力的最大值**称为**最大静摩擦力**。

物体所受静摩擦力的方向，是沿着接触面的切线方向，并且它总是跟该物体相对运动趋势的方向相反。所谓“相对运动趋势的方向”是指假如不存在静摩擦力，该物体将发生的相对运动的方向。静摩擦力是很常见的，例如，斜面上静止的木块（图 2-1-21）以及拿在手中的瓶子、毛笔不会滑落，都是静摩擦力作用的结果。

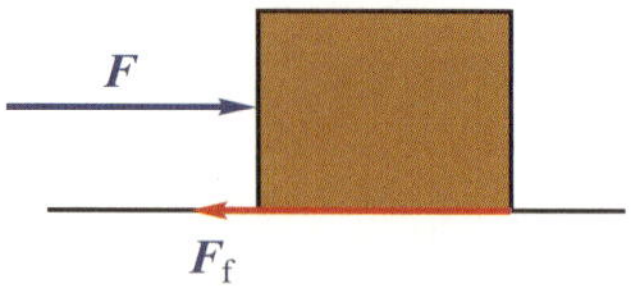

图 2-1-20　用力推木箱

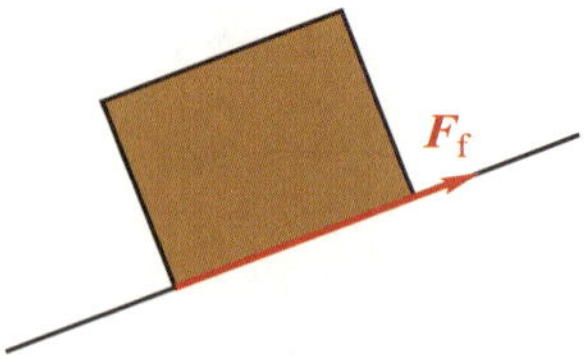

图 2-1-21　静止的木块

静摩擦力在生产技术中的应用也很多。例如，皮带运输机（图 2-1-22）是靠货物和传送皮带之间的摩擦力，把货物运往别处的。

图 2-1-22　皮带运输机

滑动摩擦力　当图 2-1-20 中物体所受外力超过最大静摩擦力时，物体跟地面之间开始做相对运动。**两个相互接触的物体发生相对滑动时产生的摩擦力，称为滑动摩擦力**。例如，用绳子拖着木箱在地面上滑行时，木箱受到的摩擦力就是滑动摩擦力。

实验证明，**滑动摩擦力的大小 F_f，跟作用在接触面上的正压力 F_N 成正比，而与接触面的大小无关**。即

$$F_f=\mu F_N$$

其中 μ 称为**动摩擦因数**，它的数值既跟相互接触的两个物体的材料有关，又跟接触面的情况（如粗糙程度等）有关。两个物体的接触面之间的动摩擦因数是通过实验测出的。表 2-1-1 列出了几种材料间的动摩擦因数。

表 2-1-1　几种材料间的动摩擦因数

材料	钢—钢	木—木	木—冰	钢—冰	木—金属	橡胶—路面
动摩擦因数	0.25	0.30	0.03	0.02	0.20	0.7～0.9

滑动摩擦力的方向，沿着接触面的切线方向，并且与相对运动的方向相反。

【例题 2】要使处在水平面上重为 200 N 的木箱从原地移动，至少要用 65 N 的水平推力，如图 2-1-23 所示。木箱从原地移动后为了使它继续做匀速运动，

只要用 60 N 的力就行了。求最大静摩擦力和动摩擦因数。如果开始只用 50 N 的水平推力推箱子，这时静摩擦力多大？

分析：当推动处于静止状态的木箱时，随着推力的增大，作用在木箱上的静摩擦力也随之增大，如图 2–1–24 所示。当推力继续增大达到某一数值时，木箱就开始移动，这时的推力的大小就等于木箱所受的最大静摩擦力。当木箱在地面上做匀速运动时，木箱所受到的滑动摩擦力的大小就等于推力的大小。

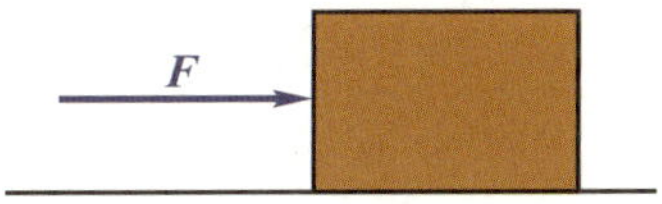

图 2–1–23 用力推木箱

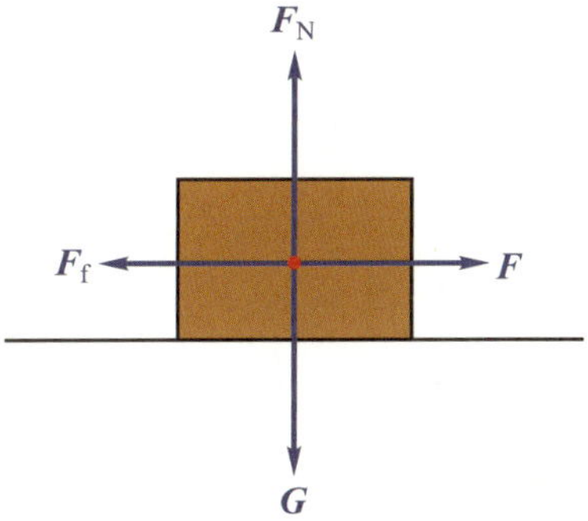

图 2–1–24 受力图

解：根据以上分析，木箱受到的最大静摩擦力为 65 N，最大静摩擦力的方向与推力的方向相反。木箱匀速滑动时，$F_f=F$，因此有

$$\mu=\frac{F_f}{F_N}=\frac{F}{G}=\frac{60}{200}=0.3$$

当用 50 N 的力推木箱时，由于推力小于最大静摩擦力，显然木箱仍保持静止状态，此时静摩擦力就等于 50 N，与推力方向相反。

实践与探索 用斜面测动摩擦因数

如图 2–1–25 所示，A 为一本书，B 为硬纸板或木板。逐渐加大 B 的倾角 θ，同时轻轻推一下 A，看它怎样运动。当 θ 角达到某一值时，A 被推后恰好能自行沿 B 匀速下滑，量出此时的 θ 角，则 $\mu=\tan\theta$。实验中也可以量出 h 和 L，然后通过公式 $\mu=\frac{h}{L}$ 计算出动摩擦因数。

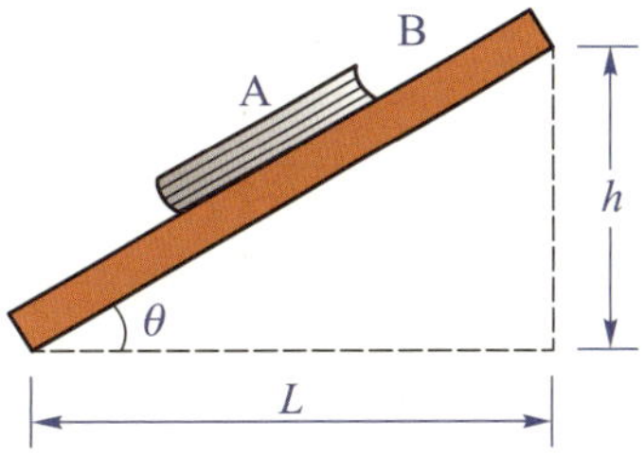

图 2–1–25 测动摩擦因数

技术应用　摩擦力的应用与危害

人走路、吃饭、洗衣服，各种车辆行驶，机器运转，都离不开摩擦力；就连沙子被堆成一堆，也是依靠沙子之间的摩擦；假如没有了摩擦力，桌椅板凳都要散架；房子建造不起来；汽车、自行车以及各种机械都装配不起来。总之，没有摩擦是不可想象的。

摩擦现象在我们周围是普遍存在的，有我们需要充分加以利用的一面，也有我们需要尽量避免的一面。我们知道，皮带传动和汽车行进是靠摩擦力来实现的，如果皮带和皮带轮之间的摩擦力太小，皮带就会在皮带轮上打滑，不能很好地传递动力；汽车轮胎（图 2-1-26）和路面之间的摩擦力太小，即使轮子转得再快，车子仍旧停在原地。在这类情况下，应该设法增大摩擦力。皮带打滑就紧一紧皮带，自行车、汽车轮胎上有凹凸的花纹，在结冰的路面上撒些煤渣，都是为了增大摩擦力。另一方面，各种机器的转动部分和滑动部分在机器运行的时候都会产生摩擦力，不但消耗能量，降低效率，甚至损坏零件，缩短机器寿命。此时必须设法减小摩擦力。通常采用滚动摩擦（图 2-1-27）代替滑动摩擦和在接触面添加润滑剂等措施减小摩擦力。

图 2-1-26　汽车轮胎

图 2-1-27　滚动摩擦

磁悬浮列车（图 2-1-28）是利用磁场使列车与铁轨之间脱离接触，气垫船（图 2-1-29）是利用船体与水面之间脱离或部分脱离接触而达到减小摩擦阻力的目的，从而提高列车和船的运动速度。

图 2-1-28 磁悬浮列车

图 2-1-29 气垫船

练习与应用（Ⅰ）

1. 判断以下几种说法是否正确。

（1）一个物体只有静止时才受到重力的作用；

（2）一个物体静止时受到的重力最大，向下运动时受到的重力较小；

（3）物体本身就有重力，所以重力没有施力物体。

2. 假设嫦娥四号探测器（图 2-1-30）的质量为 1 200 kg，则在地球上所受的重力大小是多少？如果它到月球上，它的质量和重力大小是否改变，如果改变应是多少（月球的 g 值是地球 g 值的六分之一）？

图 2-1-30 嫦娥四号探测器

3. 一根弹簧原长 10 cm，悬挂 10 N 重物时，因弹性形变而伸长到 12 cm，当悬挂 9 N 的重物时弹簧伸长到多少？弹簧的劲度系数是多少？

4. 在铸铁车间里，一个 100 kg 的铁块放在水平钢板上，工人用 245 N 的水平推力使铁块在钢板上匀速滑动，求铁与钢之间的动摩擦因数。

练习与应用（Ⅱ）

1.《中国制造 2025》是国家实施制造强国战略的行动纲领，智能机器制造是一个重要方向。如图 2-1-31 所示，搬运机器人的机械臂竖直夹起一个重物，重物在空中处于静止状态，铁夹与重物接触面保持竖直，则（　　）。

A. 重物受到的静摩擦力方向竖直向下

B. 重物受到的摩擦力与重力大小相等

C. 若增大铁夹对重物的压力，重物受到的静摩擦力变大

D. 若铁夹水平移动，重物受到的静摩擦力变大

图 2-1-31　搬运机器人

2. 在光滑半球形容器内，放置一细杆，细杆与容器的接触点分别为 A、B，如图 2-1-32 所示。下列关于细杆在 *A*、*B* 两点所受支持力的说法，正确的是（　　）。

A. *A* 点处支持力方向指向球心，是由于细杆的形变产生的

B. *A* 点处支持力的方向垂直细杆向上，是由于容器的形变产生的

C. *B* 点处支持力方向竖直向上，是由于细杆的形变产生的

D. *B* 点处支持力方向垂直细杆向上，是由于容器的形变产生的

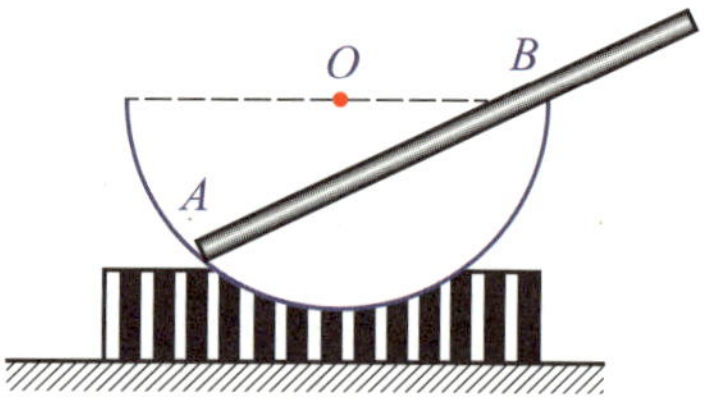

图 2-1-32　半球形容器

3. 用弹簧秤将一物体吊起后，弹簧秤的示数为 10 N，将此物体放在水平桌面上，用弹簧秤沿水平桌面匀速拉动时，弹簧秤的示数为 1.0 N。求物体与桌面间的动摩擦因数。

4. 某同学利用如图 2-1-33 所示的装置来研究 A 物体与水平木板间的摩擦力的规律时，观察得到如下记录（表 2-1-2）：

表 2-1-2　研究摩擦力规律的实验记录

实验次数	1	2	3	4
弹簧秤的读数/N	2.0	3.0	3.6	3.2
A 物体的状态	静止	静止	开始运动	维持匀速运动

（1）请你指出每一次实验中 A 物体所受的摩擦力的性质、大小和方向；

（2）如果用弹簧秤测得 A 物体重 8.0 N，试计算 A 物体与木板间的动摩擦因数。

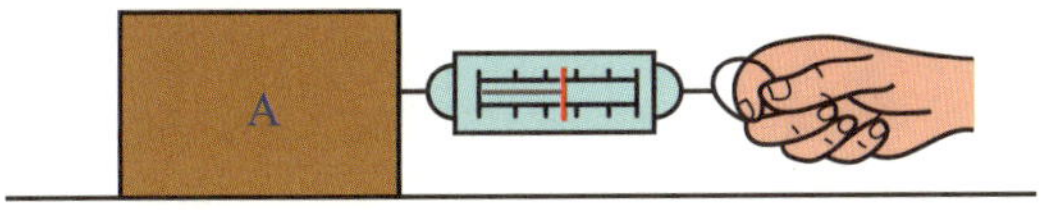

图 2-1-33　研究摩擦力规律的实验图

2.2　物体受力分析

观察与思考

起重机（图 2-2-1）是生产生活中常用的搬运重物的机械，那么如何分析起重机动臂顶端和吊钩处的受力情况？

图 2-2-1　起重机

物体受力分析　物体运动状态的改变总是与物体的受力情况有关，为了正确地解决力学问题，一个十分关键的环节，就是做好物体的受力分析。所谓受力分析，就是将待研究物体看作一个孤立的物体并分析它所受各个外力的方法。分析物体受力时，既不能遗漏，也不能重复添加。要做到这一点，就必须掌握受力分析的基本方法。

为了把物体的受力情况清楚地表示出来，通常需要画出物体的受力图。画受力图时，首先把要研究的物体，从周围物体中隔离出来，单独考虑它的受力情况，并把作用在它上面的各个力的大小、方向和作用点一一表示出来。当物体可看成质点时，可把各个力的作用点画在物体的重心上。

注意不要将物体施加到其他物体上的力也画在该物体的受力图上。下面通过几个具体的实例，来学习如何对物体进行受力分析。

【例题 1】试分析在平直公路上行驶的汽车的受力情况。

解： 以汽车为研究对象，画其示意图。汽车是受到 4 个力作用：受到重力 G 的作用，方向竖直向下；汽车与地面有接触，地面对它的支持力 F_N，方向垂直地面向上；汽车在地面上行驶，有汽车的牵引力 F 和地面对汽车的摩擦力 F_f，方向与汽车前进方向相反，如图 2-2-2 所示。

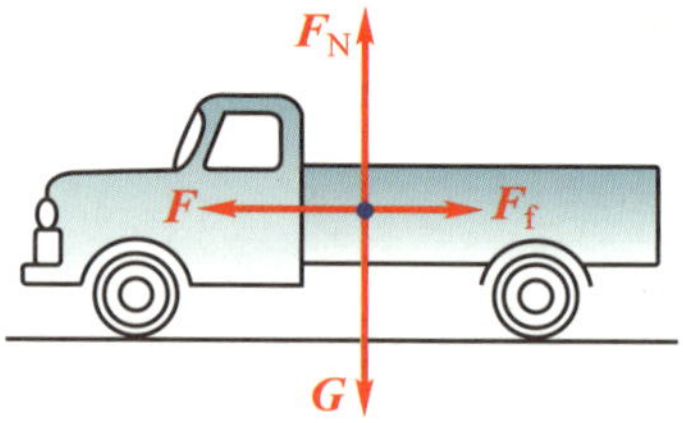

图 2-2-2　汽车的受力图

思考与讨论

如图 2-2-3 所示，小球静止在光滑的水平地面上靠着台阶，则小球除受到重力、水平面的竖直支持力之外，是否还受到台阶支持力 F 作用?

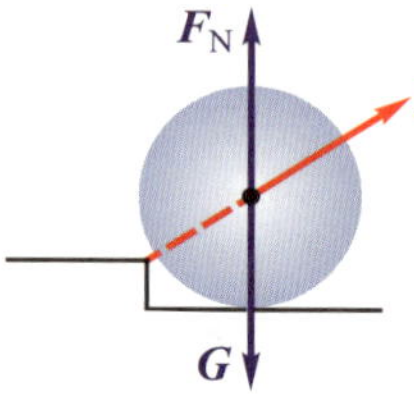

图 2-2-3　小球受力分析

【例题 2】 在给轿车换轮胎时，常用千斤顶把车顶起来。如图 2-2-4 所示，一款电动千斤顶两臂靠拢将汽车顶起。分析千斤顶上 O 点的受力情况。

解： 以 O 点为研究对象，它受到 3 个力作用：轿车对千斤顶产生向下的压力 F、千斤顶两臂产生的支持力 F_1、F_2，方向如图 2-2-5 所示。

图 2-2-4　千斤顶将车顶起

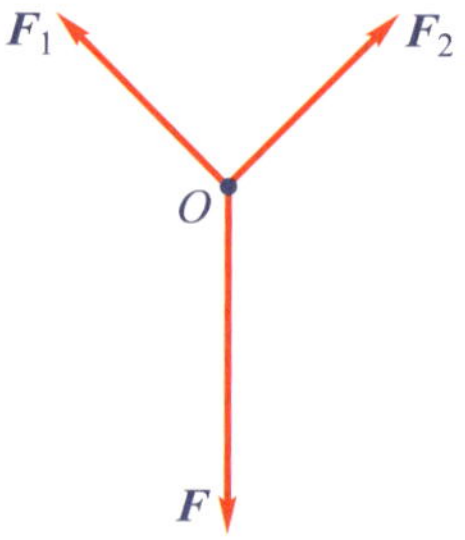

图 2-2-5　受力图

思考与讨论

电磁起重机吊钩处 O 由四个铁环相连，如图 2-2-6 所示。试分析电磁起重机吊钩处 O 点受力情况。

图 2-2-6　电磁起重机

【例题 3】 履带式起重机由动力装置、工作机构以及动臂、转台、底盘等组成，如图 2-2-7 所示。动臂为多节组装桁架结构，调整节数后可改变长度，其下端铰装于转台前部，顶端用变幅钢丝绳滑轮组悬挂支承，可改变其倾角。现吊一重物，分析起重机动臂顶端 O 点受力情况。

解： 动臂顶端 O 点受三个力的作用：一是重物向下的拉力，其大小等于重力 G；二是钢丝绳的拉力 F_1，方向沿钢丝绳斜向下；三是动臂的支持力 F_2，方向沿动臂斜向上，如图 2-2-8 所示。

图 2-2-7　履带式起重机

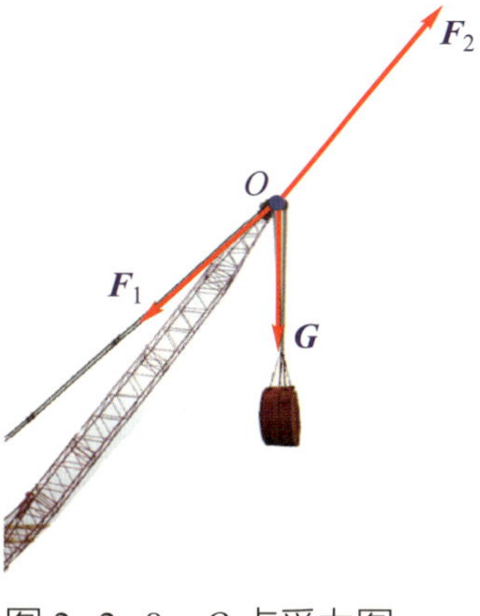

图 2-2-8　O 点受力图

【例题 4】 如图 2-2-9 所示，重为 G_1 的梯子 A 端放在粗糙的地面上，B 端靠在光滑的竖直墙面上，重为 G_2 的工人师傅站在梯子上施工。试分析梯子的受力情况。

分析： 画梯子受力图，首先画梯子受到的重力；其次，画与梯子接触的人、地面、墙面施加给梯子的弹力，如人对梯子的压力、垂直地面的支持力、垂直墙面的支持力；最后画摩擦力。若梯子不受摩擦力作用，则梯子要滑倒。因此，梯子在水平面 A 端受到水平向右的摩擦力，但梯子 B 端放在光滑的墙面上，所以竖直方向没有摩擦力，如图 2-2-10 所示。

图 2-2-9　工人站在梯子上

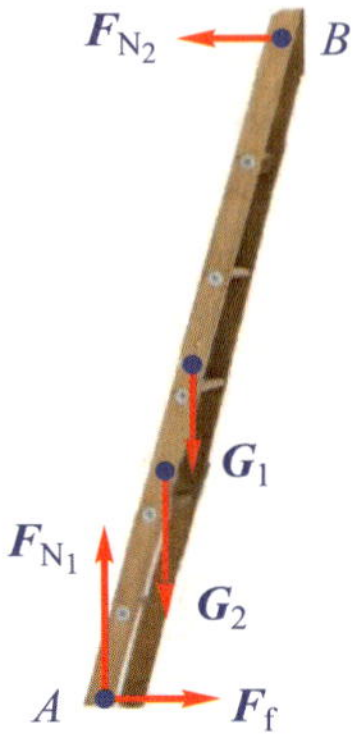

图 2-2-10　梯子受力分析图

解： 梯子受到 5 个力的作用，分别是重力 G_1，方向竖直向下；人对梯子压力，大小约等于 G_2，方向竖直向下；地面对梯子的支持力 F_{N_1}，方向竖直向上；梯子受到墙壁的支持力 F_{N_2}，方向水平向左；梯子受到地面的摩擦力 F_f，方向水平向右。

物体受力分析一般步骤　在力学中对物体进行受力分析，涉及的力主要是重力、弹力和摩擦力，根据其产生条件和方向，用整体法、隔离法进行受力分析，一般步骤是：

（1）明确研究对象：可以是一个物体或物体上的一部分，也可以是多个物体的组合。

（2）隔离研究对象：将研究对象从周围的物体中隔离出来，并分析周围有哪些物体对研究对象施加了力的作用。

（3）画出受力示意图：按一定的顺序进行受力分析，先**画重力**，方向总是竖直向下的；再**画弹力**（包括支持力、压力、推力、拉力等），与形变的方向相反；然后**画摩擦力**，与相对运动或有相对运动趋势的方向相反；最后**画其他外力**。如果在电场和磁场中，还应考虑物体所受到的电场力和磁场力等。准确标出物体所受各力的方向，画出示意图。

（4）检查分析结果：每个力是否都有施力物体，受力情况是否与物体的运动状态对应，做到一个力不多、不漏、不错。

连接体的受力分析 如果几个物体通过某种方式连接起来共同运动，这样的几个物体所组成的系统称为**连接体**。连接体受力分析的要点是：

（1）首先要把各个物体隔离出来；

（2）然后分别分析每个物体的受力情况。

【例题 5】在气垫导轨上用不可伸缩的细绳，一端系在质量为 M 的滑块上，另一端系在质量为 m 的砝码上，如图 2-2-11 所示，设导轨与滑块之间、细绳与定滑轮之间无摩擦，试分析滑块和砝码的受力情况。

解：这是连接体问题，如果应用隔离法，应将滑块和砝码隔离出来，分别对两个物体进行受力分析，画受力图。滑块受到 3 个力作用：重力 G、导轨对它的支持力 F_N 和细绳的水平拉力 F。砝码受到 2 个力作用：重力 G' 和细绳拉力 F' 的作用，如图 2-2-12 所示。

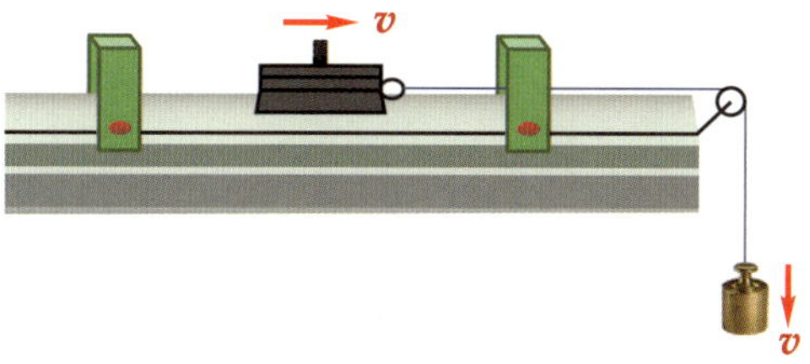

图 2-2-11 气垫导轨

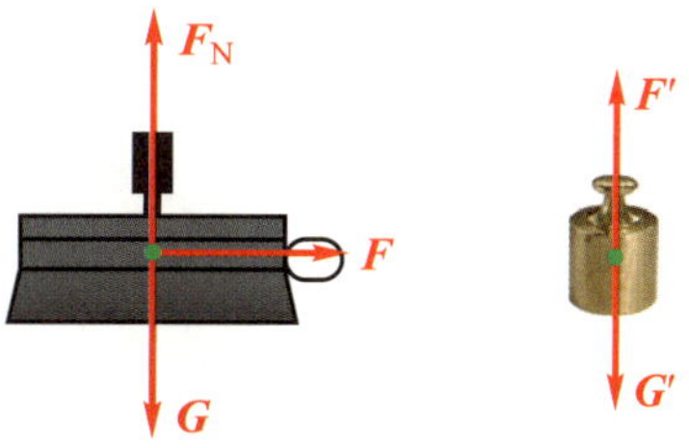

图 2-2-12 受力图

如果应用整体法进行受力分析时，可以不考虑两个物体之间的相互作用力（也就是内力）。本题应用整体法分析时，滑块和砝码看作一个整体，F 和 F' 是一对内力，不用考虑，这时滑块和砝码受到 3 个力作用：滑块的重力 G、导轨对它的支持力 F_N 和砝码重力 G'。

思维与方法　整体法与隔离法

隔离法是指对物理问题中的单个物体或单个过程进行分析、研究的方法。在受力分析中应用隔离法就是将研究对象从周围的物体中隔离出来，只考虑周围物体对它施加力的作用，而不考虑它对周围的物体施加的力的作用。整体法是把两个或两个以上物体组成的系统作为一个整体来研究的分析方法。当只涉及研究系统而不涉及系统内部某些物体的受力时，一般可采用整体法。研究系统内某个物体的受力时，通常可采用隔离法。

技术应用　认识建筑物中常见的承重结构

建筑物中常见的承重结构有很多种，按承重结构的方式分为拱、梁、网架、桁架等。

拱　在建筑工程中，拱是应用很广泛的一种结构。拱形结构受力性能较好，能提高抗压能力，较充分地利用材料强度，因此可用钢筋混凝土等多种材料制作。拱结构适用于跨度较大的建筑，如展览馆、体育场、石拱桥等公共建筑。至今已有 1 300 多年历史的赵州桥（图 2-2-13）是当今世界上现存最早、保存最完善的古代敞肩石拱桥，经受住多次洪水冲击，8 次大地震，仍挺立在洨河之上。

图 2-2-13　赵州桥

梁　梁是建筑中结构最基本、应用最广泛的构件之一，在中小跨度建筑中大量应用。

桁架 桁架是由两端用铰链连接的若干杆件组成的几何形状不变的结构，具有用料较省的特点，是大跨度建筑常用的一种结构（图 2-2-14）。

网架 网架结构由多根杆件按照一定的网格形式通过节点连结而成的空间结构。具有空间受力、重量轻、刚度大、抗震性能好等优点。广泛用作体育馆、候车厅、车间等的屋顶结构（图 2-2-15）。

图 2-2-14 桁架屋面

图 2-2-15 网架结构

练习与应用（Ⅰ）

1. 在图 2-2-16 中，物体 A 静止，（a）（b）（c）（d）图中与物体 A 接触的面是光滑的，（e）图中物体 A 用轻绳悬挂，试画出物体 A 的受力图。

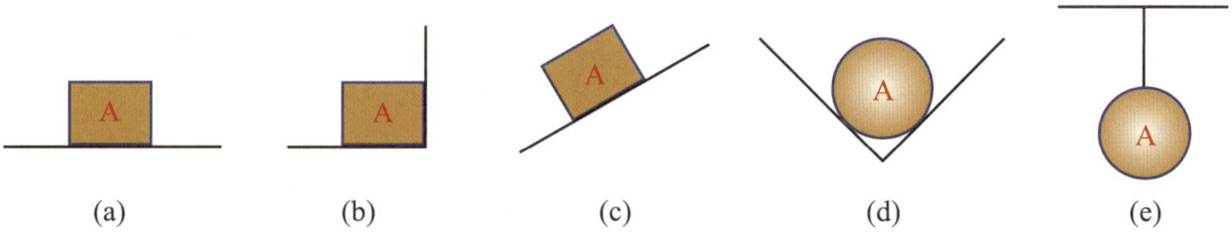

图 2-2-16 静止的物体

2. 流动红旗（图 2-2-17）用钉子挂在班级门口，与同学讨论钉子的受力情况。

3. 在电商业、快递业高速发展的背景下，无人机配送已成为现实。分析无人机（图 2-2-18）竖直上升时货物的受力情况，并画出它的受力图。

4. 用水平力 F 把一木块紧压在竖直的墙上，木块静止不动，如图 2-2-19 所示，木块受到哪几个力的作用？画出受力图。

图 2-2-17　挂在墙上的流动红旗

图 2-2-18　无人机配送

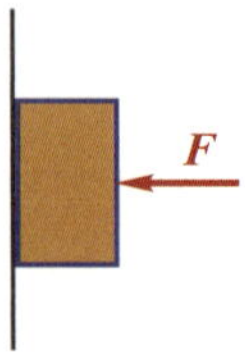

图 2-2-19　木块

练习与应用（Ⅱ）

1. 我国已拥有太行矢量发动机。矢量发动机是喷口可向不同方向偏转以产生不同方向推力的一种发动机。当战斗机以速度 v 斜向上飞行时。已知飞机受到重力 G、发动机推力 F_1、与速度方向垂直的升力 F_2 和与速度方向相反的空气阻力 F_f（图 2-2-20）。下列受力分析示意图可能正确的是（　　）。

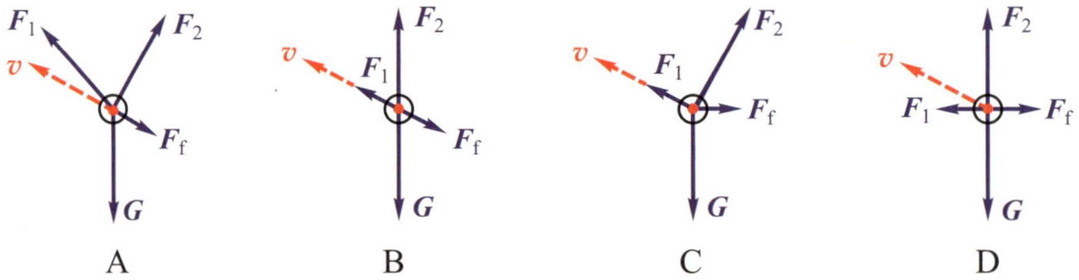

图 2-2-20　受力分析示意图

2. 集装箱被船载起重机用四根钢绳成功吊起（图 2-2-21），分析吊钩处的受力情况，画出受力图。

3. 如图 2-2-22 所示，一个木箱放在水平地面上，一人用力 F 作用在木箱上，使木箱做匀速直线运动，试分析木箱的受力情况。

图 2-2-21　起重机吊起集装箱

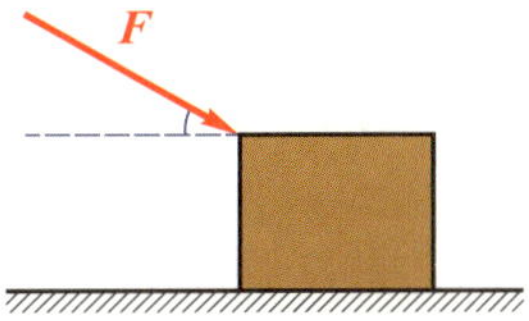

图 2-2-22　木箱

4. 图 2-2-23 所示为建筑工地上搬运石板用的“夹钳”，工人夹住石板沿直线匀速前进过程中，试分析石板的受力情况，画出石板的受力图。

图 2-2-23　搬运石板

2.3　力的合成与分解

观察与思考

如图 2-3-1 所示，在滚滚的长江上，巍峨地矗立着南京大胜关长江大桥，主桥全长 4.744 km，采用主跨 648 m 的双塔钢箱梁斜拉桥，为国内第一座钢塔斜拉桥。为什么斜拉桥的两个桥墩之间的跨度能那么大呢？桥上的斜拉钢索起什么作用？

图 2-3-1　南京大胜关长江大桥

力的合成　生活中常常见到这样的事例，一个力的作用效果与两个或者更多力的作用效果相同。如图 2–3–2 所示，原来用两根绳子吊一盏电灯，现在我们改用一根绳子吊这一盏电灯，如图 2–3–3 所示。则一根绳子的拉力 F 的作用效果和两根绳子的拉力 F_1、F_2 的共同作用效果相同。

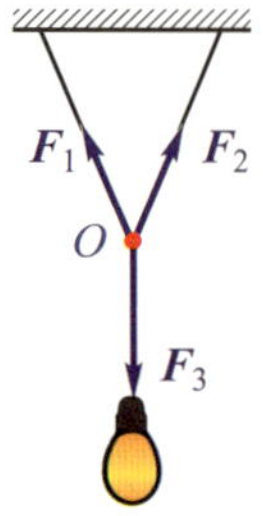

图 2–3–2　用两根绳子吊一盏电灯

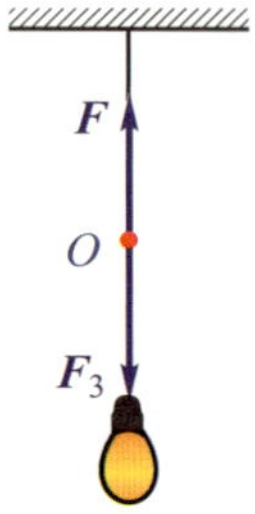

图 2–3–3　用一根绳子吊一盏电灯

为了便于分析问题，我们常常用一个力来代替几个力。如果这个力单独作用在物体上的效果与原来几个力共同作用在物体上所产生的效果完全一样，那么这一个力就称为那几个力的**合力**，而那几个力，就是这个力的**分力**。求几个已知力的合力，称为**力的合成**。

如果有几个力同时作用于物体上的同一点，或它们的作用线相交于一点，那么这几个力就称为**共点力**。为了简便，本书通常把作用在同一物体上的重力、弹力和摩擦力，当成作用于重心的共点力来处理。

两个互成角度的力合成时，合力的大小与分力有什么关系呢？

实验与探究　探究两个互成角度共点力的合成规律

将图 2–3–4 所示实验装置安装在贴有白纸的竖直平板上。图 2–3–4（a）表示橡皮筋 DE 在两个力的共同作用下，E 端沿着直线 DE 伸长到 O 点。图 2–3–4（b）表示撤去 F_1 和 F_2，用一个力 F 作用在橡皮筋上，使橡皮筋 E 端沿着直线 DE 伸长到 O 点。由此可见，力 F 对橡皮筋产生的效果跟 F_1 和 F_2 共同产生的效果相同，所以力 F 等于 F_1 和 F_2 的合力。

合力 F 跟力 F_1 和 F_2 有什么关系呢？在力 F_1 和 F_2 的方向上各作线段 OA 和 OB，根据选定的标度，使它们的长度分别表示力 F_1 和 F_2 的大小，如图 2–3–4（c）

所示。以 OA 和 OB 为邻边作平行四边形 $OACB$。量出这个平行四边形的对角线 OC 的长度，可以看出，根据同样的标度，合力 F 的大小和方向可以用对角线 OC 表示出来。

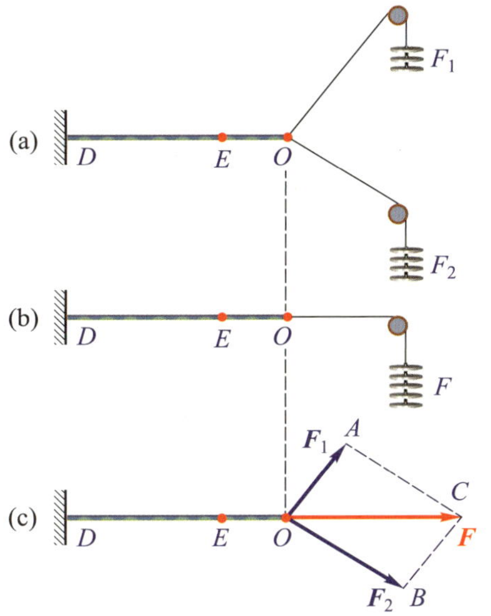

图 2-3-4 探究两个互成角度共点力的合成

改变力 F_1 和 F_2 的大小和方向，重做上述实验，可以得到同样的结论。

上述实验表明，两个互成一定角度的共点力的合力，可以用表示这两个力的有向线段为邻边所画出的平行四边形的对角线来表示。对角线的长度表示合力的大小，对角线的方向就是合力的方向，如图 2-3-5 所示，这个结论称为**力的平行四边形定则**。互成夹角的两个共点力 F_1 和 F_2，其合力 F 的大小为

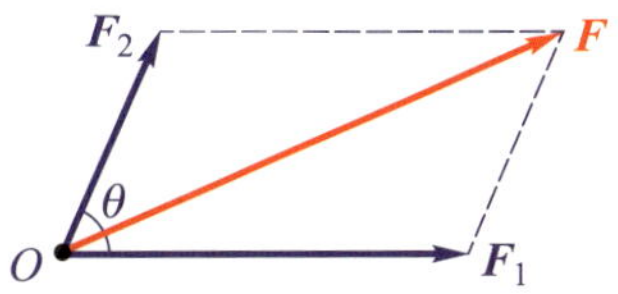

图 2-3-5 平行四边形定则

$$F=\sqrt{F_1^2+F_2^2+2F_1F_2\cos\theta}$$

从力的平行四边形定则中可以看出，合力 F 的大小和方向不仅跟分力 F_1 和 F_2 的大小有关，还跟它们的夹角 θ 有关。当 F_1 和 F_2 的大小不变，但夹角 θ 不同时，它们的合力 F 也不相同。θ 越小，F 就越大；θ 越大，F 就越小。表 2-3-1 所列的是两个分力大小不变但夹角不同时的合力。

表 2-3-1　两个分力大小不变但夹角不同时的合力

图示	θ	F
	$\theta=0°$	$F=F_1+F_2$
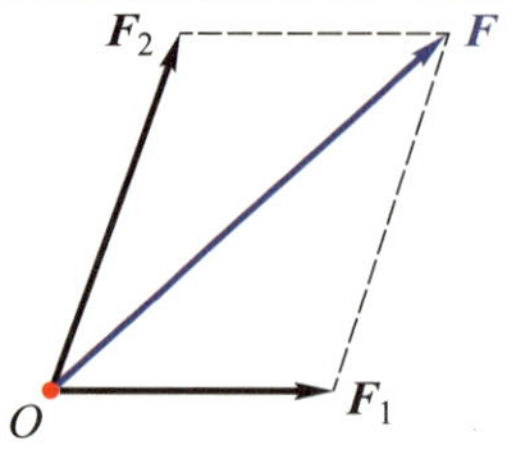	$0<\theta<90°$	$F>\sqrt{F_1^2+F_2^2}$
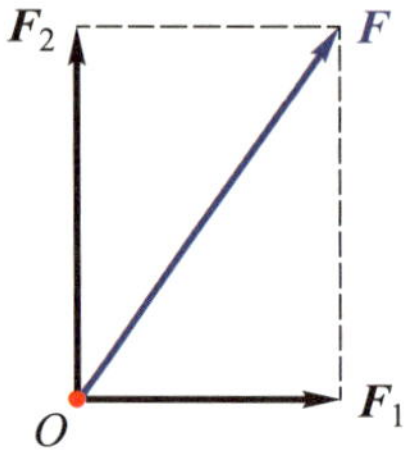	$\theta=90°$	$F=\sqrt{F_1^2+F_2^2}$
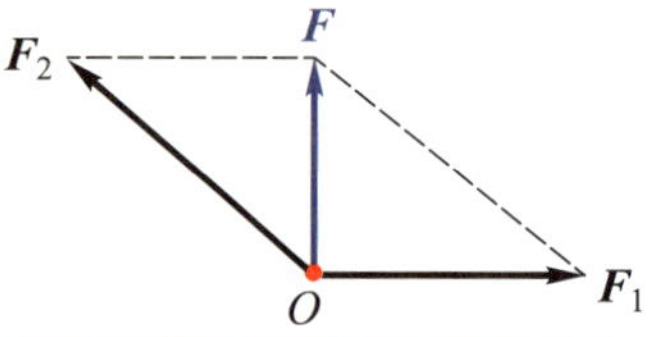	$90°<\theta<180°$	$F<\sqrt{F_1^2+F_2^2}$
	$\theta=180°$	$F=\|F_1-F_2\|$

从上表可以看出，当 $\theta=0°$，即 F_1 与 F_2 同向时，合力 F 也随之同向，并达到最大，$F=F_1+F_2$；当 $\theta=180°$，即 F_1 与 F_2 反向时，F 与较大的分力同向，并达到最小，$F=|F_1-F_2|$；若 $F_1=F_2$，则 $F=0$，这时物体处于平衡状态。

如果有两个以上的力，共同作用在一点上，只要先求出其中任意两个力的合力（图 2-3-6），然后再求这个合力和另一个分力的合力，同样继续重复下去，将最后一个分力合成后得出的力，就是所有这些力的合力。若共点力中有些分力处在同一直线上，可先求出在这条直线上分力的合力，然后再求此合力与其他分力的合力。

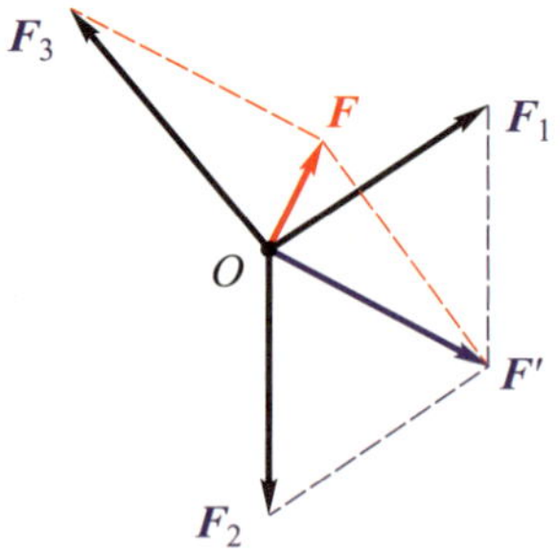

图 2-3-6　任意两个力的合成

思维与方法　等效法

等效法是科学研究中常用的一种思维方法。在效果相同的前提下，把实际的、复杂的物理过程等效成理想的、简单的过程来处理，既可使运算简化，又可加深人们对物理概念、物理规律的理解。用合力代替多个力；把一个力分解成两个力；用一个作用于重心的重力，替代实际作用于物体上无数个微小重力；用总电阻替代串联、并联的各个电阻等，这些都是利用等效法。

【例题 1】如图 2-3-7 所示，在电线下端挂一个重量为 8 N 的电灯，如果用绳子在 O 点沿水平方向以 6 N 的力拉住电灯，求电线上段作用在 O 点的拉力和它与竖直方向的夹角。

解法 1：作图法。如图 2-3-8 所示，先取适当长度，例如用 4 mm 长的线段代表 2 N，再以 F_2 和 F_3 为邻边，分别取 12 mm 和 16 mm 长的线段，然后作平行四边形，用直尺量得其对角线为 20 mm。由于 $F_1=F'$，所以在 F_1 上画 20 mm 长的线段。因此，电线对 O 点的拉力为 10 N，偏离竖直方向约 37°。

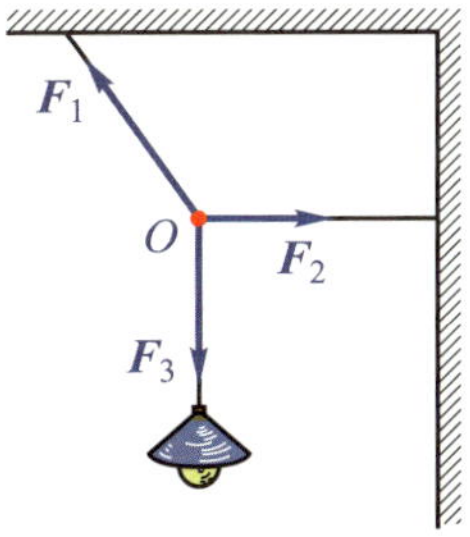

图 2-3-7　电线下端挂一个电灯

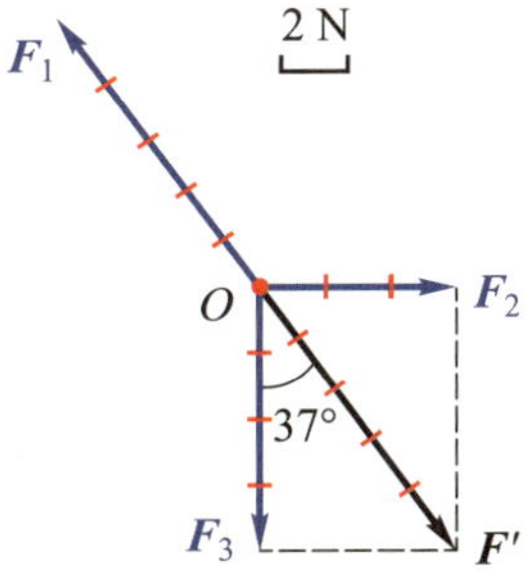

图 2-3-8　受力图

解法 2：计算法。由于 F_2 和 F_3 互相垂直，所以

$$F_1 = F' = \sqrt{F_2^2 + F_3^2} = \sqrt{6^2 + 8^2}\ \text{N} = 10\ \text{N}$$

$$\tan\theta = \frac{F_2}{F_3} = \frac{6}{8} = 0.75,\ \theta \approx 36°52'$$

实践与探索

取一条较结实的线，从中间对折成两股以后拴在木凳上，手提两股线可以将木凳提起来。然后用两只手各提一股线，并使两手逐渐分开，你的感觉怎样？当两手分开较大距离时，木凳还可能把线拉断。这是为什么？请你做一做。

力的分解　如图 2-3-9 所示，物体在斜向上拉力 F 的作用下沿水平地面匀速运动，这个力产生两个效果：使物体克服地面的摩擦阻力前进，同时把物体向上提，减轻了对地面的压力。由于斜向上拉力 F 产生的效果与两个力 F_1 和 F_2 共同产生的效果相当，因此，可把物体的拉力 F 分解成 F_1 和 F_2 两个分力。**把一个力分解成几个力**称为**力的分解**。本节只讨论把一个力分解成两个互成角度的共点力的方法。

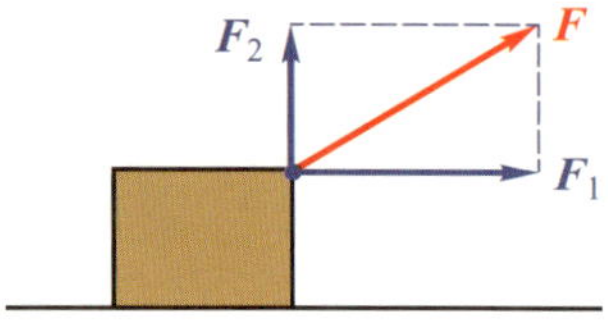

图 2-3-9　力的分解

力的分解是力的合成的逆运算，同样遵守平行四边形定则。现在只是把一个已知力作为平行四边形的对角线，来求平行四边形的两个邻边（即两个分力）。如果不加条件限制，同一个力可以分解成无数对分力（图 2-3-10），这种不确定的答案没有实际意义。因此，在进行力的分解时，需要知道两个力的方向，求两个分力的大小；或者知道一个分力的大小和方向，求另外一个分力的大小和方向，这样力的分解才有确定的答案。那么一个已知的力究竟怎样分解呢？这要根据实际问题来决定。分解一个力要具体考虑这个力产生的效果，它在哪些方向上产生了效果，就可以沿着这些方向进行分解。

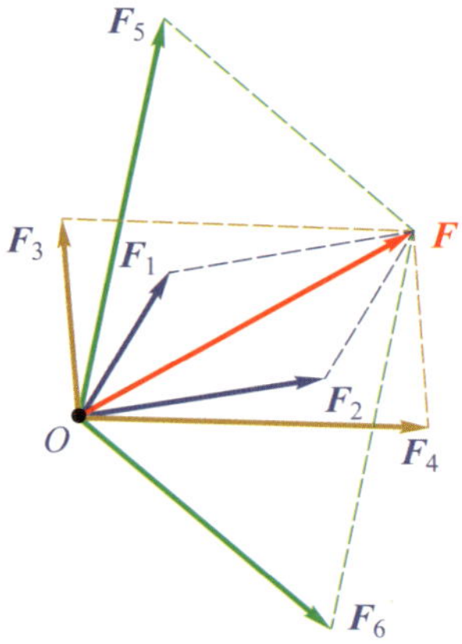

图 2-3-10　同一个力的分解

正交分解　在分析物体受力产生的效果时，往往需要把一个力分解成相互垂直的两个分力。这种重要的分解方式称为**正交分解**。这是分解力时常用的最基本的方法。例如，放在斜面上的物体（图 2-3-11），它所受的重力 G，

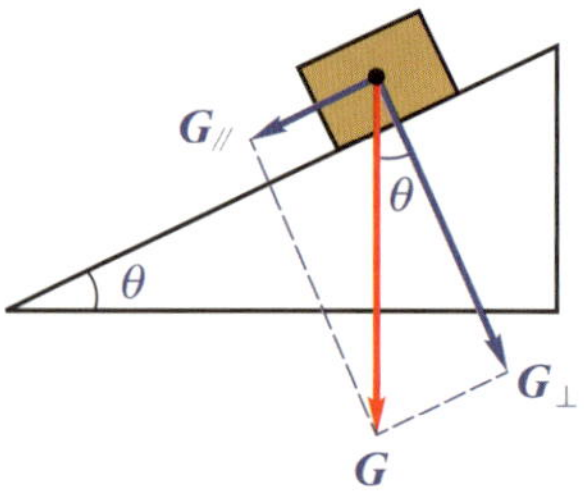

图 2-3-11　正交分解

产生两个效果：一可使物体沿斜面向下运动，或使它具有向下运动的趋势；二是使物体紧压斜面，对斜面产生压力。因此，我们把重力分解成垂直于斜面的分力 $G_{\perp}$ 及平行斜面的分力 $G_{/\!/}$。当你骑自行车经过较陡的斜坡时，便会明显地感受到这个分力的作用。

为什么斜拉桥的桥梁跨度可以很大呢？是因为斜拉桥上安装了许多斜拉钢索，塔身受到每根拉索的拉力作用（图 2-3-12），根据力的合成规律，把拉索下桥面的负荷加在了靠近岸边桥塔的两只大桥墩上，这样拉索下的桥梁跨度就可以很大。

我们再看一下斜拉桥拉索的受力分析，拉索的拉力 F 可分解沿桥面的力 F_1 和与桥面垂直的力 F_2，如图 2-3-13 所示。F_1 起着增大桥面抗弯强度的作用，F_2 起着承受自身和外加载荷的作用，因此，桥中间不需要桥墩支撑。

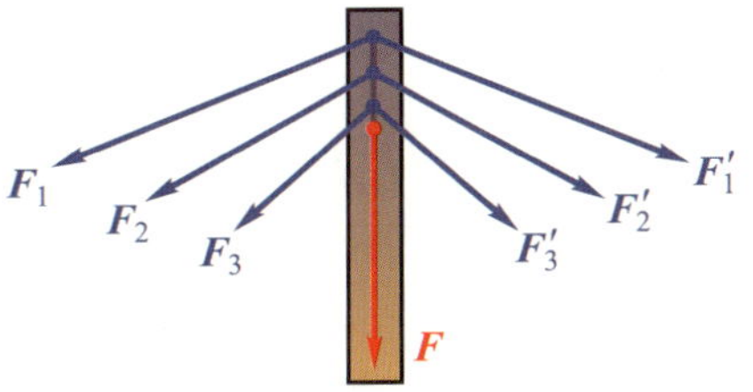

图 2-3-12　塔身受到每根拉索的拉力

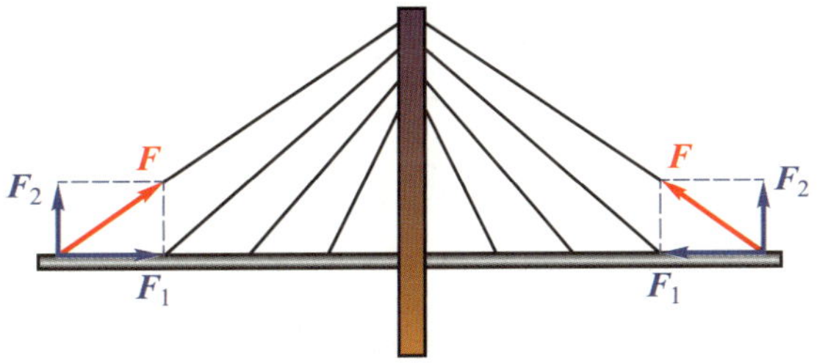

图 2-3-13　拉索的受力分析图

【例题 2】 在图 2-3-14 中，设物体刚好能够匀速下滑，求物体与斜面间的动摩擦因数。

分析： 物体匀速下滑时，受三个力的作用：重力 G、支持力 F_N 和摩擦力 F_f。将重力 G 按正交分解，则 $G_{/\!/} = G\sin\theta$，$G_{\perp} = G\cos\theta$。

解： 根据题意画受力图。因为物体沿斜面匀速下滑，所以在垂直斜面和平行斜面方向的合力均为零。即

$$F_f = G_{/\!/} = G\sin\theta,\quad F_N = G_{\perp} = G\cos\theta$$

$$\mu = \frac{F_f}{F_N} = \frac{G\sin\theta}{G\cos\theta} = \tan\theta$$

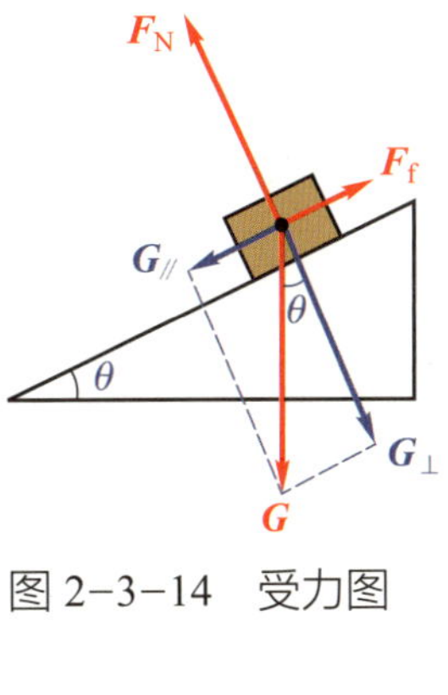

图 2-3-14　受力图

实践与探索

如图 2-3-15 所示，两人共提一桶水，是两臂夹角大时省力还是两臂夹角小时省力？为什么？请课后体会一下两臂夹角的变化与手臂受力大小的关系。

图 2-3-15　两人共提一桶水示意图

技术 · 中国　世界第一的中国桥梁

截至 2019 年 10 月，中国现代桥梁总数已超过 100 万座，居世界第一。中国在桥梁设计、技术创新以及智能制造等领域均处于国际领先水平，中国正从桥梁大国向桥梁强国迈进。

中国桥梁建设在高度、跨度和平稳性等方面不断打破世界纪录，在设计、工艺、材料、设备和维护等方面不断超越技术极限，为世人所震撼。世界排名前十位的跨海大桥中我国占据 6 座、斜拉桥中我国占据 7 座、悬索桥中我国占据 6 座。单项世界之最更是层出不穷。贵州北盘江大桥是世界第一高桥，桥面距谷底高达 565 m，相当于 200 层摩天大楼的高度。京沪高铁线路上的丹昆特大桥是世界第一长桥，全长 165 km。四渡河特大悬索桥是世界首次运用火箭技术抛送导索的大桥。张家界玻璃大桥是世界最长最高全透明玻璃桥。沪通长江大桥（图 2-3-16）是世界上最大跨度的公铁两用斜拉桥，全长 11 072 m，主跨 1 092 m。港珠澳大桥（图 2-3-17）是世界第一跨海长桥，长达 55 km，被誉为世界交通工程的珠穆朗玛峰。深圳彩虹大桥是世界上第一座全组合结构桥梁。

图 2-3-16　沪通长江大桥

图 2-3-17　港珠澳大桥

练习与应用（Ⅰ）

1. 作用于一物体上的两个共点力分别为 5 N 和 20 N，当改变两力之间的夹角时，其合力的大小也随之改变。合力大小变化范围是（　　）。

A. 5～20 N　　B. 15～25 N

C. 5～15 N　　D. 15～20 N

2. 如图 2-3-18 所示，重型自卸车装载一巨型石块，当利用液压装置使车厢缓慢倾斜到一定角度时，车厢上的石块就会自动下滑。在石块还没有下滑时，随着自卸车车厢倾角变大，以下说法正确的是（　　）。

A. 车厢对石块的支持力变大　　B. 车厢对石块的摩擦力变大

C. 车厢对石块的摩擦力变小　　D. 车厢对石块的作用力变小

3. 港珠澳大桥是世界上最长的跨海大桥，其中九洲航道桥（图 2-3-19）为斜拉桥，桥面一侧钢索均处在同一竖直平面内，且索塔两侧对称分布。则下列说法正确的是（　　）。

A. 增加钢索数量，可减小索塔受到的总拉力

B. 适当降低索塔的高度，可以减小钢索承受的拉力

C. 钢索对称，可以保证钢索对索塔拉力的合力为零

D. 钢索对称，可以保证钢索对索塔拉力的合力偏离竖直方向不至于过大

图 2-3-18　重型自卸车

图 2-3-19　九洲航道桥

4. 把竖直向下 180 N 的力分解成两个分力，使其中一个分力的方向水平向右并等于 240 N，分别用作图法和计算法求另外一个分力的大小和方向。

练习与应用（Ⅱ）

1. 如图 2-3-20 所示，起重机吊起重物后静止在半空，吊钩受竖直向上的拉力 F_1 作用，两条钢索对吊钩斜向下的拉力为 F_2 和 F_3。如果两钢索夹角为 90°，且 $F_2 = F_3 = 4 \times 10^3$ N。求 F_1 的大小。

2. 如图 2-3-21 所示，重 600 N 的木箱放在水平地面上，用一个与水平方向成 30°角的斜向下 500 N 的推力 F 推物体，使之做匀速直线运动，求摩擦力的大小和木箱对地面的压力。

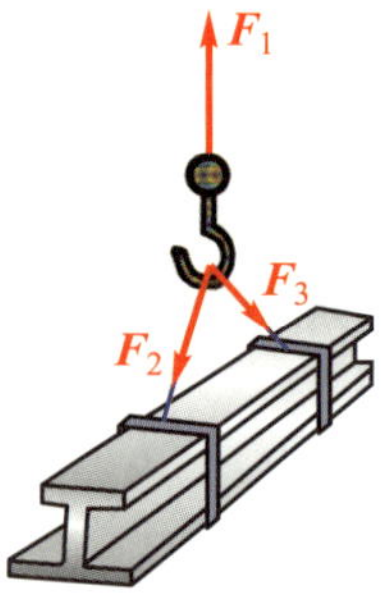

图 2-3-20　起重机吊起重物

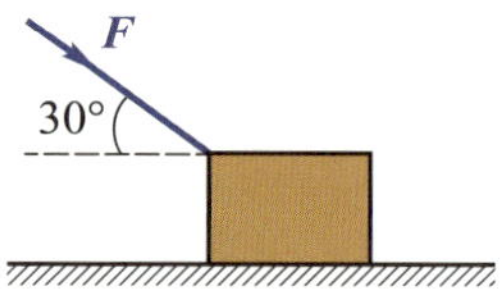

图 2-3-21　用力推木箱

3. 解放军战士进行负荷训练，在水平地面上拉着轮胎做匀速直线运动。假设轮胎重 25 kg，拉力方向与水平地面间的夹角为 37°，地面对轮胎的摩擦力大小为 196 N，求绳的拉力和轮胎对地面的压力。

4. 为了把陷在泥坑里的汽车拉出来，司机用一条结实的绳子把汽车拴在一棵大树上，开始时相距 12 m，然后在绳的中点用 400 N 的力 F 沿绳垂直的方向拉绳，结果中点被拉过 60 cm，如图 2-3-22 所示，假设绳子的伸长不计，求汽车受到的拉力。

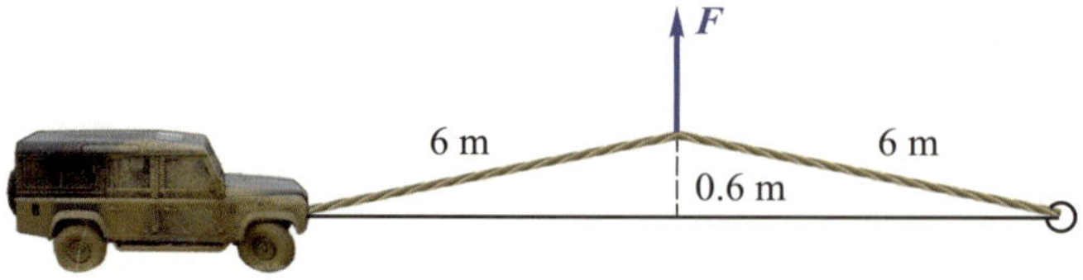

图 2-3-22　拉汽车示意图

2.4 物体的平衡

观察与思考

你看过杂技表演吗？许多杂技节目（图 2-4-1）扣人心弦，引人入胜，表演者炉火纯青的演技赢得观众阵阵掌声，让人赞不绝口。你可知道，这里面包含着物体的平衡原理。那么，什么是物体的平衡状态？物体在什么条件下才能处于平衡状态呢？

图 2-4-1 杂技表演

共点力作用下的物体平衡条件 要使物体保持平衡状态，作用在物体上的力必须满足一定的条件。2020 年 5 月，大国工匠李万君在某一节目将 16 组长 15 cm，直径仅为 1.8 mm 的钢针两两焊接，再将钢针两端分别与车顶钢架上方的钢丝进行焊接，形成受力结构，悬吊起 2 t 重的汽车（图 2-4-2），此时汽车处于平衡状态，所受重力和拉力大小相等、方向相反、作用在同一直线上，合力为零。

如果物体受到两个以上共点力的作用处于平衡状态，物体的平衡条件又是什么呢？如图 2-4-3 所示，物体受到三个共点力的作用并处于平衡状态，根据平行四边形定则都可以将任意两个力逐步进行力的合成，先将 F_1 与 F_2 合成为 F'，F' 再与 F_3 进行合成，由于其大小相等，方向相反，作用在同一直线上，最终合力也为零。

图 2-4-2　悬吊汽车

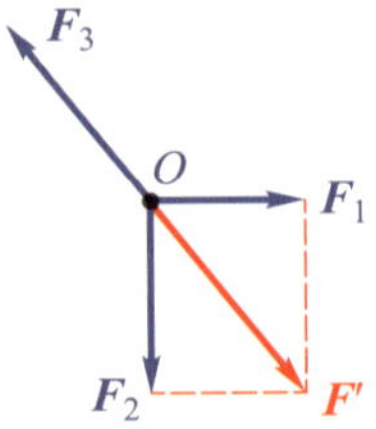

图 2-4-3　三个共点力的合成

因此，在共点力作用下，**物体的平衡条件是合力等于零**。即 $F_{合}=0$。

由物体的平衡条件可知：如果物体在几个共点力作用下保持平衡，那么，其中任一个力一定和其他几个力的合力大小相等，方向相反，这个力称为其他几个力的平衡力。

【例题 1】 一个质量为 m 的物体放在水平面上，物体在与水平方向成 θ 角的斜向上的拉力 F 的作用下做匀速直线运动，如图 2-4-4 所示，求支持力和滑动摩擦力的大小。

解： 根据题意，画受力图如图 2-4-5 所示。根据平衡条件有

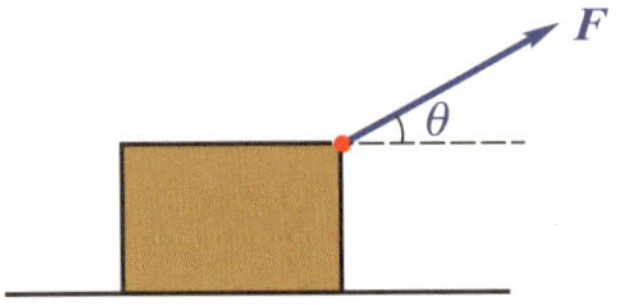

图 2-4-4　拉物体做匀速直线运动

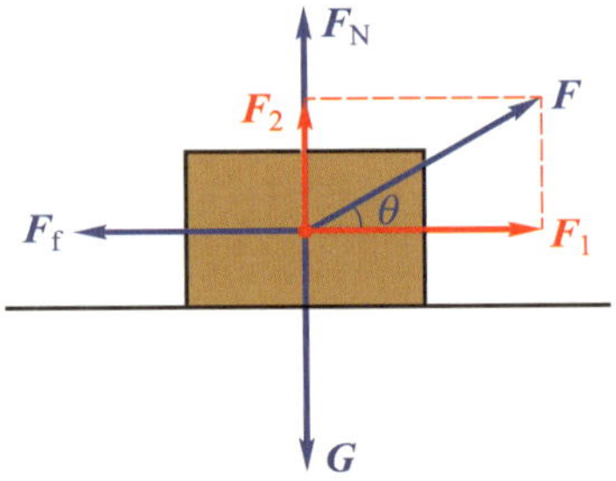

图 2-4-5　受力图

$$F_f = F_1 = F\cos\theta$$

$$F_N + F_2 - G = 0$$

$$F_N = G - F_2 = mg - F\sin\theta$$

力矩　在我们的周围，许多物体运动时都是绕固定转轴转动的，例如，门、砂轮、电动机的转子等。

思考与讨论

在离门的转轴较远的地方推门，用较小的力就能把门推开；在离门的转轴较近的地方推门，用较大的力才能把门推开。

用手直接拧螺帽，拧不紧，如果用扳手来拧，很容易就拧紧。使用扳手拧螺帽时，握力点距螺帽越近越难拧紧，越远越容易拧紧（图 2-4-6）。这些现象说明影响物体转动效果的因素有什么？

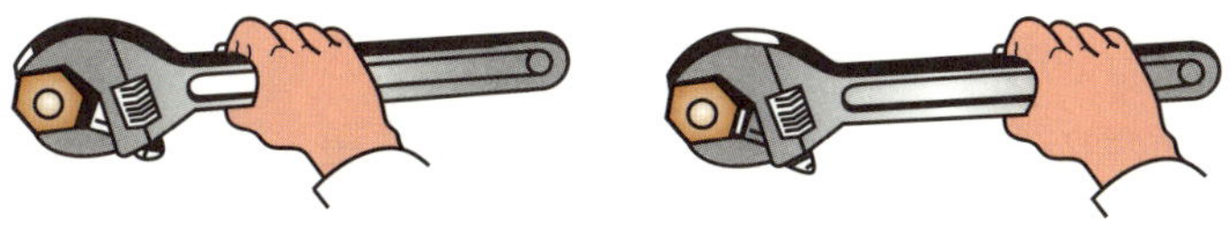

图 2-4-6　扳手拧螺帽

通过观察发现，要使物体开始转动，或改变物体转动的快慢，不仅跟作用力的大小有关，还跟转轴到力的作用线的垂直距离有关。例如，我们开门，推力越大，或力的作用线与门轴的垂直距离越远，门就越容易被推开。如果力的作用线与门平行或者通过门轴，哪怕用的力再大，门也不会被推开，你不妨试试。

我们把**转动轴到力的作用线的垂直距离**称为**力臂**，**力和力臂的乘积**称为**力矩**。如图 2-4-7 所示，用 r 表示力臂，F 表示作用力，M 表示力矩，则

$$M = Fr$$

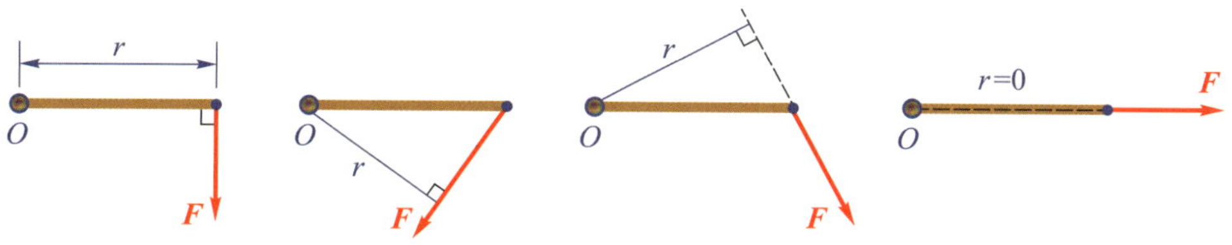

图 2-4-7　绕 O 转动的物体受到不同方向的力

在国际单位制中，力矩的单位是 N · m（牛 · 米）。

力矩是物体转动状态发生改变的原因。力矩可以使静止的物体发生转动，可以使转动的物体改变其转动的速度，还可以使物体向不同的方向转动。力

矩的大小反映了力对物体转动作用的大小，力矩越大，力对物体的转动作用就越大。

有固定转轴物体的平衡条件　一个有固定转轴的物体，如果在力矩的作用下保持静止或匀速转动，就称其处于平衡状态。

实验与探究　探究有固定转轴物体的平衡条件

如图 2-4-8 所示，力矩盘上各同心圆的间距相等，用两根细线分别挂上若干钩码，悬挂在力矩盘的选定位置，两组钩码的重力产生的力矩使力矩盘转动，为了使力矩盘保持平衡，再用一个弹簧秤，通过一根细线拉在力矩盘的适当位置，使力矩盘处于静止状态。记录下两组钩码的重力大小、弹簧秤的示数和各力臂的大小，分别计算出各力矩的大小，探究其规律。

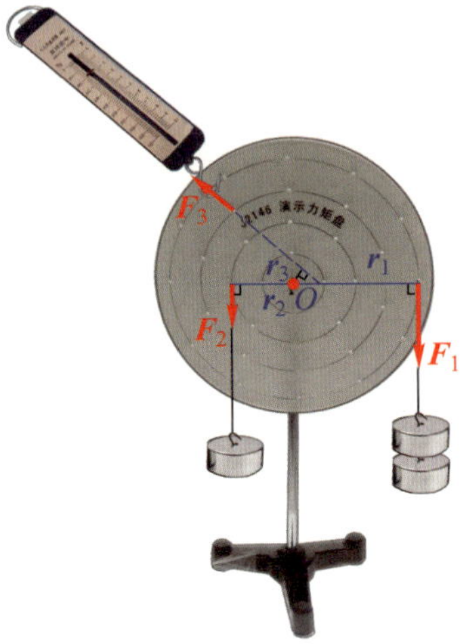

图 2-4-8　力矩盘

从实验中看出，转盘可以绕轴 O 转动，在盘上 A、B、C 三点分别受到力 F_1、F_2 和 F_3 的作用。r_1 是力 F_1 的力臂，r_2 是力 F_2 的力臂，r_3 是力 F_3 的力臂。F_1 产生的力矩 $M_1=F_1r_1$，使转盘绕轴 O 顺时针方向转动，F_2 产生的力矩 $M_2=F_2r_2$，F_3 产生的力矩 $M_3=F_3r_3$，则使转盘绕轴 O 作逆时针方向的转动，如图 2-4-9 所示。我们规定，使物体向逆时针方向转动的力矩为正，向顺时针方向转动的力矩为负。现在 M_1、M_2 和 M_3 同时作用于转盘，它们的合力矩 M 就是 M_1、M_2 和 M_3 的代数和，即

图 2-4-9　逆时针和顺时针方向

$$M=M_2+M_3-M_1$$

当 $M_1>M_2+M_3$ 时，转盘将向顺时针方向转动。

当 $M_1<M_2+M_3$ 时，转盘将向逆时针方向转动。

当 $M_1=M_2+M_3$ 时，则 $M=0$，转盘保持静止或匀速转动。

大量实验表明，如果有多个力矩作用在有固定转轴的物体上，物体保持平衡的条件就是**力矩的代数和为零，或逆时针力矩的大小等于顺时针力矩的大小**。即

$$M_{合}=0 \quad 或 \quad M_{逆}=M_{顺}$$

力矩的应用　在生产、生活中随处可见力矩的应用。自行车刹车时，橡胶闸皮压紧在车轮上，摩擦力产生力矩，使车轮转速变小直至停下；汽车驾驶员双手产生力矩使方向盘（图 2-4-10）转动；机械中所有的轮子，都是由力矩来驱动或制动的。在工程技术中，常常用力矩来改变物体的转动状态。

【例题 2】 如图 2-4-11 所示，灯重 20 N，用重量不计的水平杆 BO 和细绳 AO 悬吊起来，水平杆可绕 B 轴在竖直平面内自由转动。AO 与水平杆的夹角为 30°，求细绳的拉力。

图 2-4-10　方向盘

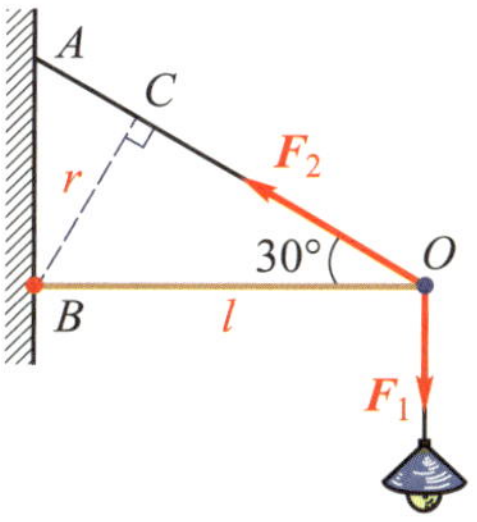

图 2-4-11　力矩

分析： 以杆 BO 为研究对象，由于作用于 B 点的作用力通过转轴，所以不产生力矩，因此，灯对 O 点拉力 F_1（大小等于灯重 G）产生顺时针方向力矩，细绳的拉力 F_2 产生逆时针方向力矩，合力矩为零。

解： 由力矩的平衡条件，得

$$F_2 l\sin 30° = F_1 l$$

细绳的拉力

$$F = 2F_1 = 2G = 2\times 20\ \text{N} = 40\ \text{N}$$

技术应用　起重机械的平衡

起重机械是建筑施工中广泛采用的起重运输设备，主要有自行式起重机（图 2-4-12）、桅杆式起重机（图 2-4-13）、塔式起重机、履带式起重机、门式起

重机等。起重机械的主要功能是对运输物体等实现空间位置转换，广泛应用于交通、油田、矿山、港口等场景。

图 2-4-12　自行式起重机

图 2-4-13　桅杆式起重机

起重机械在允许起吊重量范围内，无论是否起吊货物，货物是重是轻，起重机械上所承受的力矩都应平衡，才不会导致起重机械倾倒，保证安全。

下面以塔式起重机（图 2-4-14）为例，了解起重机械的平衡问题。塔式起重机的起重臂安装在塔身顶部，起重高度和回转半径较大，可作 360°回转，使用和装拆方便，广泛应用在建筑施工中，特别是高层建筑施工时，用于各种材料的吊装。在使用过程中，起重机吊装货物时，可能会出现从空载到满载的各种情况。为了防止起重机侧翻，需要在吊臂另一侧加一配重进行调节，才能使起重机始终处于平衡状态。

图 2-4-14　塔式起重机

练习与应用（Ⅰ）

1. 一个物体在 F_1、F_2、F_3 三个共点力作用下处于平衡状态，则下列说法错误的是（　　）。

A. F_1、F_2 的合力是 F_3 的平衡力

B. F_1、F_3 的合力是 F_2 的平衡力

C. F_3、F_2 的合力是 F_1 的平衡力

D. F_1、F_2、F_3 三个力加起来一定等于零

2. 关于力矩，下列说法正确的是（　　）。

A. 作用于物体上的力不为零，此力对物体的力矩不一定为零

B. 作用于物体上的力越大，此力对物体的力矩一定也越大

C. 力矩是作用力与作用点到转轴的距离的乘积

D. 力矩是作用力与轴到力的作用线的距离的乘积

3. 如图 2-4-15 所示，用一个竖直向上的力 F 把重为 G 的粗细均匀的木杆从水平位置绕 O 轴匀速转动的过程中，则拉力 F 的大小和它产生力矩 M 大小的变化是（　　）。

A. F 变大，M 变大　　B. F 不变，M 变小

C. F 变小，M 不变　　D. F 变小，M 变小

4. 如图 2-4-16 所示，脚踏板的受力点到转轴的距离是 17.5 cm，加在自行车脚踏板上向下的力是 25 N，求这个力产生的力矩。

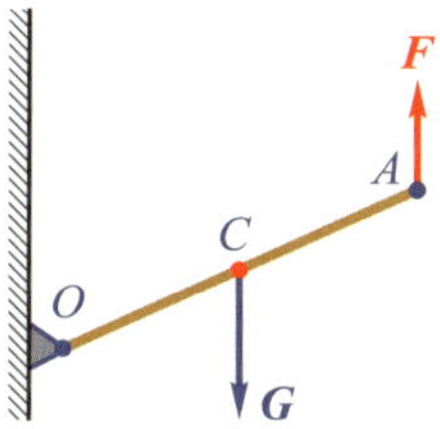

图 2-4-15　用力拉木杆

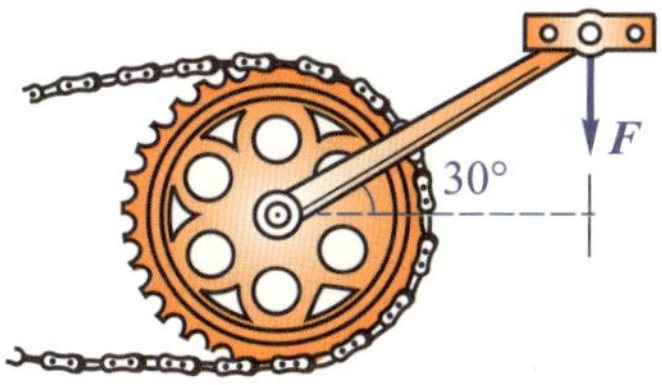

图 2-4-16　脚踏板

练习与应用（Ⅱ）

1. 与同学合作，用硬币搭建一座如图 2-4-17 所示的悬空桥，并讨论为什么悬在桌边外的硬币不会掉下来？

2. 吊车是建筑工地常用的一种大型机械（图 2-4-18），硬杆 *OB* 的一端装有定滑轮，另一端固定在车体上；质量不计的绳索绕过定滑轮吊起质量为 m 的物体匀速上升，不计定滑轮质量和滑轮与轴承之间的摩擦。下列说法正确的是（　　）。

A. *OA* 段绳索受到的拉力小于 mg

B. *OA* 段绳索受到的拉力大于 mg

C. *OB* 杆对定滑轮的支持力小于 $2mg$

D. *OB* 杆对定滑轮的支持力大于 $2mg$

图 2-4-17　悬空硬币桥

图 2-4-18　吊车

3. 图 2-4-19 为汽车制动踏板的示意图，*O* 是转轴，*B* 端连接制动器，如果司机加在踏板上的力 *F* 为 45 N，则制动器的阻力 *F′* 是多大？

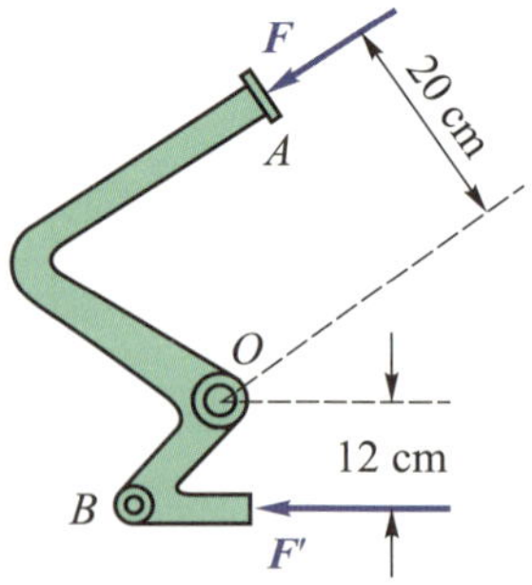

图 2-4-19　汽车制动踏板的示意图

4. 图 2-4-20 所示为机械中常用的制动装置原理图。设制动块 A 与铁轮 B 之间的动摩擦因数为 0.30，铁轮半径为 0.25 m，位于 $l_1 = 0.4$ m 处，制动杆长 $l_2 = 1.0$ m。试求在 *C* 端作用一个与杆垂直的压力 $F = 100$ N 时，制动块对转动着的铁轮作用的制动力矩。

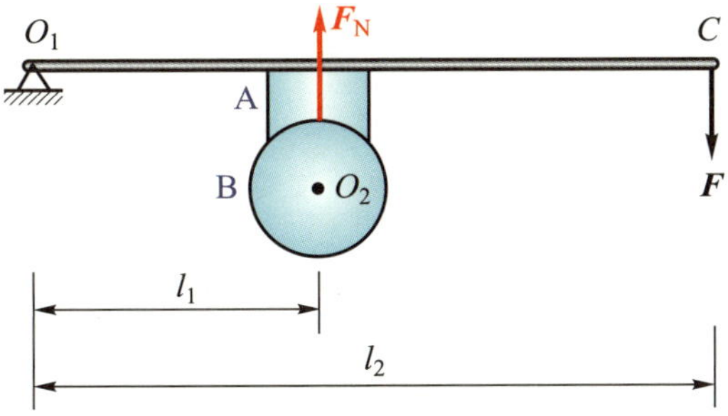

图 2-4-20 机械中常用的制动装置原理图

本章思维导图

- 力　物体的平衡
  - 重力　弹力　摩擦力
    - 力的概念
      - 作用效果：使受力物体发生形变、使受力物体的运动状态发生变化
      - 力的三要素：大小、方向，作用点
      - 力的图示
        - 大小：用线段的长度按照一定比例表示
        - 方向：用箭头的指向表示
        - 作用点：用箭头的起点或终点表示
    - 重力
      - 大小：$G=mg$
      - 方向：总是竖直向下
      - 作用点：重心(重力的等效作用点)
    - 弹力
      - 产生条件：相互接触，发生弹性形变
      - 胡克定律　公式：$F=kx$
      - 几种弹力：支持力、压力、拉力
    - 摩擦力
      - 静摩擦力
        - 产生条件：两物体接触面粗糙、接触处有弹力、有相对运动趋势
        - 大小：由二力平衡判断、随外力的变化而变化
        - 方向：与物体相对运动趋势的方向相反
      - 滑动摩擦力
        - 条件：两物体接触面粗糙、接触处有弹力、有相对运动
        - 大小：$F=\mu F_N$
        - 方向：与物体相对运动的方向相反
  - 物体受力分析
    - 一般步骤：明确研究对象、隔离研究对象、画出受力示意图、检查分析结果
    - 分析方法：整体法和隔离法
  - 力的合成与分解
    - 力的合成
      - 共点力
        - 几个力同时作用于物体上的同一点
        - 几个力的作用线交于一点
      - 力的平行四边形定则：对角线表示合力
      - 合力与分力大小关系
    - 力的分解
      - 把一个力分解成几个力
      - 正交分解：把一个力分解成相互垂直的两个分力
  - 物体的平衡
    - 共点力作用下的物体平衡
      - 平衡状态：静止或匀速直线运动
      - 平衡条件：$F_{合}=0$
    - 有固定转轴的物体平衡
      - 力矩：$M=Fr$
      - 平衡状态：静止或匀速转动
      - 平衡条件：$M_{合}=0$或$M_{逆}=M_{顺}$

第三章　牛顿运动定律　动量守恒定律

我们在第一章已经研究过简单的匀变速直线运动，讨论过速度、加速度、位移和时间之间的关系，但物体为什么会做匀变速直线运动，而不做匀速运动或曲线运动呢？要回答这些问题，需要进一步研究运动和力的关系。研究运动和力的关系的科学称为**动力学**。动力学在生产和科学技术中有广泛的应用。设计制造机器、研究天体运动、发射导弹和卫星以及卫星的控制都离不开动力学的知识。动力学的奠基人是英国科学家牛顿（1643—1727）。牛顿在伽利略等人研究成果的基础上进行了创造性的研究，他在1687年出版的名著《自然哲学的数学原理》中提出了三条运动定律，这三条定律总称为牛顿运动定律，它是整个动力学的基础。

本章除了研究牛顿运动定律外，还研究在打击和碰撞这类问题中应用的动量、冲量的概念、动量定理，以及自然界最重要、最普遍的规律之一——动量守恒定律及其应用。

学习目标

了解惯性、动量、冲量等概念，理解牛顿运动定律、动量定理、动量守恒定律，并能定性、定量地分析、解决生产生活中的有关问题。了解弹性碰撞和完全非弹性碰撞的特点，知道动量守恒定律的普适性，进一步了解物质运动形式的多样性，进一步发展运动与相互作用的观念，拓展对物理世界的认识和理解。

了解运用乘积定义法定义动量、冲量等概念，建构弹性碰撞、动量守恒等物理模型，进一步领会模型方法在科学研究中的作用；通过理想斜面实验，了解假设推理的科学方法，发展质疑创新的能力；运用控制变量法探究加速度与物体所受合力、物体质量的关系，增强科学论证的能力；体会运用守恒思想是研究运动规律的重要思维方法。

通过探究加速度与物体所受合力、物体质量的关系和用弹簧秤探究作用力和反作用力的关系等实验，提升操作技能、科学论证等物理学科核心素养。

通过了解牛顿在科学上的贡献，发展科技传承、质疑创新等核心素养；了解我国在航天事业方面取得的伟大成就，增强民族自信心和自豪感。了解高空抛物的危害、行车中系安全带的重要性，增强安全意识与自我保护能力。

3.1　牛顿运动定律

观察与思考

2021 年 5 月 15 日，我国天问一号火星探测器（图 3-1-1）在火星北半球的乌托邦平原南部成功着陆，标志着我国成为第三个在火星成功着陆的国家。天问一号火星探测器要在约 9 min 的时间里，将速度从约 2.0×10^4 km/h 降至 0 并实现软着陆，是如何实现的？

图 3-1-1　天问一号火星探测器降落

牛顿第一定律　在公元前 4 世纪，古希腊哲学家亚里士多德根据人们的传统观念提出：必须有力作用在物体上，物体才能运动，没有力的作用，物体就要停下来，力是维持运动的原因。这种说法对吗？

在伽利略和牛顿以前，人们对生活经验缺乏科学的分析，认为力是维持运动所不可缺少的。用力推车，车子就前进；停止用力，车子就停下来。这种观点延续了两千多年，直到 17 世纪，伽利略以他精心设计的理想实验和严密的逻辑推理，彻底推翻了亚里士多德的错误观点。从此，人们才正确地认识了力和运动的关系。

实验与探究　伽利略的理想实验

如图 3-1-2 所示为伽利略理想实验示意图，让小球从静止开始沿一个光滑斜面滚下来，它将会滚上另一个光滑斜面，仔细观察小球通过的路程，比较小球上升到的高度与原来高度的关系。（1）减小第二个斜面的倾角（图 a）；（2）继续减小第二个斜面的倾角（图 b）；（3）第二斜面成为水平（图 c），小球将怎样运动？

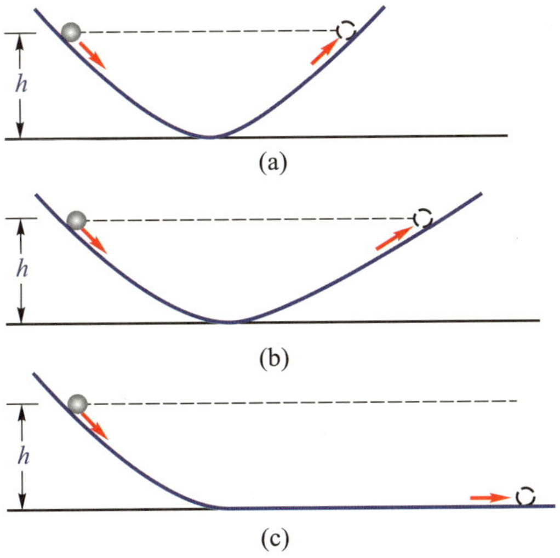

图 3-1-2　理想实验

如图 3-1-2（a）所示，让静止的小球从斜面上滚下来，并滚上另一斜面，若无摩擦，小球将会上升到原来的高度。伽利略推论说，如果减小第二个斜面的倾角，如图 3-1-2（b）所示，小球在这个斜面上仍可滚到原来的高度，但是要通过更长的距离。如果继续减小第二个斜面的倾角直至斜面与水平面重合，如图 3-1-2（c）所示，那么小球就不可能达到原来的高度，只能沿着水平面以恒定的速度持续运动下去。伽利略在理想实验的基础上，经过推理得出如下结论：物体的运动不需要力来维持。伽利略用“实验”+“科学推理”的方法推翻了亚里士多德的观点，得出了**力不是维持物体运动的原因**。

思维与方法　理想实验

理想实验也叫假想实验，它是以真实的科学实验为基础，以逻辑法则为依据，用思维来展开实验过程。它具有真实物理实验的一些特点，又不同于实际实验。虽然伽利略的理想实验是在假定没有摩擦力存在的前提下的一种设想，是一个在现实中无法实现的实验，但这个实验反映了一种物理思想，它是以可靠的事实为基础，经过抽象思维，抓住主要因素，忽略次要因素，从而揭示了力和运动关系的本质，这是科学研究的一种重要方法。

牛顿在伽利略等人研究的基础上，根据自己的进一步研究，得出下述结论：**一切物体总保持静止状态或匀速直线运动状态，直到有外力迫使它改变这种状态为止**，这就是**牛顿第一定律**。

牛顿第一定律反映了物体不受外力作用时的运动规律。在实际生活中没有不受外力作用的物体，假若一个物体受到若干外力的合力等于零，那么这些外力在物体上产生的作用效果就会相互抵消，这时物体如同不受外力一样。按照牛顿第一定律，它们自然就要保持静止或匀速直线运动状态。

外力的作用使物体运动状态发生改变，说明速度发生变化，物体有加速度。也就是说，**外力是产生加速度的原因**，而不是维持物体运动的原因。

实验与探究　惯性实验

图 3-1-3 是惯性演示器，先把较光滑的小木块放在立柱的顶端，小木块的左端尽量靠近竖立的弹性片。把钢球放在小木块上，并使球的位置恰好正对立柱。然

后用一只手按住底座（以防小球在实验中因底座振动而滚离立柱），另一只手扳动弹性片后突然放开，这时小木块被击中飞出，而钢球落在立柱顶端的凹槽内。请做一做，并分析一下为什么会发生这种现象？

图 3-1-3 惯性演示器

牛顿第一定律说明了**物体具有保持原来的静止状态或匀速直线运动状态的性质**，这种性质称为**惯性**。

惯性是任何物体都具有的固有属性，不同的物体具有大小不同的惯性。物体惯性的大小可以通过改变其运动状态的难易程度表现出来。例如，我们拉一辆空车，它会很快从静止运动起来。而在相同的力作用下，拉一辆满载货物的车，它的启动却很困难。我们就说前者惯性小，而后者惯性大。换句话说，质量小的物体惯性小，质量大的物体惯性大。因而我们用质量来表示物体惯性大小，即**质量是物体惯性大小的量度**。

跑步冲刺到终点时不能立即停下来，这是由于惯性的作用；掷铅球、标枪以及跳远等是利用惯性；榔头松了，我们握住木柄，把木柄下端对准地面迅速撞击几下，这样榔头就结实了，这也是利用惯性。在我们日常生活中可以经常看到惯性的应用。

思考与讨论

汽车突然启动时，车里乘客的身体要向后倾倒；汽车猛刹车时，车里乘客的身体又要向前倾倒（图 3-1-4），为什么？

图 3-1-4 汽车突然刹车

当我们要求物体的运动状态容易改变时，应该尽可能地减小物体的质量。相反，当我们要求物体的运动状态不易改变时，应尽量增大物体的质量。抽水站的电动机和水泵都固定在很重的机座上，就是要增大它们的质量，以尽量减小它们的振动或避免因意外的碰撞而移动。

实践与探索

几块大小、形状相同的长方块（用其他表面较光滑的稍重的物体也可以，如大棋子、满装的火柴盒等）叠在一起，用直尺或金属棒对准其中任一块水平敲击，则被击的一块飞出，其余的仍然停在原位。请你做一做，并解释原因。

牛顿第二定律　假如有一辆小车，你用较小的力去推，它起动得慢，速度变化就小，加速度小；你用较大的力去推，它起动得快，速度变化就快，加速度大，而且加速度方向与外力方向相同。说明物体受到外力作用产生的加速度 a，不但跟外力 F 有关，还跟物体本身的质量 m 有关。下面研究加速度与外力和质量的关系。

实验与探究　质量 m 一定时，加速度 a 和力 F 的关系

如图 3-1-5 所示，将两辆质量相同的小车放在光滑的水平桌面上，小车的前端各系上细绳，绳的另一端跨过定滑轮各挂一个小盘，盘里放有数量不等的砝码，使两辆小车在不同的拉力下做匀加速直线运动。打开夹子，两辆小车同时从静止开始运动，一段时间后关上夹子，让它们同时停下来。

图 3-1-5　研究加速度 a 和力 F 的关系

通过大量精确的实验可得到如下结论：对质量相同的物体来说，物体的加速度 a 跟物体所受的合外力 F 成正比，即

$$a \propto F \ (m\text{一定})$$

实验与探究　作用力 *F* 一定时，加速度 *a* 和质量 *m* 的关系

如图 3-1-6 所示，在两个盘里放上相同数目的砝码，使两辆小车所受拉力相同，而在一辆小车上加砝码，以增大质量。

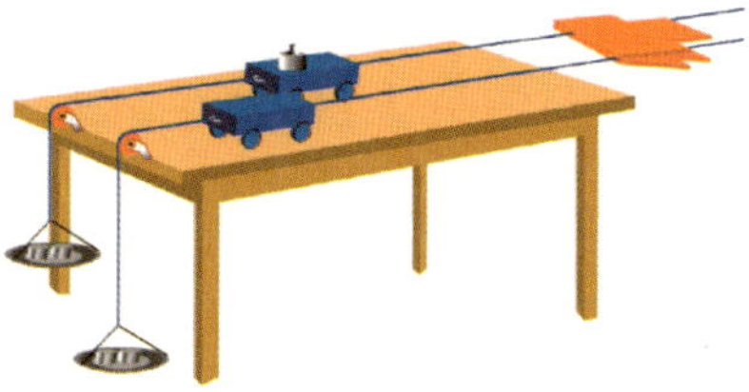

图 3-1-6　研究加速度 a 和质量 m 的关系

大量精确实验表明，在相同合外力作用下，不同质量的物体所获得的加速度 a，跟物体的质量 m 成反比，即

$$a \propto \frac{1}{m} \ (F\text{一定})$$

牛顿在前人大量经验事实的基础上，并通过自己的实验观察，归纳总结出如下规律：**物体在受外力作用时，所获得的加速度 a，与合外力 F 成正比，与物体的质量 m 成反比；加速度的方向与合外力的方向相同**。这就是**牛顿第二定律**。于是我们得到力学中最重要的公式

$$F = ma$$

思维与方法　控制变量法

在有多个变量同时作用的过程中，通过控制实验条件，逐个研究变量的影响（控制其他变量不变），然后加以综合的一种研究方法就是控制变量法。本实验中，先控制质量不变（m 一定），研究加速度 a 与外力 F 的关系；再控制外力不变（F

一定），研究加速度 a 与质量 m 的关系。最后经分析、综合，得出加速度 a 与外力 F 和质量 m 的关系。

【例题 1】 2022 年 11 月 30 日，我国神舟十五号载人飞船发射成功。长征二号 F 型运载火箭在酒泉卫星发射中心起飞时，总质量约为 4.8×10^5 t，起飞推力约为 6.0×10^6 N，求起飞后 5.0 s 末火箭上升的速度大小和距地面的高度（不计空气阻力）。

图 3-1-7　火箭起飞

解： 以火箭为研究对象。在不计空气阻力的情况下，火箭受到两个力的作用：竖直向上的推力 F 和竖直向下的重力 G，如图 3-1-7 所示。

由牛顿第二定律 $F_合=ma$，得 $F-G=ma$

$$a=\frac{F_合}{m}=\frac{F-G}{m}=\frac{6.0\times10^6-4.8\times10^5\times9.8}{4.8\times10^5}\ \mathrm{m/s^2}=2.7\ \mathrm{m/s^2}$$

$$v_t=at=2.7\times10\ \mathrm{m/s}=27\ \mathrm{m/s}$$

$$s=\frac{1}{2}at^2=\frac{1}{2}\times2.7\times10^2\ \mathrm{m}=135\ \mathrm{m}$$

起飞后 5.0 s 末火箭上升的速度大小为 27 m/s，距地面高度为 135 m。

【例题 2】 中国代表团在 2022 年北京冬奥会多个项目上实现突破，金牌数、奖牌数以及总排名，都刷新历史纪录。假设一个单板滑雪的运动员，质量为 75 kg，从静止开始沿倾角为 30°的山坡匀加速滑下，在 5 s 的时间内滑下的位移为 50 m，求滑雪者受到的阻力。

分析： 滑雪运动员在运动过程中受到三个力的作用，如图 3-1-8 所示。然后把重力 G 沿平行斜面和垂直斜面方向进行分解。

图 3-1-8　受力分析

解： 由运动学公式 $s=\frac{1}{2}at^2$ 得

$$a=\frac{2s}{t^2}=\frac{2\times50}{5^2}\ \mathrm{m/s^2}=4\ \mathrm{m/s^2}$$

由牛顿第二定律 $F_{合}=F_1-F_f=ma$ 得

$$F_f=F_1-ma=mg\sin\theta-ma$$
$$=(75\times9.8\times\sin30°-75\times4)\ \text{N}=67.5\ \text{N}$$

牛顿第二定律对生产实践有巨大的指导作用。例如，锻造用的铁砧、机床的后座等，要求在撞击力的作用下产生尽可能小的加速度，根据牛顿第二定律，可以通过增大它们的质量来实现。

天问一号火星探测器的降落过程大致分为进入—减速—软着陆三步。在进入火星大气层以后，先借助火星大气进行气动减速，这个过程它克服了高温和姿态偏差。气动减速完成后，天问一号的下降速度减速 90% 左右。接着打开降落伞进行减速，当速度降至 100 m/s 时，天问一号火星探测器通过反推发动机进行减速，由大气减速阶段进入动力减速阶段，在距离火星表面 100 m 时，天问一号火星探测器进入悬停阶段，完成避障和缓速下降后，在缓冲机构的保护下，抵达火星表面（图 3-1-9）。

图 3-1-9　火星探测器抵达火星表面

牛顿第三定律　如果你用脚猛力踢一个足球，脚会感到疼痛（图 3-1-10），说明脚对足球施加作用力的同时，脚也会受到足球的反作用力。因此，物体之间力的作用总是相互的，即当甲物体有力作用在乙物体上时，乙物体也同时有力作用在甲物体上。换句话说，力是以成对的方式出现的，人们把这一对力称为**作用力**和**反作用力**。例如，用手拉弹簧，弹簧由于受力而伸长，同时手也受到弹簧的弹力。

图 3-1-10　脚和足球之间的相互作用

实验与探究　用弹簧秤探究作用力和反作用力的关系

用手各拿一只弹簧秤，两弹簧秤在同一直线上钩住对拉，如图 3-1-11 所示，当增大或减小拉力、匀速或变速拉弹簧秤时，仔细观察两弹簧秤示数的变化，归纳作用力和反作用力的关系。

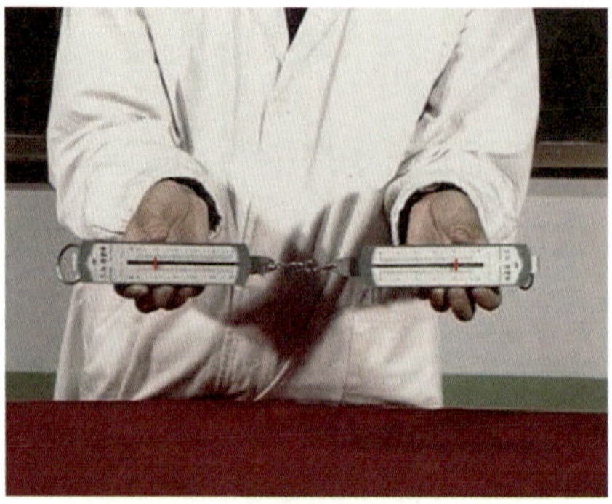

图 3-1-11　两弹簧秤对拉实验

实验发现，弹簧秤 B 对 A 的拉力 F_1 与弹簧秤 A 对 B 的拉力 F_2 是一对作用力和反作用力，总是大小相等、方向相反（图 3-1-12），同时存在，同时消失，对等变化。

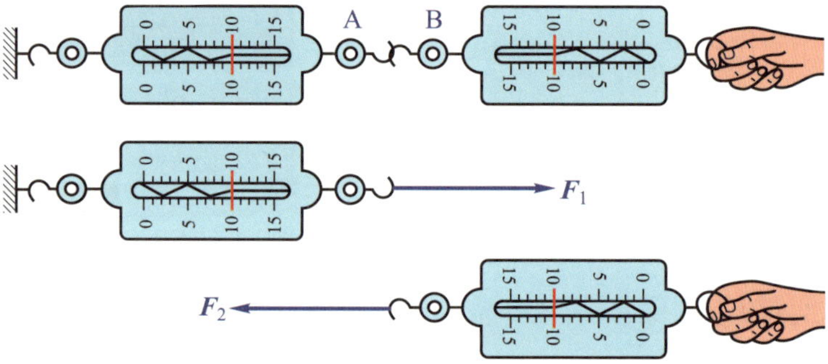

图 3-1-12　两弹簧秤对拉实验示意图

通过实验观察，作用力和反作用力之间存在着如下关系：

（1）作用力和反作用力是同时产生，同时消失，对等变化。

（2）作用力和反作用力是性质相同的力。也就是说，作用力是弹力，反作用力也一定是弹力；如果作用力是摩擦力，反作用力也一定是摩擦力。

牛顿把上述作用力和反作用力的关系，归纳总结为如下定律：**两个物体之间的作用力和反作用力，总是大小相等，方向相反，在一条直线上，分别作用在这两个物体上。**这就是**牛顿第三定律**。

牛顿第三定律的实际应用很广泛。人走路是由于路面对脚有反作用力；划船前进是由于水对木桨有反作用力；火箭和喷气式飞机的飞行是由于高速喷射出来的气体对它们有反作用力。

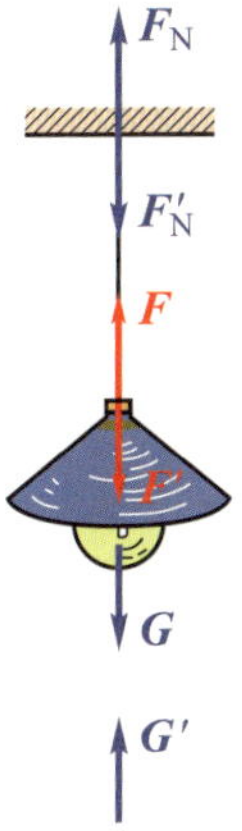

图 3-1-13　用细绳悬挂一个电灯

【例题 3】 细绳上端固定在天花板，下端悬挂一个电灯，如图 3-1-13 所示，这时有几对作用力和反作用力？哪两个力是电灯受到的一对平衡力？

解： 有三对作用力和反作用力：F_N 和 F'_N，F 和 F'，G 和 G'，前两对是弹力，后一对是吸引力。其中，F 和 G 是电灯受到的一对平衡力，它们是性质不同的两个力，一个属于弹力，一个属于重力。

巨匠与创新　牛顿与他的科学贡献

牛顿（图 3-1-14）是英国著名的物理学家、数学家，是经典力学的奠基人，微积分的创建人之一。他小时候好沉思默想，爱做各种复杂的机械玩具。因不善言辞，常受到同学们的嘲笑，为此他发愤读书，成绩一跃成为最优。1661 年，他考入著名的剑桥大学三一学院。在大学的三年时间里，牛顿不但如饥似渴地学习科学文化知识，也接触了不少光学仪器，为他日后的研究奠定了基础。

图 3-1-14　牛顿

1665 年和 1666 年，一场可怕的瘟疫席卷了英国，牛顿只得回到家乡。这时的牛顿满脑子都是新的思想和新的设计，在宁静的故乡，他对学校所研究的问题有了充分的思考时间，这是他一生中创造力最旺盛的时期。他一生中最重要的科学发现，如微积分、万有引力定律、光的色散等在这一时期都已经成熟。1687 年他出版了名著《自然哲学的数学原理》，该书包括了运动的三个定律，万有引力理论以及其他许多物理和数学方面的发现。该书奠定了经典力学的基础，为物理学的发展和人类社会的进步做出了不可磨灭的贡献！

牛顿的伟大不仅在于《自然哲学的数学原理》《光学》以及关于微积分等论著，

提出力学的一些诸如力、质量、动量等科学概念，也不仅在于他把前人对于天体运动规律的研究结果和对于地球上物体运动规律的研究结果统一起来，还在于他确立了研究物理现象的科学方法，即“物理思维”。他的著作中广泛采用的“原则法”是，在实验的基础上确定最一般的规律——原理或原则，通过推理从中得出定律或定理，再通过实验来验证，如果实验与这些结论相符，就证明这些基本定理是正确的。

牛顿之所以伟大，除了他的辉煌成就外，还在于他严谨的科学态度，他的许多成果都是经过多年甚至在他去世后才为人所知的。因为牛顿要使自己的论证达到极为严密，极为准确的程度。同时，他的谦虚也为世人所推崇。他这样评论自己：“我不知道别人怎样看待我，不过我只是觉得自己好像在海滨玩耍的一个孩子，有时候拾着一颗光滑美丽的石子，但真理的大海，我还是没有发现……如果我能看得更远一点的话，是因为我站在巨人们的肩膀上。”

练习与应用（Ⅰ）

1. 关于惯性，下列说法错误的是（　　）。

A. 惯性是物体固有的属性，惯性越大的物体，它的运动状态越难改变

B. 同一物体运动时的惯性小于静止时的惯性

C. 嫦娥四号探测器在地球上的惯性与它绕月球飞行时的惯性相同（燃料消耗忽略不计）

D. 各种机床和发电机的底座做得很笨重，并用螺丝固定在地面上，目的是增大惯性

2. 用牛顿第三定律判断下列说法是否正确。

（1）人走路时，只有地对脚的反作用力大于脚蹬地的作用力时，人才能前进。

（2）物体 A 放在物体 B 上，因为 A 的质量是 B 的质量的 10 倍，所以 A 对 B 的压力大于 B 对 A 的支持力。

（3）用鸡蛋碰石头，石头没损伤而鸡蛋破了，这是因为鸡蛋对石头的作用力比石头对鸡蛋的作用力小。

3. 吊车开始起吊后，在 2.0 s 内把质量为 500 kg 的货物由静止吊起，匀加速到 0.8 m/s，求钢丝绳对货物的拉力。

4. 解放牌载重汽车空载时质量为 2.0 t，在水平路面上所产生的最大加速度为 1.2 m/s^2，求汽车载上 2.0 t 的货物后，它能达到的最大加速度（设汽车牵引力和摩擦阻力不变）。

练习与应用（Ⅱ）

1. 如图 3-1-15 所示，利用传感器可以进行记录两个物体间的作用力和反作用力的变化图线的实验，根据图 3-1-16 所示图线可以得出的结论是（　　）。

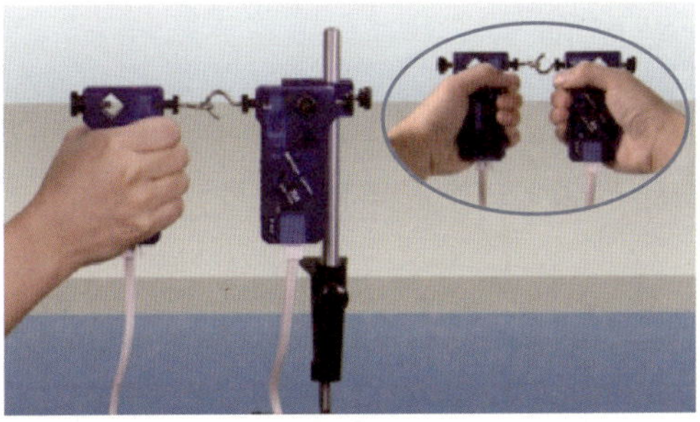

图 3-1-15　作用力和反作用力实验

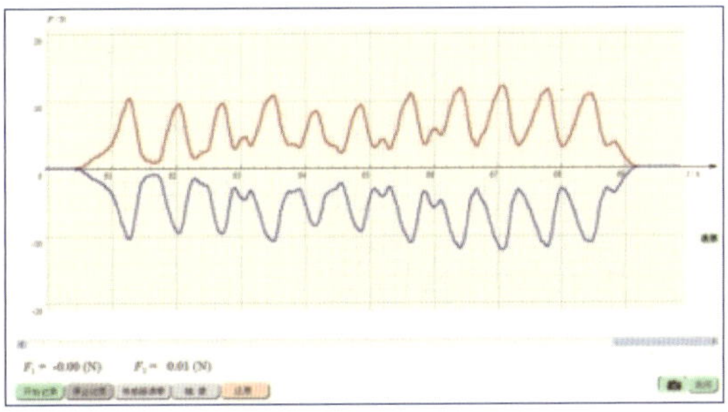

图 3-1-16　实验图线

A. 作用力大时，反作用力小

B. 作用力和反作用力的方向总是相反的

C. 作用力和反作用力是作用在同一个物体上的

D. 此图线一定是在两个物体都处于静止状态时显示出来的

2. 长征三号乙运载火箭有 4 个助推器，起飞时有 8 台发动机点火工作，总推力达到 5.92×10^6 N，火箭起飞质量为 4.6×10^5 kg，计算它的起飞加速度。

3. 质量为 4.0 t 的汽车以 10 m/s 的速度行驶，在关闭发动机 8 s 内停下来，求汽车所受的阻力。

4. 2021 年 5 月 15 日，天问一号着陆器成功着陆火星表面，其垂直着陆过程中的某一段为：打开降落伞 90 s 后速度从 4.6×10^2 m/s 减为 1.0×10^2 m/s。已知火星表面的重力加速度值约为 3.72 m/s^2。求降落过程中着陆器所受的平均阻力。

3.2　牛顿运动定律的应用

观察与思考

大家都知道，质量可以用天平来测量。可是在宇宙空间，航天器（图 3-2-1）的燃料消耗一段时间后，总质量会发生变化，可能影响轨道控制的精确度，那么怎样测量航天器的质量？

图 3-2-1　航天器

牛顿运动定律是研究运动和力的关系的基本定律，包括牛顿第一定律、牛顿第二定律和牛顿第三定律，三条定律由牛顿在 1687 年于《自然哲学的数学原理》一书中总结提出。其中，第一定律说明了力的含义，力是改变物体运动状态的原因；第二定律指出了力的作用效果，确定了力、质量和加速度三者之间的关系，而加速度是沟通运动学和动力学的“桥梁”，力使物体获得加速度；第三定律揭示出力的本质，力是物体间的相互作用。

牛顿运动定律中的各定律互相独立，其适用范围是经典力学范围，适用条件是质点、惯性参考系以及宏观、低速运动问题。牛顿运动定律阐释了牛顿力学的完整体系，阐述了经典力学中基本的运动规律，在各领域上应用广泛。

应用牛顿运动定律解决问题大致分为两种类型：

一是已知物体的受力情况，根据牛顿第二定律求出加速度，然后根据运动学公式确定物体的运动情况；

二是已知物体的运动情况，由运动学公式求出加速度，然后根据牛顿第二定律确定物体的受力情况。

【例题 1】1966 年，在地球的上空完成了用动力学方法测质量的实验。实验时，用双子星号宇宙飞船去接触正在轨道上运行的火箭组（后者的发动机已熄火），接触以后，启动双子星号飞船的推进器，使飞船和火箭组共同加速（图 3-2-2）。推进器的平均推力 $F = 891\ \text{N}$，推进器开动时间 $\Delta t = 7\ \text{s}$，测出飞船和火箭组的速度变化 $\Delta v = 0.90\ \text{m/s}$。已知双子星号飞船的质量 $m_1 = 3\,400\ \text{kg}$。由以上实验数据可测出火箭组的质量 m_2 为多少？

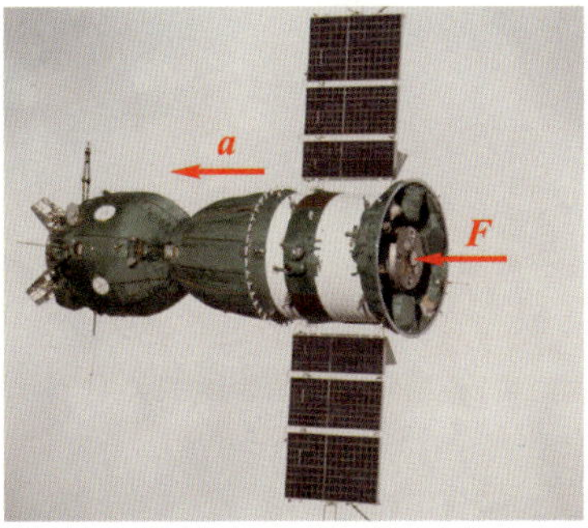

图 3-2-2　双子星号宇宙飞船

分析：先根据飞船和火箭组运行情况求出加速度，然后再根据牛顿第二定律求出火箭组的质量。

解：飞船和火箭组运行的加速度大小

$$a = \frac{v-0}{t} = \frac{0.9}{7}\ \text{m/s}^2 \approx 0.128\,57\ \text{m/s}^2$$

根据牛顿第二定律 $F = (m_1 + m_2)\,a$ 可得火箭组的质量

$$m_2 = \frac{F}{a} - m_1 = \left(\frac{891}{0.128\,57} - 3\,400\right)\text{kg} \approx 3\,530\ \text{kg}$$

讨论：本题运用了牛顿第二定律中作用力和物体加速度的关系确定物体的质量，这个原理在航天活动中被广泛应用。

【例题 2】一质量为 60 kg 的人站在升降机里的磅秤上（图 3-2-3）。（1）当升降机以 2 m/s 的速度匀速上升时；（2）当升降机以 $0.5\ \text{m/s}^2$ 的加速度匀加速上升时；（3）当升降机以 $0.5\ \text{m/s}^2$ 的加速度匀加速下降时。求上述三种情况下，磅秤上指示的读数各是多少？

分析：本题必须用牛顿第二定律和第三定律结合起来解。在图 3-2-3 中，磅秤上指示的读数表示磅秤台上所受的正压力，也就是人对磅秤的正压力。如果选磅秤作为研究对象，不能确定出正压力的大小，所以我们可以选择人作为受力分析对象。

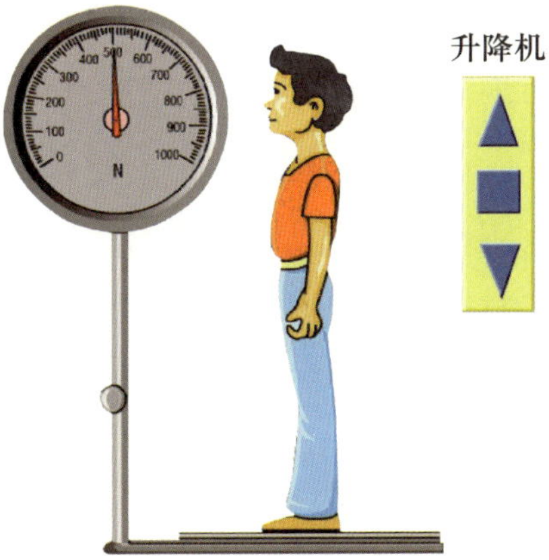

图 3-2-3　人站在升降机里的磅秤上

解：人受到两个力的作用：一个是重力 G，方向竖直向下，另一个是磅秤对人的支持力 F，方向竖直向上。假设人的质量是 m，升降机的加速度也就是人的加速度是 a，根据牛顿第二定律得

$$F - G = ma$$

所以

$$F=G+ma=mg+ma=m(g+a)$$

（1）当升降机以 2 m/s 的速度匀速上升时，$a=0$，所以

$$F_N=m(g+a)=mg=60\times9.8\ \text{N}=588\ \text{N}$$

（2）当升降机以 0.5 m/s^2 的加速度匀加速上升时，$a=0.5\ \text{m/s}^2$，所以

$$F_N=m(g+a)=60\times(9.8+0.5)\ \text{N}=618\ \text{N}$$

（3）当升降机以 0.5 m/s^2 的加速度匀加速下降时，$a=-0.5\ \text{m/s}^2$，所以

$$F_N=m(g+a)=60\times(9.8-0.5)\ \text{N}=558\ \text{N}$$

根据牛顿第三定律，磅秤对人的支持力 F_N 与人对磅秤的正压力 F'（磅秤上指示的读数）是一对作用力和反作用力，大小相等，方向相反。所以，只要求出 F_N 的大小就能得到 F'_N 的大小。上述三种情况下，磅秤上的读数分别是 588 N、618 N、558 N。

讨论：我们可以发现，当升降机匀加速上升时，磅秤上指示的读数大于物体所受重力 G 的大小，该现象称为**超重**；当升降机匀加速下降时，磅秤上指示的读数小于物体所受重力 G 的大小，该现象称为**失重**。

这两道例题，分别代表了前面所说的两类情况。实际上这样的划分，并不是简单地把题目分类，而是包括更深刻的内容。第一类是运用已知的力学规律，做出明确的预见，这是物理学和技术上进行正确分析和设计的基础。发射卫星到预定轨道，加速带电粒子去轰击原子核，都属于第一类情况。

第二类情况，除了包括求出人们熟知的力的大小和方向，还包括探索性的运用。即根据观察到的运动去探究未知的物体间的相互作用的特性。牛顿发现万有引力定律；卢瑟福发现原子内部有原子核，提出原子核式模型；当查德威克发现中子后，物理学家们认识到原子核又由质子和中子组成，其间有极强的核力相互作用等等，都属于这类探索。

当然我们刚刚开始学习牛顿运动定律，还只能用它来解决一些简单的问题。但是其中的分析、解决问题的方法都是基本的、重要的，很多复杂的、实际的尖端课题的解决，也是在这些方法的基础上发展起来的。

应用牛顿定律解决问题的一般步骤：

（1）确定研究对象，将研究对象从系统中隔离出来；

（2）对研究对象进行受力分析，画出物体受力图；

（3）确定物体是做匀速运动还是匀变速运动，确定 v、a、F 各自的方向；

（4）由牛顿第二定律或运动学公式求出加速度；

（5）由公式或方程求出未知量。

下面我们再举一个稍微复杂的例子。

【例题 3】 在气垫导轨上用不可伸缩的细绳，一端系在质量为 M 的滑块上，另一端系在质量为 m 的砝码盘上，如图 3-2-4 所示。设导轨与滑块之间、细绳与滑轮之间无摩擦，求滑块的加速度以及细绳的拉力。

分析： 这是连接体问题，应将两个物体隔离出来，分别对两个物体进行受力分析。由于连接两个物体的绳子不可伸缩，所以两物体的加速度的大小相等，即 $a=a'$。

解： 将滑块和砝码盘隔离出来，分别画受力图，如图 3-2-5 所示。根据牛顿第二定律分别对滑块和砝码盘列方程

$$F=Ma \tag{1}$$

$$G'-F=ma \tag{2}$$

由式（1）和（2）解方程得

滑块的加速度为

$$a=\frac{G'}{M+m}=\frac{mg}{M+m}$$

细绳的拉力为

$$F=\frac{Mm}{M+m}g$$

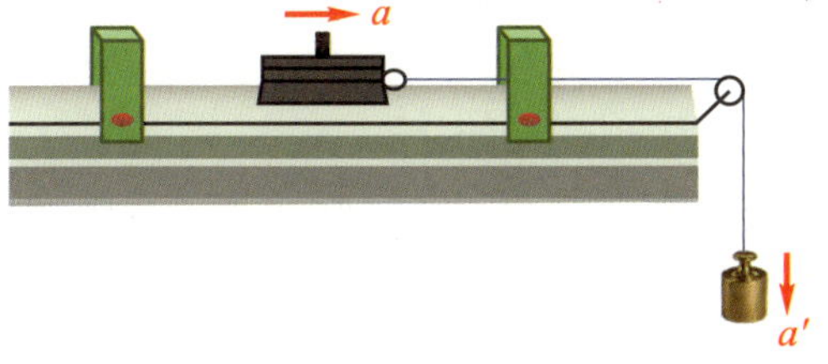

图 3-2-4　气垫导轨

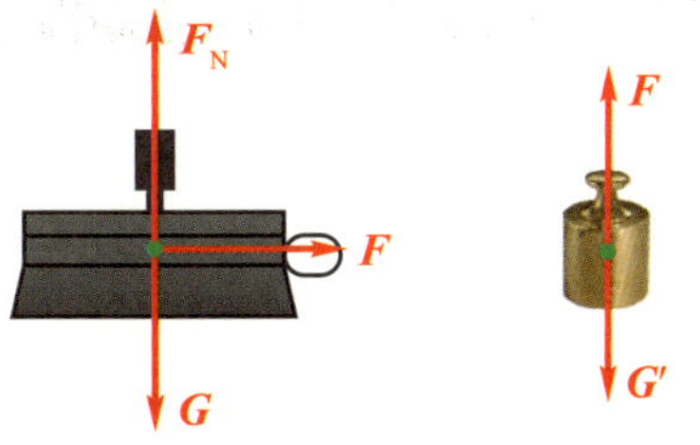

图 3-2-5　受力图

技术应用　超重和失重

自从人造卫星和宇宙飞船发射成功以来，人们常常谈论超重和失重，从电视上也可以看到航天员处于超重和失重时的现象。超重是指物体对支持物的压力（或对悬绳的拉力）大于物体所受重力的现象；失重是指物体对支持物的压力（或对悬绳的拉力）小于物体所受重力的现象。回想我们坐竖直电梯的情景，如从低层至高层，电梯分别做向上加速—匀速—向上减速直线运动，则经历超重—匀速—失重的过程。

在载人航天器的发射加速上升段，航天员要经受 5 倍于地球引力的超重过载，125 dB 的高强噪声和振动刺激，血液因惯性由上身转移到下身，引起头部、上身缺血，视力障碍，严重时可发生晕厥，因此航天员通常采取仰卧姿（图 3–2–6），这会减轻超重对人体的影响。

当宇宙飞船环绕地球运转时，航天员处于失重状态，这时他再也没有上、下的感觉，不费一点气力就可以飘浮在空中（图 3–2–7）。在失重的环境里，航天员的生活与工作跟地面上不一样，为了睡觉，航天员必须钻进一个牢固绑在飞船壁上的睡袋里，吃的东西要装在罐头和软管里，为防止水的飞散，漱完口要把水用餐巾包好扔掉。在飞船上，要拧紧一颗螺钉或挪动一下位置都不是容易的事，需要经过地面失重实验室的专门训练才能掌握。

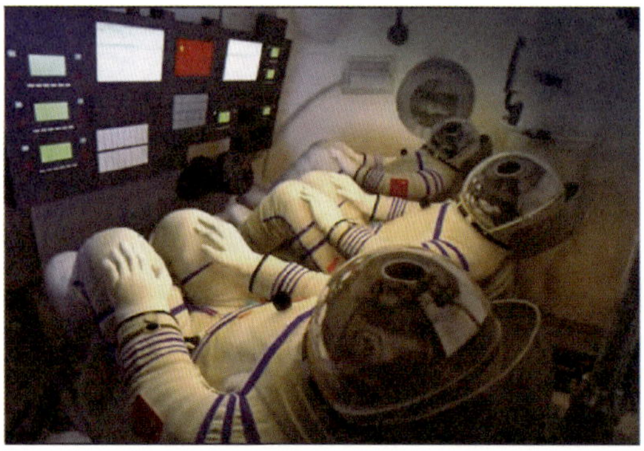

图 3–2–6　航天员采取仰卧姿示意图

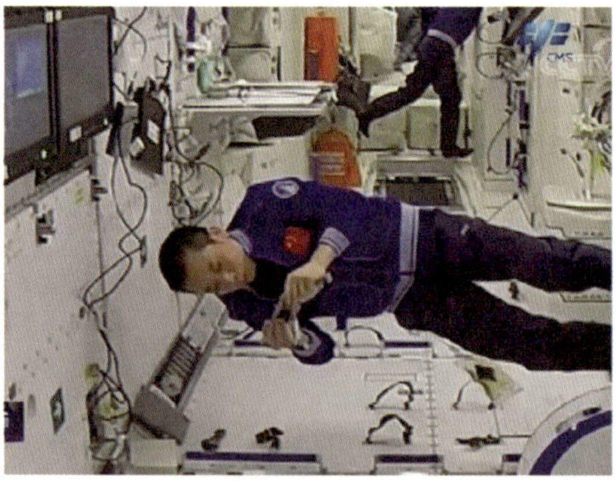

图 3–2–7　航天员在太空处于失重状态

当人们乘翻滚过山车在几十米的高空倒悬时（图 3–2–8），当人们乘跳楼机从高空快速下落时（图 3–2–9），乘客由于刺激过度而疯狂尖叫，常有一种说不出的难受感觉，这就是“失重”或“超重”所致。

图 3-2-8 过山车

图 3-2-9 跳楼机

练习与应用（Ⅰ）

1. 歼-15 战斗机（图 3-2-10）是我国第一代多用途舰载战斗机，它具有作战半径大、机动性好、载弹量多等特点，可根据不同作战任务携带多型反舰导弹、空空导弹、空地导弹以及精确制导炸弹等精确打击武器，实现全海域全空域打击作战。假设某次演练中歼-15 沿曲线 MN 向上爬升，速度逐渐增大，当运动到 P 点位置时（图 3-2-11），歼 -15 受到的力全部消失，则歼-15 将会沿（　　）方向运动。

A. 1　　B. 2　　C. 3　　D. 4

图 3-2-10 歼-15 战斗机

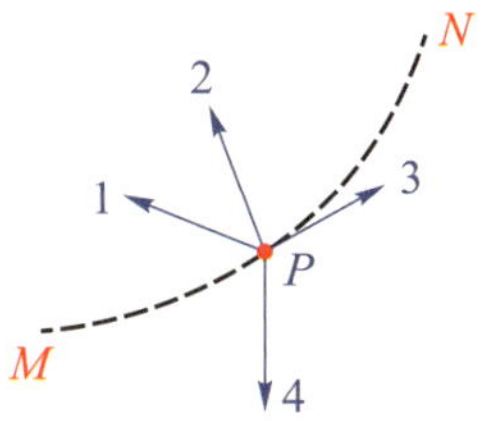

图 3-2-11 歼-15 沿曲线 MN 向上爬升

2. 一辆列车重 4.9×10^6 N，所受阻力为车重的 $\frac{1}{50}$，要使火车从静止开始在

60 s 内速度增加到 12 m/s，求机车的牵引力。

3. 用弹簧秤水平拉着物体在水平面上做匀速运动，弹簧秤此时的读数是 0.4 N，当拉物体做匀加速直线运动时，弹簧秤的读数为 2.1 N，此时物体的加速度为 0.85 m/s^2，求这个物体的质量。

4. 质量为 10 kg 的物体置于水平桌面上，如果物体与桌面间的摩擦力为 3 N，问使物体从静止开始，在 2 s 内达到 1.2 m/s 的速度，需要多大的水平拉力？

练习与应用（Ⅱ）

1. 一台起重机的钢绳可承受 1.2×10^4 N 的拉力，用它起吊 1.0×10^4 N 重的货物，若使货物以 0.5 m/s^2 的加速度竖直上升，钢绳是否会断裂（g 取 10 m/s^2）？

2. 质量为 m 的物体由静止从与水平面成 30°的光滑斜面顶端滑下，斜面长 0.9 m，求物体从顶端滑到底端所用的时间（g 取 10 m/s^2）。

3. 伞兵连同武器的质量共 85 kg，降落伞未张开前以 9.6 m/s^2 的加速度下降，伞张开后变为匀速下降，求伞张开前和张开后的空气阻力。

4. 失重环境下弹簧秤已经不能测质量，而须通过舱壁上打开的一个支架形状的质量测量仪完成测量。如图 3-2-12 所示，一名航天员把自己固定在支架一端，另一名航天员轻轻拉开支架到指定的位置，松手后，支架拉着航天员从静止返回到舱壁。用光栅测速装置能够测量出支架复位的速度 $v=0.40$ m/s 和时间 $t=1.0$ s，设支架能够产生的恒定拉力 $F=29.6$ N，求航天员在复位过程的加速度 a 和航天员的质量 m。

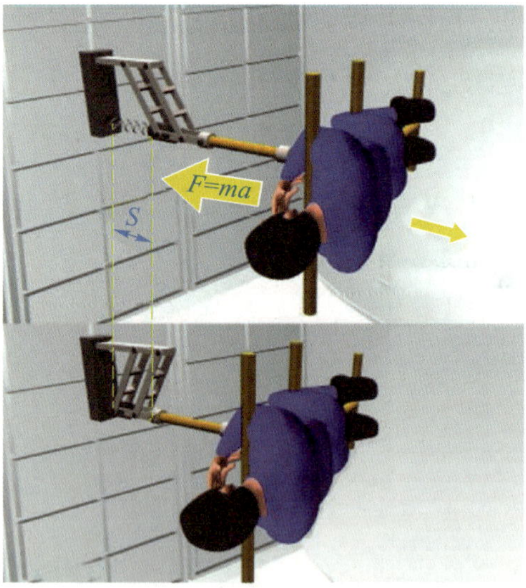

图 3-2-12　质量测量仪

3.3 动量 冲量 动量定理

观察与思考

你听说过鸟“击落”飞机吗？1962 年，一架“子爵号”飞机正在美国某城市上空平稳地飞行，突然一声巨响，飞机从高空栽了下来。事后发现酿成这场空中悲剧的是一只在空中慢慢翱翔的天鹅。为什么一只飞鸟能击落一架庞大的飞机呢？

动量 经验告诉我们，一个物体对另外一个物体的作用效果，不仅与它的速度有关，还与它的质量有关，例如，火车与汽车以相同的速度运动时，让火车立即停下来要比汽车困难得多。这是因为火车的质量比汽车的质量大得多。同样，用手扔出一颗子弹，因其速度小，不会产生危险。但是一颗从枪口高速飞出的子弹，由于速度大，而具有很强的杀伤力。可见，考虑一个物体运动的效果时，必须同时考虑运动物体质量 m 和物体的速度 v 这两个因素。在物理学中，我们把**物体的质量和速度的乘积** mv 称为**动量**。动量是矢量，它的方向和速度方向相同。在国际单位制中，动量的单位是 kg · m/s（千克 · 米 / 秒）。

冲量 要使物体的速度发生一定的变化，必须有力持续作用一段时间，那么作用力与所需时间有什么关系呢？

图 3-3-1 鸡蛋下落

实验与探究 观察鸡蛋下落情况

如果鸡蛋从相同的高度分别掉到海绵上和水泥地上，会有什么不同（图 3-3-1），为什么？

从上述实验可以看出，鸡蛋着地前速度都相同，着地后速度都为零，鸡蛋动量的变化都相同，但鸡蛋掉到水泥地上作用时间较短，鸡蛋受到的作用力较大，而鸡蛋掉到海绵上作用时间较长，鸡蛋受到的作用力较小，鸡蛋不会摔碎。所以，物体动量的变化都与作用力的大小和作用时间长短有关。物理学中，把

力和力的作用时间的乘积 Ft，称为**力的冲量**。冲量是矢量，如果力的方向不改变，则冲量的方向跟力的方向相同。在国际单位制中，冲量的单位是 N·s（牛·秒）。

思考与讨论

两辆运动的汽车碰撞时，轻则汽车受损，重则车毁人亡；而游乐场的碰碰车碰撞时（图 3-3-2）为什么却安然无恙？

图 3-3-2　碰碰车碰撞

动量定理　物体受到冲量作用时，其动量要发生变化，那么物体动量的变化与它所受冲量有何关系呢？设质量为 m 的物体初速为 v_0，在合外力 F 的作用下，产生了加速度 a，经过时间 t，达到末速度 v_t，则

$$F = ma = m\frac{v_t - v_0}{t} = \frac{mv_t - mv_0}{t}$$

$$Ft = mv_t - mv_0$$

也就是说，**物体所受合外力的冲量，等于它的动量的改变量**。这个结论称为**动量定理**。动量定理不仅适用于合外力为恒力的情况，也适用于合外力为变力的情况。在作用时间很短的情况下，这个变力为冲力。这时动量定理中的 F 指的是变力在作用时间内的平均值。从动量定理可以看出：当物体动量变化一定时，力的作用时间越短，则作用力越大；反之，作用时间越长，则作用力越小。鸡蛋掉在水泥地面上容易摔碎，而掉在软的海绵垫上就不易破碎，原因就在这里。

图 3-3-3　建筑工地上的安全网

动量定理的应用　搬运易碎物品时，总要在木箱里放上许多泡沫、纸屑、刨花等；在跳高运动员落地的一侧垫上弹性很好的垫子；建筑工地的脚手架上装有安全网（图 3-3-3）；在轮渡码头和轮船边缘装

有橡胶轮胎，都是为了延长力的作用时间，减小碰撞时的作用力，以避免各类伤害事故。

而在打击、碰撞、爆炸等现象中，则要用减小作用时间的方法来增大冲击力。

【例题 1】 飞机以 200 m/s 的速度在空中飞行，突然有一质量为 1.5 kg、身长为 25 cm 的鹰以 10 m/s 的速度迎面撞向机头，试估算出鹰对飞机的平均冲力的大小。

分析： 由于飞机的质量远大于鹰的质量，而撞击后鹰将不成形地贴在机头上，因此，忽略飞机速度的变化，可估算出撞击的时间。

解： 以鹰为研究对象，取飞机飞行方向为正方向，则撞击前鹰的速度为 $v_0=-10$ m/s，撞击后鹰的速度为 $v_t=200$ m/s，撞击前后鹰的速度变化

$$\Delta v = v_t - v_0 = 200\ \text{m/s} - (-10\ \text{m/s}) = 210\ \text{m/s}$$

撞击的时间

$$t = \frac{l}{\Delta v} = \frac{0.25}{210}\ \text{s} = 1.2 \times 10^{-3}\ \text{s}$$

设飞机对鹰的平均冲力为 F，由动量定理得

$$F = \frac{mv_t - mv_0}{t} = \frac{1.5 \times 200 - 1.5 \times (-10)}{1.2 \times 10^{-3}}\ \text{N} = 2.625 \times 10^5\ \text{N}$$

【例题 2】 质量为 0.3 kg 的棒球，原来以 20 m/s 的速度运动，被棒打击后，以 30 m/s 的速度反方向运动（图 3-3-4），设球与棒的接触时间为 0.02 s。求：（1）棒作用于球上的冲量；（2）棒击球的平均作用力。

图 3-3-4 打棒球

分析： 由于棒对球的作用力远大于球本身的重力的大小，因此本题中不考虑球重力的影响。

解：（1）取棒球为研究对象，设它原来的运动方向为正方向。根据动量定理，棒作用于球上的冲量

$$\bar{F}t = mv_t - mv_0 = 0.3\times(-30)\ \text{N}\cdot\text{s} - 0.3\times 20\ \text{N}\cdot\text{s} = -15\ \text{N}\cdot\text{s}$$

负号表示冲量方向与球原来的运动方向相反。

（2）棒对球的平均作用力

$$\bar{F} = \frac{mv - mv_0}{t} = \frac{-15}{0.02}\ \text{N} = -750\ \text{N}$$

负号表示平均作用力方向与正方向相反。

行为与责任

《中华人民共和国民法典》第一千二百五十四条规定：禁止从建筑物中抛掷物品。

高空抛物不仅会破坏公共环境卫生，严重时甚至会影响居民的生命安全。为了避免意外事件造成伤害，保障居住环境安全，每一个人都应该以身作则，坚决拒绝高空抛物！

实验与探索

如图 3-3-5（a）所示，一条细绳一端固定，另一端悬挂一个钢球。把钢球拿到一定的高度，然后突然释放，钢球可以把细绳拉断，如图 3-3-5（b）所示。用同样的细绳，在细绳上端拴一段橡皮筋，如图 3-3-5（c）所示，再从同样的高度释放钢球，细绳会不会被拉断，请做这个实验并解释其中的道理。

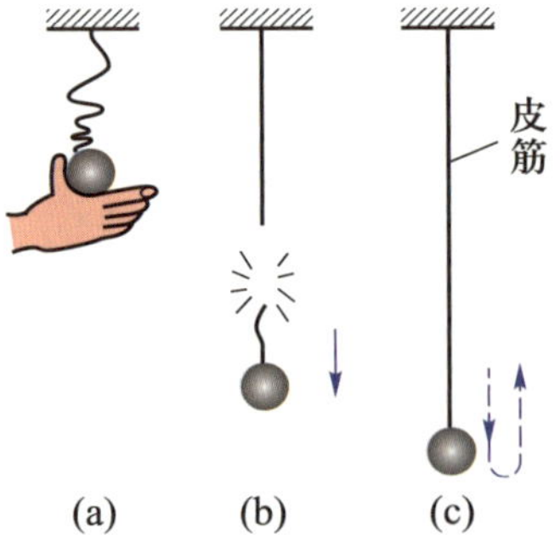

图 3-3-5　释放钢球实验

技术应用 救命的安全气囊

安全气囊是一种辅助保护装置，它的功能就是在汽车同障碍物或正在行驶中的汽车猛烈相撞时保护驾驶员和乘客的安全。在发生撞车的瞬间，一种称作“安全感应器”的电动装置能在几毫秒之内（如果汽车时速为 50 km，它需要 10 ms）确定汽车的突然减速是因为碰撞，还是正常刹车所致。

当汽车以 40 km/h 以上的速度碰撞时，这种装置就会被启动。假如一辆质量为 1.5 t 的汽车以 40 km/h 的速度行驶，在 0.1 s 的时间内发生碰撞，那么它受到的撞击力为 16 667 N；若碰撞时间为 0.01 s，撞击力则为 166 667 N；如果是与另一辆运动中的汽车相撞，还要加上那辆车的撞击力。

气囊必须同安全带一起使用（图 3-3-6），否则可能造成非常严重的损伤。汽车上乘客与气囊安装位置之间的距离应有 25 cm 左右，如不系安全带，当充满气体的气囊猛烈撞向胸部时，不但不能起到保护安全的作用，反而可能造成严重的肉体伤害。12 岁以下儿童不适合使用这种保护装置，应当把他们放在后排座位上，并且系上安全带。

图 3-3-6 释放气囊

新一代的气囊有“智能”装置，即由电脑系统来控制。该系统能在几分之一秒内计算出正在发生的交通事故的类型，并能计算出启动气囊的最佳瞬间。这样，在发生冲撞的一刹那，保护系统就已被启动了，并且电脑还能知道乘客的座位是否空着，以决定是否打开安全气囊。

练习与应用（Ⅰ）

1. 跳远时，为什么人落在沙坑里比落在水泥地面上安全？钉钉子时，为什么要用铁锤而不用橡皮锤？

2. 你看过蹦极运动吗？蹦极作为一项勇敢者的运动，能极大锻炼蹦极者向困难与恐惧挑战的勇气。当蹦极者从 40 m 跳台上跃下时，犹如凌空直下的燕子（图 3-3-7），由于橡筋绳的弹力，人像火箭一样向上弹起，然后上下弹跃。

为什么蹦极者系橡筋绳安全可靠，而系普通的绳就不安全呢？

图 3-3-7　蹦极运动

3. 物体受到的冲量大，那么（　　）。

A. 它的动量变化一定大

B. 它的动量一定大

C. 它受到的作用力一定大

D. 它受到力的作用时间一定长

4. 长征九号的大推力新型火箭发动机研制成功，标志着我国重型运载火箭的研发取得突破性进展。若某次实验中该发动机在 1 s 时间内向后喷射的气体质量约为 1.6×10^3 kg，喷射的气体产生的推力约为 4.8×10^6 N，则它增加的速度约为多少？

练习与应用（Ⅱ）

1. 筑路工人打夯时，将质量为 30 kg 的夯举高 2.5 m，然后让它自由落下，求夯即将着地时的动量。

2. 用质量 $m=5$ kg 的铁锤把道钉打进铁道的枕木中，打击时铁锤的速度为 5 m/s，如果作用时间分别为 0.01 s 和 0.1 s，求铁锤打击道钉的平均作用力。并比较两种情况，说明在什么条件下铁锤的重力可忽略。

3. 为了行车安全，汽车司机在行车中必须系上安全带，否则汽车突然撞停时，司机将由于惯性以原来的速度撞上方向盘而造成伤亡。设司机体重为 70 kg，车速为 108 km/h，车祸发生时汽车撞上障碍物而突然停止，司机撞方向盘的作用时间为 0.2 s，试估算方向盘对司机胸部的作用力。

4. 高空坠物极易对行人造成伤害。若一个 50 g 的鸡蛋从居民楼的 25 层楼（假设每层楼高 3 m）坠下，与地面的碰撞时间约为 10 ms，则该鸡蛋对地面产生的冲击力约为多少？

3.4 动量守恒定律 反冲运动

观察与思考

我们可以观察下列现象：溜冰场上原来静止的两个人，无论谁对谁推动一下，两个人都会向相反的方向运动起来，各自的动量都发生了变化（图 3-4-1）；人从小船上往岸上跳时，船会沿相反方向产生运动，人和船的动量也都发生了变化。大量实验表明：物体在相互作用时，它们各自的动量会发生变化。那么动量的这种变化遵循什么规律呢？

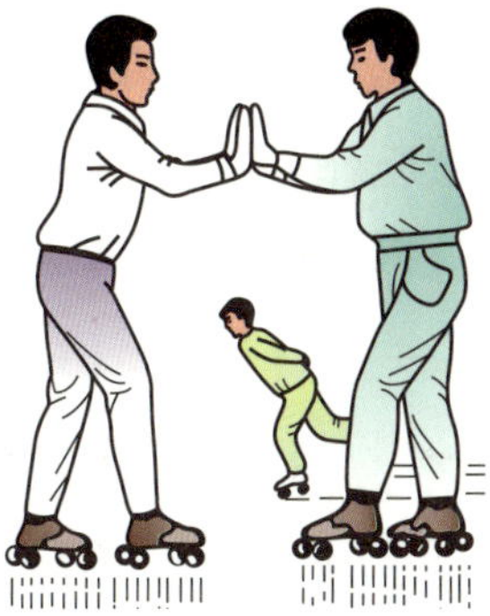

图 3-4-1 溜冰场上的两个人互推一下

动量守恒定律 我们在研究物体相互作用时，把一些相关的物体作为整体来研究，这个整体被称为**系统**。

前面例子中的人和人、人和船可以看作系统。系统以外其他物体对系统中物体的作用力，称为**系统的外力**，系统内部物体之间的相互作用力称为**内力**。下面我们只讨论沿同一直线运动的两个物体所组成的系统。

如图 3-4-2 所示，在光滑的水平面上，有两个小球沿同一直线同方向运动，它们的质量分别为 m_1 和 m_2，速度为 v_{10} 和 v_{20}，而且 $v_{10}>v_{20}$，经过一段时间，第一个小球追上第二个小球和它相碰，碰后两球分离，速度分别变为 v_1 和 v_2。两球相碰时，重力和水平面的支持力互相平衡，竖直方向上的合力为零；在水平方向上，水平面光滑不考虑摩擦力，只有两球碰撞时的相互作用力（属于内力）。设碰撞过程中 m_2 对 m_1 的冲力为 F_{21}，m_1 对 m_2 的冲力 F_{12}，碰撞的时间为 t，对 m_1 和 m_2 两球分别应用动量定理，有

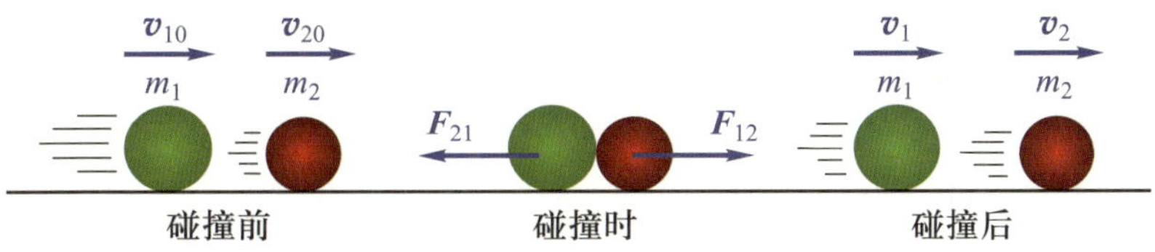

图 3-4-2 两球碰撞

$$F_{21}t = m_1v_1 - m_1v_{10}，\ F_{12}t = m_2v_2 - m_2v_{20}$$

两式相加，可得

$$(F_{21}+F_{12})t = (m_1v_1+m_2v_2)-(m_1v_{10}+m_2v_{20})$$

其中，$(m_1v_{10}+m_2v_{20})$ 是碰撞前系统的总动量，$(m_1v_1+m_2v_2)$ 是碰撞后系统的总动量，这两者之差就是系统总动量的改变量。因为 F_{21} 和 F_{12} 是一对作用力和反作用力，根据牛顿第三定律，F_{21} 和 F_{12} 大小相等，方向相反，所以上式左边等于零。于是我们得到

$$m_1v_1+m_2v_2 = m_1v_{10}+m_2v_{20}$$

上式表明，**对于两个物体组成的系统，如果系统不受外力或所受的合外力为零时，这个系统的总动量就保持不变。**这个结论称为**动量守恒定律**。当合外力远小于两物体的相互作用力时，也可认为动量守恒。应用动量守恒定律时，不管具体过程，只考虑初、末状态即可，这就避免了应用牛顿定律时可能遇到的困难。解题时，通常选取 v_{10} 或 v_{20} 的方向为正方向，但要注意，在同一个问题中，只能取一个正方向。

思维与方法　守恒的思想

物理学中有许多守恒定律，如能量守恒定律、机械能守恒定律、动量守恒定律、电荷守恒定律，等等。某一物理量守恒时，可以使人们研究问题的过程大为简化。例如，当系统的总动量守恒时，只需掌握系统的始末状态的动量，而不必去研究系统内力的性质和变化规律，以及各个物体相互作用过程和具体细节。我们在研究其他规律时不能违背这些已知的规律，否则就会失败。为什么有人企图制造“永动机”，但从未成功，就是因为违背了“能量守恒定律”。所以，守恒的思想是研究物理学中运动规律的重要的思想方法之一。

动量守恒定律是自然界最基本最普遍的规律之一。事实证明，大到宇宙天体，小到微观粒子，以及我们周围的宏观物体，只要满足条件，它们的相互作用都遵守动量守恒定律，无一例外。

【例题】如图 3-4-3 所示，质量为 10 g 的子弹以 600 m/s 的速度水平射入静

止在光滑水平桌面上质量为 2.0 kg 的木块，然后以 100 m/s 的速度穿出木块，求木块的速度。

分析： 本题研究对象是木块和子弹。木块在竖直方向上受到重力和桌面上支持力的作用，两力平衡。由于子弹和木块之间的相互作用属于内力，水平方向不受外力作用，木块和子弹组成系统的合外力为零，所以动量守恒。

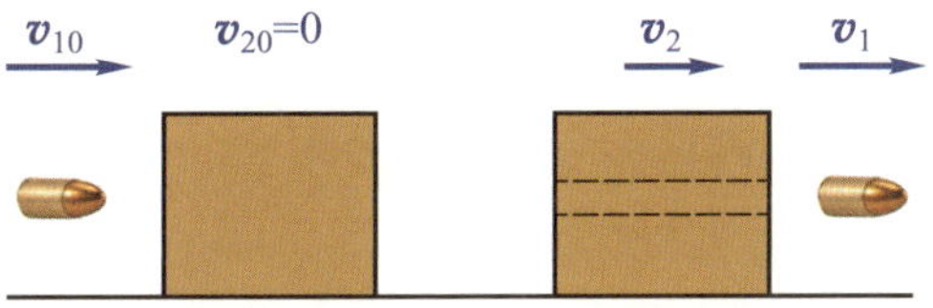

图 3-4-3 子弹射穿木块过程示意图

解： 取子弹初速度的方向为正方向，根据动量守恒定律，得

$$m_1v_1+m_2v_2=m_1v_{10}+m_2v_{20}$$

$$v_2=\frac{m_1v_{10}-m_1v_1}{m_2}=\frac{0.01\times(600-100)}{2.0}\ \mathrm{m/s}=2.5\ \mathrm{m/s}$$

讨论： $v_2>0$，说明 v_2 的方向跟正方向相同。

反冲运动 在发射炮弹时，炮弹以很大的速度从炮筒中发射出去的同时，炮身也要后退，这种现象称为**反冲运动**。在科研、生产和生活中，常常需要考虑和应用反冲运动。图 3-4-4 所示为灌溉喷水器，当水从弯管的喷嘴喷出时，弯管因反冲而旋转，可以自动地改变喷水的方向。反击式水轮机是应用反冲原理而工作的。图 3-4-5 为反击式水轮机的转轮。水从转轮的叶片流出时，转轮由于反冲而旋转，带动发电机发电。反击式水轮机是大型水电站中用得最多的一种水轮机。

图 3-4-4 灌溉喷水器

图 3-4-5 水轮机转轮

喷气式飞机（图 3–4–6）和火箭也是反冲的重要应用，它们都是靠喷出气流的反冲作用而获得巨大速度的。现代的喷气式飞机，靠连续不断地向后喷出气体，飞行速度能够超过 1 000 m/s。

图 3–4–6　喷气式飞机

技术 · 中国　世界领先的长征系列运载火箭

运载火箭是目前人类克服地球引力、进入空间的唯一工具，是发展空间技术、确保空间安全的基石，是大规模开发和利用空间资源的载体，是国家空间应用的重要保证。

长征系列运载火箭是我国自行研制的航天运载工具，起步于 20 世纪 60 年代，1970 年 4 月 24 日长征一号运载火箭首次发射东方红一号卫星成功。我国长征系列火箭型谱齐全，在役 15 个型号火箭，具备发射低、中、高不同地球轨道不同类型卫星及载人飞船的能力，并具备无人深空探测能力。截至 2023 年 6 月 15 日，长征系列运载火箭已完成 476 次发射，现役火箭发射成功率超过 97.76%，目前长征火箭已连续发射成功 133 次，2023 年已规划超过 60 次发射任务。图 3–4–7 是长征系列运载火箭部分型号。

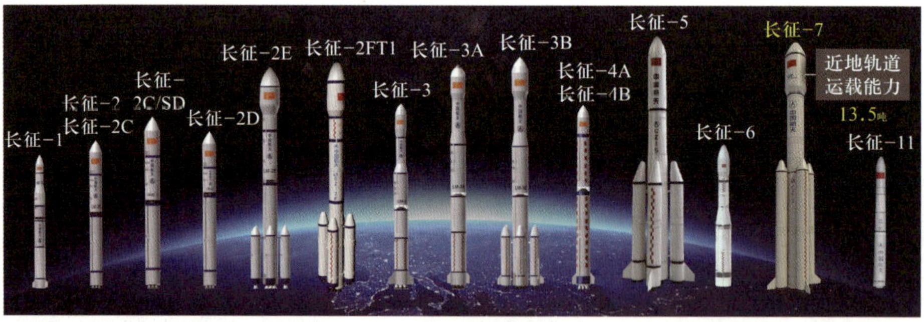

图 3–4–7　长征系列运载火箭部分型号

长征系列运载火箭，是中国自主研制的运载火箭系列，根据不同轨道，不同运载发射需求，火箭型号有所不同，长征二号 F 火箭是中国目前唯一的载人火箭，被称为“神箭”，中国所有神舟飞船和天宫一号、二号空间实验室，都由长征二号 F 火箭发射升空，各类卫星、探测器的发射，主要是长征三号系列火箭来完成。

长征五号运载火箭，绰号“胖五”，是我国目前运载能力最强大的火箭，近地轨道运载能力达到 25 t，相当于一次性将十几辆小汽车送上太空，中国天问一号、嫦娥五号、天宫空间站核心舱都是这种火箭完成的。未来 30 年，中国空间站计划几乎都能看到“胖五”的身影。长征六号运载火箭是新一代无毒无污染小型液体运载火箭，多次创造了中国航天一箭多星发射的新纪录。长征七号运载火箭是中国新一代中型运载火箭，专门发射天舟系列货运飞船。长征八号运载火箭采用无毒无污染推进剂的新型中型运载火箭，主要面向具有国际竞争力的商业卫星发射任务。长征九号运载火箭，主要用于我国深空探测、载人登月和登火、空间基础设施建设，近地轨道运载能力达到 140 t，可以将 3～5 名航天员同时送上月球，有了它，中国的载人探月不是梦。

2023 年，长征系列运载火箭的飞行试验次数持续保持高位，发射次数超过 60 次，呈现高密度常态化特点，长征系列运载火箭发射次数居世界宇航企业第一。2023 年 6 月 15 日，长征二号丁遥八十八运载火箭在太原卫星发射中心成功将吉林一号高分 06A 星等 41 颗卫星准确送入预定轨道。这次壮举不仅刷新了我国一次发射卫星数量最多的纪录，也展现了我国航天事业的强大实力和在航天领域取得的卓越成就，“航天强国梦”正在加速推进。

练习与应用（Ⅰ）

1. 正在空中飞行的炮弹爆炸后，各弹片能否向同一个方向飞出？为什么？

2. 关于系统动量守恒的条件，下列说法正确的是（　　）。

A. 只要系统内存在摩擦力，系统动量就不可能守恒

B. 只要系统机械能不守恒，系统动量就不可能守恒

C. 只要系统所受的合外力为零，系统动量就守恒

D. 系统中所有物体的加速度为零时，系统的总动量不一定守恒

3. 下列所描述的事例或应用中，不是利用反冲原理的是（　　）。

A. 喷灌装置的自动旋转

B. 章鱼在水中前行和转向

C. 吹足气的气球由静止释放后气球运动

D. 码头边的轮胎的保护作用

4. 一门旧式的大炮，炮身的质量是 1.0 t，水平发射入一枚质量是 2.5 kg 的炮弹。如果炮弹从炮筒飞出的速度是 600 m/s，求炮身后退的速度。

练习与应用（Ⅱ）

1. 冰壶是冬奥会比赛项目。如图 3-4-8 所示，若运动员和冰壶在水平冰面上做匀速直线运动，此后运动员把冰壶平稳推出。不计冰面的摩擦，关于运动员把冰壶推出的过程，下列说法正确的是（　　）。

A. 推出冰壶后，运动员和冰壶的速度大小与他们的质量成反比

B. 推出冰壶的过程中，运动员与冰壶的总动能保持不变

C. 推出冰壶的过程中，运动员与冰壶的总动量保持不变

D. 推出冰壶的过程中，运动员与冰壶的总动量变小

图 3-4-8　冰壶比赛

2. 一个质量为 80 kg 的航天员，到宇宙飞船外做实验，这时他相对于宇宙飞船是静止的，实验结束后，他将背着的一只质量为 10 kg 的空氧气筒以相对于宇宙飞船 2.0 m/s 的速度扔掉，求航天员由此得到的速度。

3. 质量为 10 g 的子弹，水平射入质量为 0.3 kg、静止在光滑水平桌面上的木块中，子弹射入木块后留在木块中，测得木块和子弹的共同速度为 14 m/s，求子弹射入木块时的速度。

4. 如图 3-4-9 所示，两个质量分别为 m_1 和 m_2 的小球在光滑水平面上相向运动，速度分别为 v_{10} 和 v_{20}，

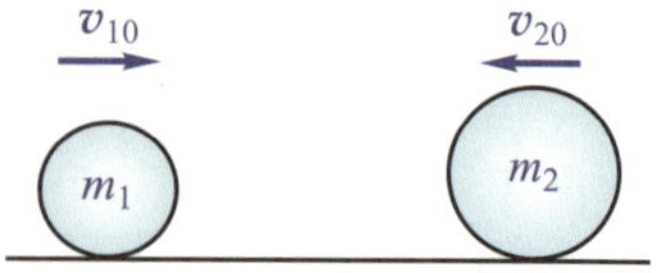

图 3-4-9　两球碰撞

已知 $m_1 = 200$ g，$m_2 = 500$ g，v_{10} 和 v_{20} 的大小分别为 1.5 m/s 和 0.6 m/s，两球相遇碰撞后 m_2 恰好静止，若碰撞时间为 0.1 s。求：（1）碰撞后小球 m_1 的速度为多少？（2）小球 m_1 的动量改变了多少？（3）小球 m_2 所受的冲力多大？方向如何？

本章思维导图

- 牛顿运动定律　动量守恒定律
  - 牛顿运动定律
    - 牛顿第一定律
      - 说明力是改变物体运动状态的原因，而不是维持物体运动的原因
      - 成立条件：不受外力或所受合外力为零
      - 惯性大小的量度：质量
    - 牛顿第二定律
      - 公式：$F_{合}=ma$
      - $\boldsymbol{a}$的方向与$\boldsymbol{F}_{合}$的方向始终相同
      - $\boldsymbol{F}_{合}$、m、$\boldsymbol{a}$三者对应同一个物体，反映的是力的瞬时作用效果
    - 牛顿第三定律
      - 作用力与反作用力总是大小相等、方向相反，是同性质的一对力
      - 作用力与反作用力总是同时产生、同时变化、同时消失
  - 动量　动量定理
    - 动量
      - 物体的质量和速度的乘积
      - 大小：$P=mv$
      - 方向：与速度方向相同
    - 冲量
      - 力和力的作用时间的乘积
      - 大小：$I=Ft$
      - 方向：与力的方向相同
    - 动量定理
      - 公式：$F_{合}t=mv_t-mv_0$
      - 应用：除用来解决在恒力作用下的问题外，尤其适合用来解决作用时间短，而力的变化又十分复杂的问题，如碰撞、打击等
  - 动量守恒定律
    - 适用条件：(1) 系统不受外力或所受的合外力为零
      (2) 系统受外力，但外力远小于内力，可以忽略不计(如碰撞、爆炸等问题)
      (3) 系统某一方向不受外力或所受的合外力为零，则该方向动量守恒
    - 公式：$m_1v_1+m_2v_2=m_1v_{10}+m_2v_{20}$

第四章　功与能　机械能守恒定律

无论你研究什么，学习什么，都离不开能。因为能是一个非常重要的概念，在物理世界中一切变化都涉及能。自然界存在着各种不同形式的能，各种形式的能可以互相转化。而通过做功可以改变物体的能。因此，功和能是物理学中两个重要概念，它们在物理学和其他科学技术中有很重要的意义，是我们学习和掌握科学知识的基础。

本章将以牛顿运动定律为基础，引入功、功率、动能、势能等重要概念，着重讨论动能定理、机械能守恒定律及其应用。通过本章的学习，你将体会到，用功和能的知识解答问题的范围要比直接应用牛顿运动定律更广，解答的过程也要更简便。

学习目标

理解功、功率、动能、势能、机械能等概念，理解动能定理和机械能守恒定律，了解机械能守恒的条件，能进行简单的计算，并能用其解释生产、生活中的有关现象。养成从能量角度思考问题的习惯，提高对物体运动、相互作用和能量关系的认识，形成运动的物体具有动能、通过做功可以改变物体的动能、物体的机械能在一定条件下可以相互转化并保持守恒等能量观念。

通过机械能相互转化与守恒的学习，进一步体会模型建构的条件，理解守恒的思想。了解乘积定义法、比值定义法等数学方法在物理研究中的作用。理解合力做功两种求解方法的等效思想。用控制变量实验法研究重力势能与物体质量、高度的关系，理解用演绎法推导动能定理、机械能守恒定律的过程，提升科学论证等学科核心素养。

通过研究动能与物体质量、速度的关系及重力势能与物体质量、高度的关系实验，进一步增强操作技能，提高运用工程思维进行实践活动的意识。

了解长江三峡工程水电站、走向世界的中国高铁等高科技成就，增强民族自豪感和建设科技强国、制造强国、质量强国的使命感，进一步激发学习动力。了解我国风力发电的情况，坚持推进我国能源革命，推动绿色发展成为经济新的增长引擎。

4.1　功　功率

观察与思考

挖同一土方，如果用人挖，可能需要几天的时间，而用挖掘机挖（图 4-1-1），可能只用几个小时就挖完了。用不同的方式做相同的功，所需的时间不同，也就是说，做功有快慢之分，怎样描述做功和做功的快慢？

图 4-1-1　挖掘机挖土

功 人们在生活和劳动中，使用各种机械工作时，常常有力作用在物体上，而且物体在力的作用下发生了一段位移。例如，起重机提起货物时，货物在起重机钢绳的拉力作用下发生了一段位移（图 4-1-2），则拉力对货物做了功；汽车在牵引力作用下前进了一段距离，牵引力对物体做了功。如果关闭发动机，汽车由于惯性，运动一段距离才停止，由于牵引力为零，在滑行的这段位移内汽车的牵引力也就不做功了。

在物理学中，**把力和受力物体在力的方向上的位移的乘积**，称为**力对物体所做的功**。也就是说，如果一个物体受到力的作用，并在力的方向上发生了一段位移，就说这个力对物体做了功。

由此可见，在物理学中，**力和物体在力的方向上发生的位移是做功的两个缺一不可的因素。**

如果作用在物体上的力 F 的方向与物体位移 s 的方向相同时（图 4-1-3），则力对物体做功为

$$W = Fs$$

图 4-1-2 起重机吊物体做功

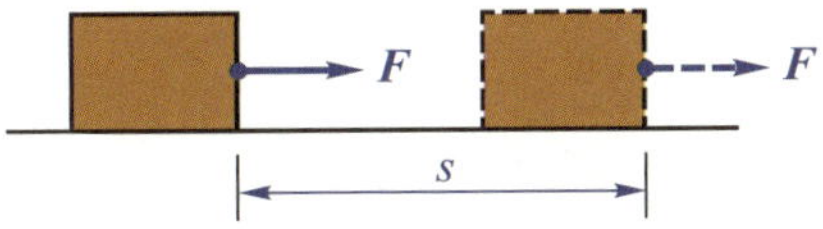

图 4-1-3 力与位移方向平行

如果物体的位移方向和力的方向不一致，力做的功又如何计算呢？我们可以把力 F 进行正交分解，分解成与位移方向平行和与位移方向垂直的两个分力 F_1 和 F_2，如图 4-1-4 所示。$F_1 = F\cos\theta$ 与位移方向相同，对物体做功，$F_2 = F\sin\theta$ 与位移方向垂直，对物体不做功，所以力 F 对物体所做的功为

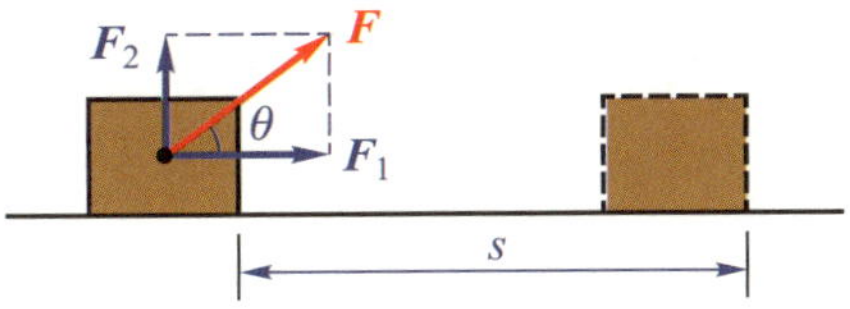

图 4-1-4 力与位移

$$W = F_1 s = Fs\cos\theta$$

式中 F、s 为力和位移的大小，θ 是力的方向和位移方向之间的夹角。在国际单位制中，功的单位是 J（焦耳），简称焦。

思维与方法 乘积定义法

用两个或多个物理量相乘来定义新物理量的方法，称为乘积定义法，它是一种数学方法。

用乘积法定义的物理量往往与用来定义的几个物理量有关（或由它们决定）。如功等于力和位移的乘积，描述了力对空间的积累效果，同时也揭示了该物理量的大小取决于力的大小和物体在该力方向上位移的大小。

正功和负功 功的大小不仅与力和位移的大小有关，还与力和位移之间的夹角 θ 有关，下面讨论夹角值在不同范围内，力对物体做功的大小和性质。

（1）当 $0°\leqslant\theta<90°$ 时，$\cos\theta>0$，则 $W>0$，力 F 对物体做正功，力为动力。如用水平拉力拉物体前进［图 4-1-5（a）］，用与水平方向成 θ 角的拉力拉物体前进［图 4-1-5（b）］，小球自由下落［图 4-1-5（c）］等。

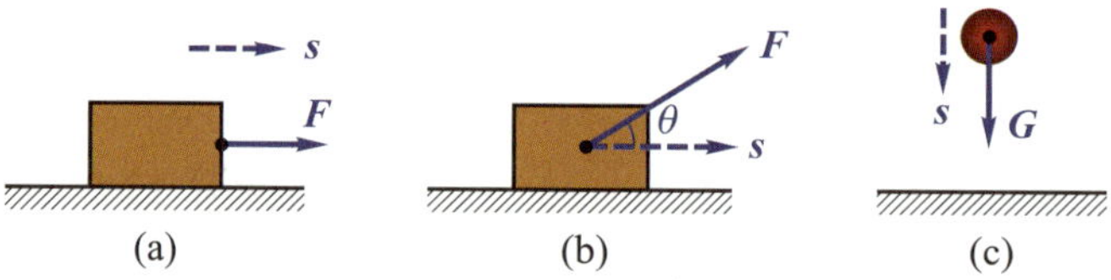

图 4-1-5 力与位移的夹角小于 90°

（2）$\theta=90°$ 时，$\cos\theta=0$，则 $W=0$，力对物体不做功。如汽车沿水平路面前进时，重力 G 和支持力 F_N 与位移 s 方向成 90°而不做功［图 4-1-6（a）］；汽车沿斜面运动时，支持力 F_N 不做功［图 4-1-6（b）］；汽车过弧形桥，支持力 F_N 不做功［图 4-1-6（c）］。

（3）当 $90°<\theta\leqslant180°$ 时，$\cos\theta<0$，则 $W<0$，力对物体做负功，力为阻力。如运动着的汽车关闭油门而停下来，摩擦力与位移方向成 180°，所以摩擦力做负功［图 4-1-7（a）］；汽车沿着斜面向上运动，由于重力与位移方向的夹角大于 90°，所以重力做负功［图 4-1-7（b）］；小球在竖直上抛运动过程中，重力

做负功［图 4-1-7（c）］。

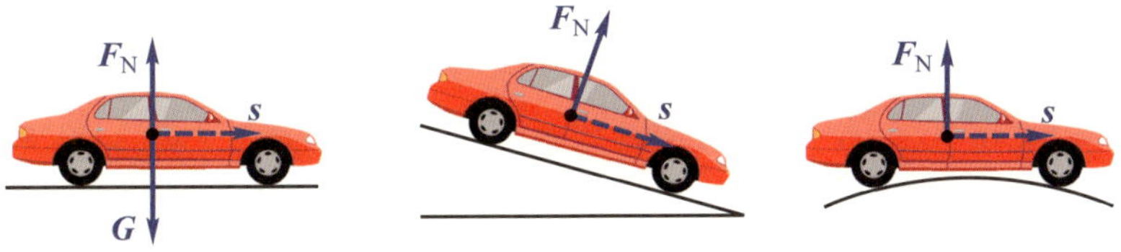

(a) (b) (c)

图 4-1-6 力与位移的夹角等于 90°

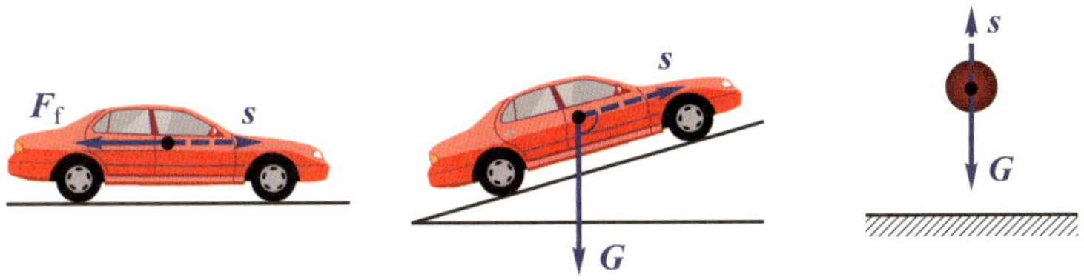

(a) (b) (c)

图 4-1-7 力与位移的夹角大于 90°

当力对物体做负功时，人们往往说“物体克服阻力做功”。例如，物体竖直上升时，重力做负功，也可以说物体克服重力做功；当摩擦力对物体做负功时，也可以说物体克服摩擦力做功。应当指出，功的正负并不表示功有方向，而是说明谁在做功。功只有大小而没有方向，所以功是标量。

合力做功 如果作用在物体上的不只是一个力，而是几个力，要计算合力对物体做的总功，可以通过两条途径来解决：一是先求这些力的合力，然后求这个合力所做的功，这时公式中 F 表示这几个力的合力；二是分别求出各个力所做的功，然后求这些功的代数和。

可以证明：合力做的功等于各个力所做功的代数和。即

$$W_{合} = F_{合} s = W_F + W_f + W_G + \cdots$$

【例题 1】 如图 4-1-8 所示，某人用平行于木板方向的拉力 F 将质量为 100 kg 的木箱，沿倾角为 37°的木板斜面匀速拉上汽车。已知木板长 2.0 m，木箱与木板斜面间的滑动摩擦力为 230 N，求各力对木箱所做的功。

分析： 以木箱为研究对象，它受四个力的作用：重力 G、木板对木箱的支持力 F_N、拉力 F 和摩擦力 F_f，如图 4-1-9 所示。因支持力 F_N 和位移方向垂直，

所以支持力不做功。将重力 G 分解为垂直斜面和平行斜面的两个分力。垂直斜面方向的分力 $F_2 = G\cos\theta$ 不做功，只有平行斜面的分力 $F_1 = G\sin\theta$ 做功，所以重力做的是负功，$W_G = -Gs\sin\theta$。

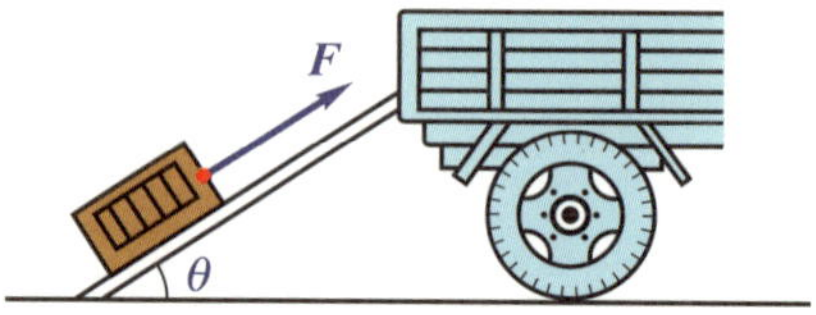

图 4-1-8　在斜面上移动木箱

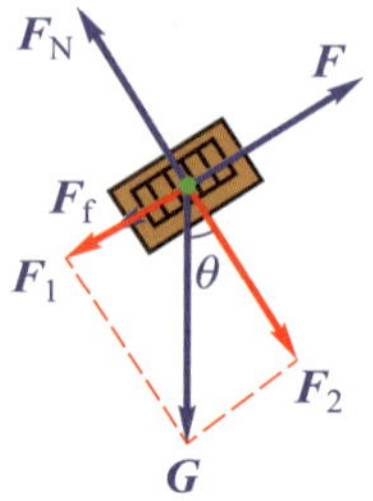

图 4-1-9　木箱的受力图

解： 在斜面方向，由于是匀速运动，所以 $F - F_f - F_1 = 0$

$$F = F_f + F_1 = F_f + G\sin\theta = 230\ \text{N} + 100 \times 9.8 \times 0.6\ \text{N} = 818\ \text{N}$$

各力做的功为

$$W_N = 0$$

$$W_G = -Gs\sin\theta = -980 \times 2 \times 0.6\ \text{J} = -1\ 176\ \text{J}$$

$$W_F = Fs = 818 \times 2\ \text{J} = 1\ 636\ \text{J}$$

$$W_f = F_f s\cos 180° = -230 \times 2\ \text{J} = -460\ \text{J}$$

物理学中功的概念和我们日常生活中的“工作”概念和含义是不完全相同的。“工作”一词含义十分广泛，它没有一个明确的定义，譬如说，我们用体力劳动或脑力劳动完成一项任务，这都可以说我们做了一件“工作”。而物理学中的“功”的含义却十分狭窄，例如举重运动员在比赛中，他将杠铃举过头顶停了 3 s，在 3 s 内不管他多么费力，他都没有做功。

思考与讨论

如图 4-1-10 所示，在建筑工地上，有 4 个起重机匀速起吊建筑材料，建筑材料的重量、高度和所用时间如表 4-1-1 所示，请问如何比较它们做功的快慢？

图 4-1-10　建筑工地上的起重机

表 4-1-1 4 个起重机的工作参数

起重机	起吊重量	起吊高度	所用时间	做的功 W	每秒做功
1	8.0×10^3 N	6.0 m	10 s		
2	6.0×10^3 N	3.0 m	6 s		
3	4.5×10^3 N	9.0 m	15 s		
4	1.0×10^4 N	20 m	50 s		

功率 从上表计算可以看出，起重机做功的快慢并不相同，也就是说，做功有快慢之分。在物理学中，用功率来表示物体做功的快慢。

功 W 与完成这些功所用时间 t 的比值，称为**功率**。通常用 P 来表示，则

$$P=\frac{W}{t}$$

在国际单位制中，功率的单位是 W（瓦特，简称瓦）。1 W = 1 J/s。瓦这个单位比较小，在工程技术上常用 kW（千瓦）做功率的单位，其换算关系为

$$1\ \text{kW}=1\ 000\ \text{W}$$

当力的方向和物体运动方向一致时，把 $W=Fs$ 代入功率的公式，可得 $P=\frac{Fs}{t}$，由于 $\frac{s}{t}=v$，所以

$$P=Fv$$

也就是说，功率等于力和物体运动速度的乘积。在上式中，若 v 为瞬时速度，P 为该时刻的瞬时功率；若 v 为某段时间的平均速度，则 P 为这段时间的平均功率。

功率是一个描述力做功快慢的物理量，它的大小只能说明做功的快慢而不能说明做功的多少。功率大，力做功不一定多；同样，力做功多，功率不一定大。

额定功率和输出功率 功率是表明机器性能的一个重要参数，**机器对外做功的功率**称为**输出功率**。**机器正常工作时允许的最大输出功率**，称为**额定功率**。

额定功率就是机器铭牌上或在说明书上所标出的功率。机器工作时实际的输出功率可以小于额定功率，但不能长时间超过额定功率，因为长时间超负荷工作会损坏机器。表 4-1-2 是一些机械的额定功率（由于各种机械、交通工具

的额定功率相差很大，这里仅提供一个参考值，有关电器额定功率的参考值在下册）。

表 4-1-2

机械或交通工具	额定功率 / kW
普通摩托车	3.5～10.5
小轿车	60～160
一般小型载重汽车	55～88
和谐号动车组	5 500～20 440
复兴号动车组	5 600～6 400

下面用公式 $P=Fv$ 讨论汽车、火车等交通工具的运动情况。

（1）当牵引力 F 一定时，功率 P 与速度 v 成正比，这时实际功率随着速度的变化而变化。例如，汽车在恒定的牵引力的作用下做匀加速运动时，牵引力的功率不断增大。

（2）当运动速度 v 一定时，功率 P 与牵引力 F 成正比，这时实际功率会随着牵引力的变化而变化。例如，汽车从水平路面上运动到斜坡上时，为保持速度大小 v 不变，司机必须加大油门，增大牵引力 F，从而汽车的实际功率也增大。

（3）当发动机的功率 P 一定时，牵引力 F 和运动速度 v 成反比。即要获得较高的速度，牵引力就要减小，要增大牵引力就得减小速度。当汽车以不变的功率上坡的时候，司机必须用换挡的办法减小速度才能得到较大的牵引力。

（4）当汽车在水平路面上以恒定的功率 P 由静止开始运动时，起初汽车的速度 v 很小，所以牵引力 F 很大，由

$$a=\frac{F-F_{\mathrm{f}}}{m}$$

可知 a 很大，从而使 v 增加很快，而 v 的增加反过来却使牵引力 F 减小，从而 a 减小。a 虽变小，但仍使 v 增大……如此下去，直到当 $F=F_{\mathrm{f}}$ 时，$a=0$，v 达到最大值之后，汽车就做匀速运动（假设汽车所受阻力 F_{f} 不变）。所以，机车或船以恒定功率起动的过程是一个加速度逐渐减小，速度逐渐增大，最后做匀速运动的过程。

思考与讨论

一种装有换速挡的自行车，图 4-1-11 所示为其齿轮盘，当在较大的坡路上行驶时要调到低速挡，为什么这样做呢？图 4-1-12 所示为变速杆，汽车在上坡时，要加大油门和降低速度，这样做的目的是什么？

图 4-1-11 自行车的变速挡

图 4-1-12 汽车的变速杆

【例题 2】 如图 4-1-13 所示，一台电动机的功率是 10 kW，用这台电动机匀速提升 1.5×10^3 kg 的货物，提升速度是多大？不计空气阻力。

图 4-1-13 电动机

解： 货物在匀速向上运动时，受到重力和拉力两个力的作用。

$$F=G=mg=1.5\times10^3\times9.8\ \text{N}=1.47\times10^4\ \text{N}$$

由 $P=Fv$ 得

$$v=\frac{P}{F}=\frac{1.0\times10^4}{1.47\times10^4}\ \text{m/s}\approx0.68\ \text{m/s}$$

【例题 3】 某“和谐号”高速列车的额定功率是 9.6×10^3 kW，用它牵引质量为 4.8×10^2 t 的 8 节车厢做加速运动。（1）当列车速度为 80 m/s 时，它的牵引力多大？（2）当列车达到最大速度时，列车所受总阻力是列车重力的 $\frac{1}{50}$，此时最大速度为多少？

分析：（1）因为高速列车的额定功率是一定的，由 $P=Fv$ 可求出列车以不同速度 v 运行时具有的牵引力 F。（2）列车刚开始时行驶速度较小，牵引力较大，这时 $F>F_f$，列车加速行驶，随着速度的增大，牵引力 F 减小。当 $F=F_f$ 时，列车的速度不再增加，以最大速度 v_{max} 匀速行驶。

解：（1）由 $P=Fv$ 可知，牵引力

$$F=\frac{P}{v}=\frac{9.6\times10^6}{80}\ \text{N}=1.2\times10^5\ \text{N}$$

（2）列车达到最大速度时，$a=0$，此时

$$F=F_f=\frac{1}{50}\ \text{mg}=\frac{1}{50}\times4.8\times10^5\times9.8\ \text{N}\approx9.4\times10^4\ \text{N}$$

$$v_{max}=\frac{P}{F}=\frac{9.6\times10^6}{9.4\times10^4}\ \text{m/s}\approx102\ \text{m/s}$$

从这个例题可以知道，飞机、轮船、火车、汽车等交通工具匀速行驶的最大速度是受发动机的额定功率限制的，要提高最大速度，必须提高发动机的额定功率。

技术·中国　走向世界的中国高铁

近几年来，我国高速铁路发展迅猛，截至 2022 年年底，我国高速铁路运营里程达 4.2 万千米，约为世界高速铁路运营总里程的 $\frac{2}{3}$，设计速度最高为 350～380 km/h，上线运营列车达 5 200 列，已成为名副其实的高铁大国。

从 2004 年我国引进高铁技术以来，我国科研人员一直在不懈努力，从引进、消化、吸收到创新，我们的高铁技术都在日新月异地向前发展。截至 2018 年，我国在高铁自主研发技术上已申请中国专利 946 件。我国机车企业已掌握了高速列车核心技术，高速铁路施工技术实现了重大突破，我国已成为世界上高铁系统技术最全、发展最快、集成能力最强、运营里程最长、运营速度最高、在建规模最大的国家。

雅万高铁是中国高铁首次在海外落地的高速铁路项目，该项目是中国“一带一路”对接的重大项目，也是中国高铁全方位整体走出去的第一步。高铁已成为一张亮丽的“中国名片”，更是“中国制造”到“中国创造”的完美诠释，让质量强国、制造强国在世界面前得以体现。

练习与应用（Ⅰ）

1. 在下列各种情况下，物体受到哪些力的作用？这些力中，哪些力在做功？是做正功还是做负功？哪些力不做功？

（1）小球在光滑的水平面上运动；

（2）跳伞运动员匀速下落；

（3）正在水平面上匀速运动的汽车。

2. 如图 4-1-14 所示，歼 -15 战机每次从辽宁舰航母上起飞的过程中可视为匀加速直线运动，且滑行的距离和牵引力都相同，则（　　）。

A. 携带的弹药越多，加速度越大

B. 牵引力做功相同

C. 携带的弹药越多，滑行的时间越短

D. 携带的弹药越多，获得的起飞速度越大

图 4-1-14　歼 -15 战机起飞

3. 氢燃料电池汽车的优势是加氢快、零碳排放、能量密度大。在 2022 年北京冬奥会和冬残奥会中有 169 辆氢能源公交车投入使用。若某辆氢能源公交车的发动机额定功率为 160 kW，公交车以 15 m/s 的速度匀速行驶时，受到的阻力为 4 000 N，公交车实际输出功率是多少？假设公交车以最大速度行驶时，平均阻力为 5 000 N，此时公交车的最大速度是多少？

4. 货物重 2.0×10^4 N，用起重机把货物匀速提高了 3.0 m，钢绳的拉力做了多少功？若起重机以 0.5 m/s^2 的加速度将货物提高了 3.0 m，则钢绳的拉力做的

功又是多少？

练习与应用（Ⅱ）

1. 2021 年 6 月 28 日航天员聂海胜利用太空跑台——动感单车锻炼，如图 4-1-15 所示。假设动感单车的阻力主要来源于距车轴 30 cm 的阻尼装置（可视为质点），宇航员每分钟蹬车 90 圈，则阻尼装置对车轮的阻力大小约为 350 N，假设聂海胜锻炼 15 min，克服动感单车阻力而消耗的能量约为（　　）。

A. 700 kJ　　B. 800 kJ　　C. 900 kJ　　D. 1 000 kJ

图 4-1-15　太空动感单车

2. 着陆火星的探测器“祝融号”质量为 240 kg，它在牵引力的驱使下，30 min 内匀速运动了 100 m。假设“祝融号”在火星上受到的阻力是其在火星上所受重力的 6%，已知 $g_{火}=0.38\,g$，g 取 10 m/s²，求：（1）这段时间内牵引力做的功；（2）牵引力的功率。

3. 在水平地面上放着一个质量为 10 kg 的木箱，木箱和地面间的动摩擦因数为 0.3，一人用水平拉力使木箱以加速度 $a=0.5\ \text{m/s}^2$ 做匀加速运动通过 10 m，求各个力做的功及合外力对木箱做的总功（g 取 10 m/s²）。

4. 设一列 16 节车厢的“复兴号”高铁列车总质量为 8.0×10^5 kg，发动机的额定功率为 8.0×10^3 kW。若列车在水平轨道上匀速行驶时所受平均阻力是列车重力的 1%，g 取 10 m/s²。求该列车在水平轨道上行驶的最大速度。若在同样的阻力下，路过某限速区段时行驶速度为 180 km/h，则发动机的实际输出功率是多少？

4.2 动能 动能定理

观察与思考

风吹着帆船航行（图 4-2-1），高速飞行的电磁炮能打穿钢板（图 4-2-2），这些都说明运动的物体能做功。那么，功是能吗？功可以转化为能吗？做功的过程一定伴随着能量转化吗？

图 4-2-1 帆船运动

图 4-2-2 电磁炮能打穿钢板

能的概念 在初中，我们已经学过关于能的初步知识，如果一个物体能够做功，就说这个物体具有能量。例如，举到高处的铁锤下落能够把木桩打进土里而做功，说明举高的铁锤具有能量。如果一个物体能够做功，或者说具有做功的本领，我们说物体具有能量，简称**能**。

功是能量变化的量度 不同的运动形式具有不同的能：机械能（包括动能和势能）、热力学能、光能、化学能，等等。各种不同形式的能可以相互转化。在能的转化过程中，功扮演着一个重要的角色。当汽车在平直公路上不断被加速时，牵引力做正功，物体的动能不断增加；反之，汽车刹车时，摩擦力做负功，动能减小。也就是说对物体做正功，物体的能量增加，对物体做负功，它的能量就减小，所以做功与能量的变化有着密切的关系。所有的实验事实都表明：**功是物体能量变化的量度**。我们可以用功的大小来度量能量变化的大小。

设合外力对物体做功 W 后，物体的能量从 E_0 变到 E，则

$$E - E_0 = W$$

和功 W 一样，各种形式的能量都是标量，其国际制单位也都是 J（焦）。

动能　运动着的物体能够做功，因而具有能量。例如，飞行的子弹可以穿透木板，克服阻力做功；举高的重锤落下时，能够把木桩打进土里做功。像这种**物体由于运动而具有的能**称为**动能**。只要物体运动，物体就有动能。那么，物体动能的大小与哪些因素有关呢？从经验可知，铁锤的质量越大，挥动得越快，钉子就敲得越深，做的功就越多。可见，物体的动能跟它的质量、速度有关。

实验与探究　研究动能与物体质量、速度的关系

利用如图 4–2–3 所示的装置来探究动能的大小。钢球质量相同时，从斜面的不同高度由静止释放，观察钢球推动木块的距离怎样变化？钢球质量不同时，从斜面同一高度由静止释放，观察哪个钢球推动木块的距离更远？

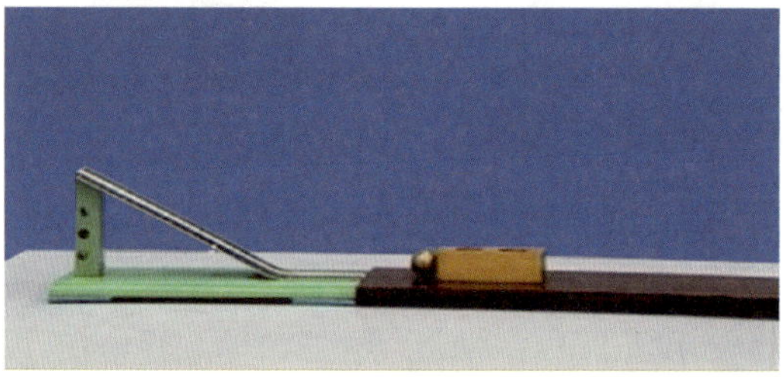

图 4–2–3　研究动能的实验装置

理论和实验证明：**物体的动能等于它的质量和速度二次方乘积的一半**。用字母 E_k 表示动能，即

$$E_k = \frac{1}{2}mv^2$$

式中 m 为物体的质量，v 为物体速度的大小。

动能是标量，与速度的方向无关，其国际制单位是 J（焦）。

【例题 1】计算下列几种情形下的动能。（1）显像管中以 3.0×10^7 m/s 的速度

运动的电子（图 4-2-4）；（2）质量为 1.5×10^{3} kg，速度为 20 m/s 运动的新能源汽车；（3）质量为 6.0×10^{24} kg 的地球以 3.0×10^{4} m/s 的速度绕太阳旋转。

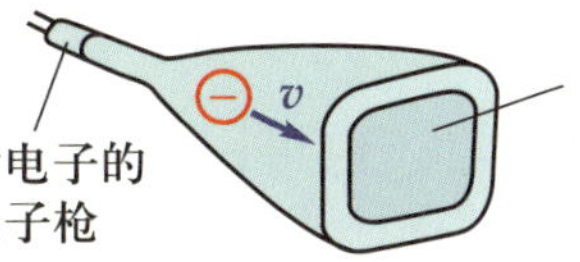

图 4-2-4 显像管

解：（1）电子的动能

$$E_k=\frac{1}{2}mv^2=\frac{1}{2}\times9.1\times10^{-31}\times(3.0\times10^{7})^2\ \mathrm{J}\approx4.1\times10^{-16}\ \mathrm{J}$$

（2）新能源汽车的动能

$$E_k=\frac{1}{2}mv^2=\frac{1}{2}\times1.5\times10^{3}\times20^2\ \mathrm{J}=3.0\times10^{5}\ \mathrm{J}$$

（3）地球的动能

$$E_k=\frac{1}{2}mv^2=\frac{1}{2}\times6.0\times10^{24}\times(3.0\times10^{4})^2\ \mathrm{J}=2.7\times10^{33}\ \mathrm{J}$$

动能定理 如果物体在外力作用下运动时，外力对物体做一定的功，则物体的速度就要发生变化，因而物体的动能也要发生变化。这说明物体做功与物体动能变化之间有着密切的关系。下面我们就研究这种关系。

如图 4-2-5 所示，质量为 m 的物体以初速度 v_0 沿水平面向右运动，在合外力 $F_{合}$作用下经过位移 s 后，速度达到 v，在这个过程中，合外力 $F_{合}$对物体做的功

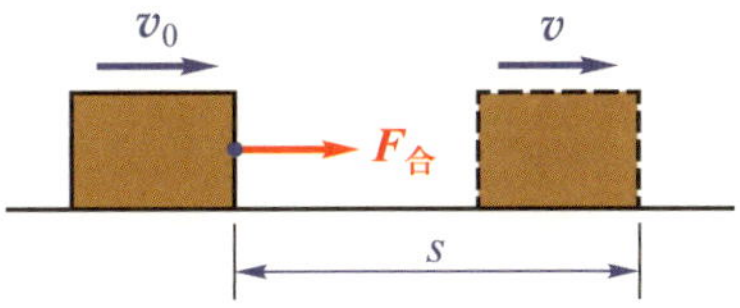

图 4-2-5 物体的运动

$$W_{合}=F_{合}s=ma\cdot\frac{v^2-v_0^2}{2a}=\frac{1}{2}mv^2-\frac{1}{2}mv_0^2=E_k-E_{k0}$$

式中 $E_k=\frac{1}{2}mv^2$ 为物体的末动能，$E_{k0}=\frac{1}{2}mv_0^2$ 为初动能，二者之差为物体动能的改变量。

上式表明，**合外力对物体所做的功，等于物体动能的改变量**，这就是**动能定理**。

$$W_{合}=\frac{1}{2}mv^2-\frac{1}{2}mv_0^2=E_k-E_{k0}$$

若合外力方向与物体运动方向相同时，合外力对物体做正功，$W>0$，则物体动能增加；若合外力方向与物体运动方向相反时，合外力对物体做负功，$W<0$，

则物体动能减小。这里所说的外力，可以是重力、弹力、摩擦力或其他力；可以是恒力，也可以是变力。动能定理也适用于变力做功和曲线运动的情况。

思维与方法　演绎推理

演绎推理是从一般性结论推出个别性结论的方法，即从已知的某些一般原理、定理、法则、定律或科学概念出发，推出新结论的一种思维活动。动能定理也适用于变力做功和曲线运动的情况，就是应用演绎推理的方法得到的。

【例题 2】 打开民用客机紧急出口的舱门，会自动生成一个由气囊构成的斜面，连接出口与地面，如图 4-2-6 所示。假设某次应急救援演练的气囊高 3.2 m，长 6.5 m，质量为 60 kg 的人沿气囊斜面下滑时所受平均阻力是 240 N，求人滑至底端时的速度。

图 4-2-6　民用客机紧急出口

分析： 人在下滑过程中受两个力的作用：重力 G 和阻力 F_f。两个力做功使人的动能增加。

解： 根据动能定理得

$$mgh - F_f s = \frac{1}{2}mv^2 - 0$$

人滑至底端时的速度为

$$v = \sqrt{2gh - \frac{2F_f s}{m}} = \sqrt{\left(2\times 9.8\times 3.2 - \frac{2\times 240\times 6.5}{60}\right)}\ \text{m/s} \approx 3.27\ \text{m/s}$$

讨论： 本题也可根据牛顿运动定律和运动学公式求解，所得结果相同。但动能定理不涉及物体运动过程中的加速度和时间，因此利用动能定理解题常常更加简便。

利用动能定理解题，要分析物体的受力情况，列出各力所做的功，要明确物体的初动能和末动能。

思考与讨论

一辆相同的汽车在不同的速度下，以相同的制动力刹车停下来，汽车是速度大时还是速度小时滑行的距离远？如果一辆卡车在满载或空载的情况下，运动速度相同，以相同的制动力刹车停下来，卡车是满载时还是空载时滑行的距离远？请用动能定理分析。

技术应用 我国的风力发电

风能是一种清洁的能源，人类很早就已经学会使用风能，到 2022 年年底，我国风电累计装机容量达到 395.6 GW，2023 年我国风电新增装机容量约 75.9 GW。我国的风力发电总装机容量占全球三分之一，新增装机容量占全球约 40%。我国坚持推进能源革命，推动绿色发展，已经是名副其实的风电大国。

风力发电就是把风的动能转变成机械能，再把机械能转化为电能。风力发电主要有陆上风力发电和海上风力发电两种。我国现有四大陆上风力发电场：

新疆达坂城风力发电场：这是新疆最早的风力发电场（图 4-2-7），也是全国规模开发风能最早的发电场。当时无论是单机容量和总装机容量，均居全国第一。

图 4-2-7 新疆达坂城风力发电场

内蒙古辉腾锡勒风力发电场：这曾经是亚洲最大的风力发电场（图 4-2-8），

地处内蒙古高原，这里海拔高，风力资源丰富。

浙江临海括苍山风力发电场： 这里是华东地区规模最大、海拔最高的风力发电场，共安装风力发电机组 33 台，每台 600 kW，总装机容量 1.98×10^4 kW。

图 4-2-8　内蒙古辉腾锡勒风力发电场

甘肃酒泉千万千瓦级风力发电场： 这是我国第一个千万千瓦级风电基地，也是目前世界上最大的风力发电基地，是国家继西气东输、西油东输、西电东送和青藏铁路之后，西部大开发的又一标志性工程，被誉为“风电三峡”。

练习与应用（Ⅰ）

1. 一颗质量为 8.0 g 的子弹，以 800 m/s 的速度飞行，质量为 60 kg 的人，以 3.0 m/s 的速度奔跑，哪个动能更大？

2. 一辆卡车的总质量为 5.0 t，以 12 m/s 的速度在水平公路上行驶，突然紧急刹车。如果制动阻力是 2.0×10^5 N，那么卡车滑行多远后停下来？

3. 质量为 10 g 的子弹以 300 m/s 的速度水平射入厚 5 cm 的木板（图 4-2-9），射出后的速度为 100 m/s，求子弹克服阻力所做的功以及子弹受到的平均阻力。

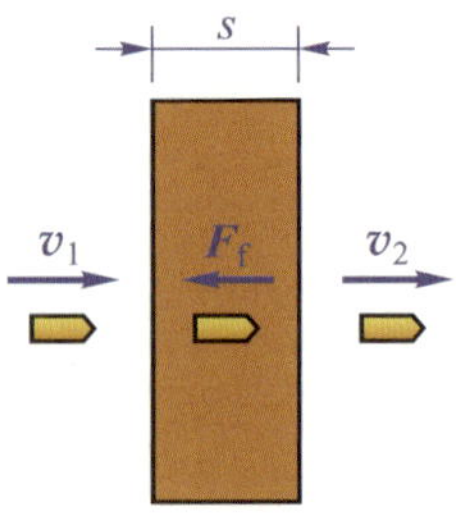

图 4-2-9　子弹射穿木板

4. 一架喷气式战斗机的质量是 1.5×10^4 kg，发动机的推力为 1.4×10^5 N，起飞速度为 80 m/s，在跑道上滑行的距离是 600 m，计算飞机起飞时受到的平均阻力。

练习与应用（Ⅱ）

1. 滑雪运动员从高 10 m 的斜坡顶上由静止滑下，坡长 200 m，若下滑过程中运动所受阻力是运动员体重的 0.01 倍，求运动员滑到坡底时的速度大小（g 取 10 m/s^2）。

2. 随着中国首艘航母辽宁舰的下水，同学们对舰载机的起降产生了浓厚的兴趣。假设质量为 m 的舰载机关闭发动机后在航母跑道上降落，触地瞬间的速度为 v，在阻拦索和地面摩擦阻力共同作用下滑行距离 s 后停止，求舰载机滑行时受到的平均阻力 F_f 的大小。

3. 一辆汽车正以 $v_1=108$ km/h 的速度匀速直线行驶，司机发现在前方 150 m 处停有一辆故障车，马上进行刹车。设司机的反应时间 $t_1=0.75$ s，刹车时汽车受到的阻力为重力的 $\frac{1}{2}$。取重力加速度 $g=10$ m/s^2。请计算从发现故障车至停下，汽车在这段时间内发生的位移，据此判断这两辆车是否会相撞。

4. 工程上为了确保地基的密实，常用强夯机夯实地基，如图 4-2-10 所示。在一次作业中，质量为 5 t 的夯锤从 20 m 高处自由落下，将地面砸出一个深 0.4 m 的坑。尝试用动能定理计算（不考虑空气阻力）：

（1）夯锤下落到地面时，重力做了多少功；

（2）夯锤刚好落到地面时的速度；

（3）夯锤受到地基的阻力（假定阻力保持不变）。

图 4-2-10 强夯机

4.3　势能　机械能守恒定律

观察与思考

如图 4–3–1 所示，娱乐场里的过山车是依靠一个机械装置的推力被推上最高点的，在没有任何动力的情况下，过山车在回到最低点后，能再次冲上最高点。为什么它能再次冲上最高点呢?

图 4–3–1　翻滚过山车

重力势能　打桩机将重锤提到高处，然后让重锤自由落下，就可以把桩打入土中，如图 4–3–2 所示。由此可见，被举高的物体具有能量。**物体由于被举高而具有的能称为重力势能。**重力势能用 E_P 表示。

把质量为 m 的物体从地面匀速提升到高度为 h（图 4–3–3）的地方，必须

图 4–3–2　打桩机

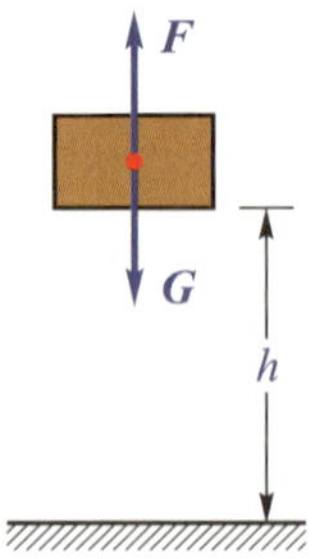

图 4–3–3　物体的重力势能

用一个与物体所受的重力 $G = mg$ 大小相等、方向相反的外力克服重力做功 W，外力克服重力所做的功就是 $W = mgh$。由于物体是被匀速举高，所以它的动能没有变化，因此外力克服重力所做的功全部用来增加物体的重力势能。**则在离地面 h 处的重力势能等于物体所受的重力和它的高度的乘积**，即

$$E_P = mgh$$

重力势能是一个标量，在国际单位制中，它的单位是 J（焦）。

我们知道，高度是一个相对的量，所以重力势能也是一个相对量，因此，**重力势能具有相对性**。要确定物体在某位置处的重力势能，必须选定一个零势能面，高于零势能面的物体，重力势能为正；低于零势能面的物体，重力势能为负。零势能面的选择是任意的，但在解决实际问题时，可根据研究问题的方便而定。通常选地面为零势能面。

重力对物体做功，使物体的重力势能变化。重力做功与重力势能的关系是：当物体下降时，重力做正功，重力势能减少，重力所做的功等于减少的重力势能；当物体上升时，重力对物体做负功，重力势能增加，克服重力所做的功等于增加的重力势能。

重力做功的特点 如图 4-3-4 所示，质量为 m 的物体分别沿着 ABD、ACD、AD 三条不同的路径，从高度为 h_1 的 A 点运动到高度为 h_2 的 D 点，我们讨论重力所做的功是多少。

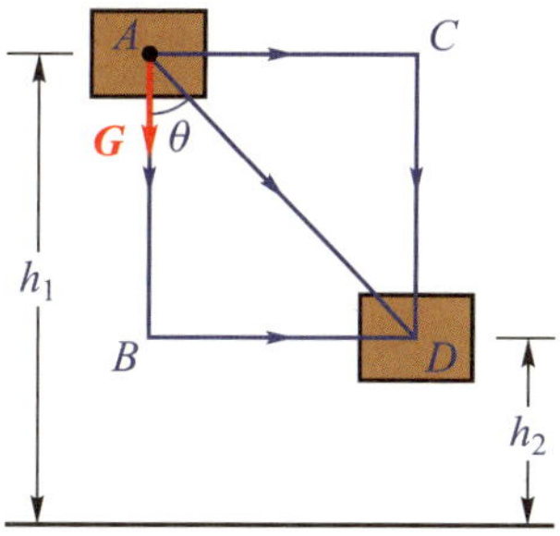

图 4-3-4 重力做功

物体由 A 到 B，重力做的功为 $W_{AB} = mgh_1 - mgh_2$，物体由 B 到 D 的运动过程中，因重力方向与位移方向垂直，重力不做功。所以物体沿 ABD 路径运动，重力做的功为

$$W_{G1} = mgh_1 - mgh_2$$

同样，物体沿 ACD 路径运动时重力做的功为

$$W_{G2} = mgh_1 - mgh_2$$

沿直线 AD 路径重力做的功为

$$W_{G3} = mgs\cos\theta = mg(h_1 - h_2) = mgh_1 - mgh_2$$

由以上计算看出，物体不管沿哪条路径由 A 点运动到 D 点，重力做的功都

相等。用高等数学可以证明：**对一定质量的物体来说，重力对物体所做的功只跟起点和终点的位置有关，而与物体运动的路径无关。**只要起点与终点位置相同，不论物体沿什么路径运动，重力做的功都相同，并等于起点的重力势能减去终点的重力势能。

弹性势能　不但被举高了的物体具有势能，任何发生弹性形变的物体，在它们恢复原状的过程中，弹力都要对外界做功，所以也都具有势能。例如，卷紧了的发条、拉弯了的弓、正在击球的网球拍（图 4-3-5）、支撑着运动员起跳的撑竿都具有势能。这种由于物体发生弹性形变而具有的能称为**弹性势能**。弹簧被拉伸或压缩得越多（图 4-3-6），发条被卷得越紧，它们的弹性势能越大。

图 4-3-5　网球拍

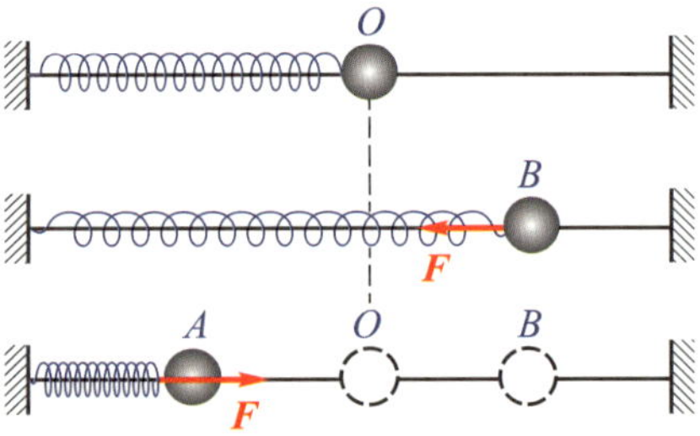

图 4-3-6　被拉伸或压缩的弹簧具有弹性势能

势能　无论是重力势能还是弹性势能，都是由于物体之间存在相互作用力，它们的大小由物体间的相对位置决定。在物理学中，把**由物体间相互作用和相对位置决定的能**称为**势能**。重力势能和弹性势能都是势能。今后我们还将学习分子势能和电势能的概念。

机械能的相互转化　重力势能和动能之间的相互转化是通过重力做功实现的。下面用实验来研究只有重力做功时机械能的转化规律。

实验与探究　观察动能和势能相互转化的规律

如图 4-3-7 所示为滚摆。转动滚摆轴，悬线缠绕在轴的两端，在滚摆接近顶点时放手，观察发生的现象。在滚摆轴

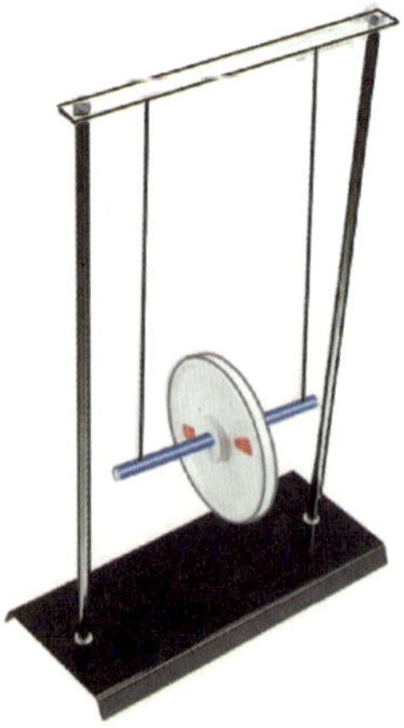

图 4-3-7　滚摆

旋转下降达到最低点过程中，滚摆的速度是怎样变化的？上升和下降过程中它的动能和重力势能又是怎样相互转化的？

实验表明，滚摆旋转上升过程中动能减小，重力势能增大，在最高点动能完全转化成重力势能，重力势能达到了最大值。滚摆旋转下降过程中重力势能减小，动能增大，在最低点重力势能完全转化成动能，动能达到了最大值。这表明滚摆旋转的上升和下降过程中，动能和重力势能之间的相互转化是通过重力做功实现的。如果忽略空气阻力，每次滚摆上升的高度都相同，说明其机械能不变。

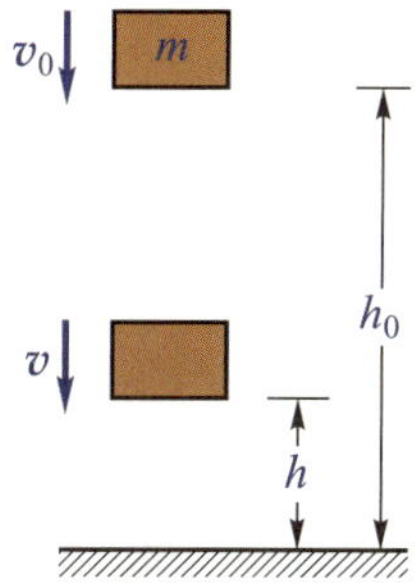

图 4-3-8 物体自由下落

机械能守恒定律 设一质量为 m 的物体，在重力作用下从高处自由下落，离地面 h_0 处的速率为 v_0，下落到离地面 h 处的速率为 v（图 4-3-8）。若在下落过程中，只有重力做功，没有其他力做功，那么根据动能定理，重力对物体所做的功应等于物体动能的改变量，即

$$W_{合} = \frac{1}{2}mv^2 - \frac{1}{2}mv_0^2$$

重力对物体所做的功又等于物体重力势能的减少量，即

$$W_G = mgh_0 - mgh$$

所以

$$\frac{1}{2}mv^2 - \frac{1}{2}mv_0^2 = mgh_0 - mgh$$

上式说明，在只有重力做功的条件下，物体动能的增加量等于重力势能的减少量。上式移项后得到

$$\frac{1}{2}mv^2 + mgh = \frac{1}{2}mv_0^2 + mgh_0$$

这表明：**在只有重力做功的条件下，物体的动能和重力势能是相互转化的，但两者的总和保持不变**。这个结论称为**机械能守恒定律**。当物体的动能只和重力势能、弹性势能相互转化时，机械能的总和也保持不变。它是力学中一条重要定律。

思考与讨论

图 4-3-9 是一个简单的摆。从同一高度释放小球，如果不计空气阻力，则小球摆到相同的高度。把直尺放在小球摆动途中挡住细绳，从相同高度释放的小球仍能摆到相同的高度。机械能是否守恒？

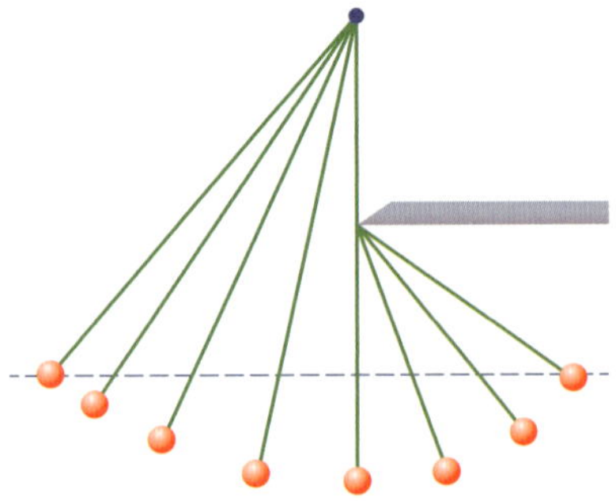

图 4-3-9　摆

机械能守恒定律的应用　机械能守恒定律是力学中一条重要的定律，不论物体受恒力或变力作用，不论物体做直线或曲线运动，在动能和重力势能的转化过程中，如果只有重力做功，机械能始终守恒。用机械能守恒定律来分析、解决生产和生活中的有关问题，只需考虑过程的始、末状态（速度、高度等），因而求解起来十分简便。

中国自主研制、全球单机容量最大、装机容量达到 1.6×10^7 kW 的白鹤滩水电站（图 4-3-10），它把高处水的重力势能转化为动能，推动水轮机转动，再带动发电机发电。每年产生的电能，能够供应 7 500 万人的年生活使用量，可代替标准煤 1.968×10^7 t，减排二氧化碳 5.2×10^7 t。

图 4-3-10　白鹤滩水电站

【例题 1】一物体从静止开始，沿着四分之一光滑圆弧轨道从 A 点滑到 B 点，如图 4-3-11 所示。已知圆弧的半径为 4.0 m，求物体滑到最低点 B 处的速度是多大？

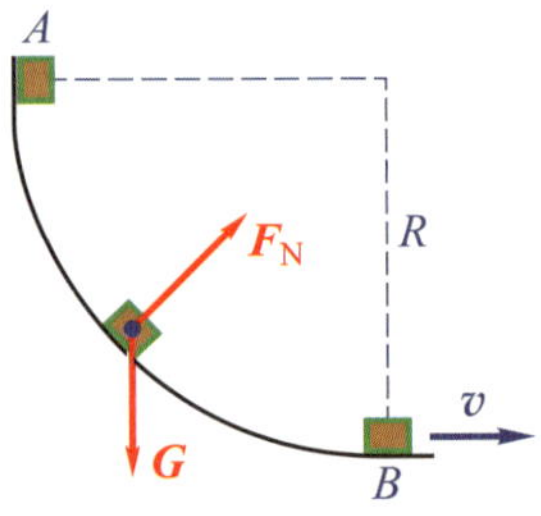

图 4-3-11　物体沿光滑圆弧轨道运动

分析：对物体受力分析可知，此物体在下滑过程中，只受到圆弧轨道的支持力和重力的作用。因为支持力与物体的速度方向始终垂直，所以支持力对物体不做功，只有重力做功，满足机械能守恒的条件。

解：取 B 处的水平面为零势能面，则物体在 B 处只有动能，其机械能为 $E=\dfrac{1}{2}mv^2$，而在 A 处物体的初速度为零，这时物体只有势能，其机械能为

$E = mgR$。

根据机械能守恒定律有

$$\frac{1}{2}mv^2 = mgR$$

$$v = \sqrt{2gR} = \sqrt{2\times9.8\times4.9}\ \text{m/s} = 9.8\ \text{m/s}$$

讨论： 由于物体在圆弧轨道上受到的支持力是变力，因此用牛顿第二定律求解就比较困难，而用机械能守恒定律求解，在思路和步骤上比较简单。

【例题 2】 某人在离地面 10 m 高处的平台上，以 5 m/s 的速度任意抛出一个小球，如不计空气阻力，求物体落地时的速度大小（g 取 10 m/s^2）。

分析： 由于不计空气阻力，小球在运动过程中只受重力作用，所以机械能守恒。

解： 设地面为零势能面，小球落地时速度为 v，抛出时小球的机械能为

$$E_0 = \frac{1}{2}mv_0^2 + mgh_0$$

落地时小球的机械能为

$$E = \frac{1}{2}mv^2$$

根据机械能守恒定律，有

$$\frac{1}{2}mv^2 = \frac{1}{2}mv_0^2 + mgh_0$$

$$v = \sqrt{2gh_0 + v_0^2} = \sqrt{2\times10\times10+5^2}\ \text{m/s} = 15\ \text{m/s}$$

讨论： 由于小球被任意抛出，因此无法确定小球是做斜上抛运动、斜下抛运动，还是平抛运动或其他运动，因而很难用牛顿第二定律和运动学公式解题。但应用机械能守恒定律解题就比较方便，只需要考虑运动的初状态和末状态，不必考虑两个状态之间的细节。

技术·中国 世界上规模最大的长江三峡水利枢纽工程

举世瞩目的长江三峡水利枢纽工程（图 4-3-12），位于湖北省宜昌市三斗坪

图 4-3-12　长江三峡水利枢纽工程

镇，距下游已建成的葛洲坝水利枢纽 38 km。三峡工程总工期 17 年（1993—2009 年），分三期建成。整个工程由一座混凝重力式大坝（泄水闸），一座堤后式水电站和一座永久性通航船闸三大部分组成。坝顶总长 3 035 m，坝高 185 m，正常蓄水位 175 m，防洪限制水位 145 m，是一座具有防洪、发电、航运、供水和旅游等综合效益的特大型水利枢纽工程。

水电站共装发电机组 34 台（每台发电机组容量约为 7.0×10^{5} kW），总装机容量为 2.25×10^{7} kW。2021 年三峡电站累计发电 1.036×10^{11} kW·h，再次突破千亿千瓦时大关，相当于一年节约标准煤 3.176×10^{7} t，减排二氧化碳 8.686×10^{7} t、二氧化硫 1.94×10^{4} t、氮氧化物 2.02×10^{4} t。水力发电过程其实就是一个能量转换的过程。通过在天然的河流上修建水坝，然后将高位的水引导到低位置的水轮机，使水的重力势能转变为动能，带动与水轮机同轴的发电机发电，从而实现从机械能到电能的转换。

长江三峡水利枢纽工程在养殖、旅游、保护生态、净化环境、开发性移民、南水北调、供水灌溉等方面均有巨大效益。长江三峡水利枢纽工程是中国实施跨世纪经济发展战略的一个宏大工程，其发电、防洪和航运等综合效益，对建设长江经济带，加快我国经济发展的步伐，提高我国的综合国力有着十分重大的战略意义。

练习与应用（Ⅰ）

1. 下列关于重力势能的说法中，哪一个说法是正确的？为什么？

（1）具有动能的物体，一定有重力势能；

（2）物体的位置发生变化，它的重力势能一定变化；

（3）物体的高度发生变化，它的重力势能一定变化。

2. 在下面各实例中，哪些过程机械能是守恒的，哪些是不守恒的？为什么？

（1）物块沿光滑斜面下滑；

（2）物块沿斜面匀速下滑；

（3）跳伞运动员在空中张开降落伞后匀速下落；

（4）物体做自由落体运动。

3. 一个质量为 50 kg 的女孩从山脚到山顶走了 60 m 的距离之后，她的重力势能增加了 9 800 J，求山的竖直高度。

4. 质量为 0.5 kg 的钢球，在离地面 10 m 高处自由下落 1 s 后，它的重力势能减少了多少？当它自由下落到地面时，钢球获得的动能是多大？

练习与应用（Ⅱ）

1. 用 19.6 m/s 的初速度竖直上抛质量为 200 g 的物体，不计空气阻力。求：（1）此物体所能达到的最大高度；（2）当它达到最大高度的一半时，它的动能和势能各是多少？

2. 运动员把铅球举到肩膀上，然后在离地 1.6 m 高处把铅球推出去，使它获得 5 m/s 的斜向上方的初速度，求铅球落地时的速度。

3. 跳水运动是我国体育运动的强项之一，其中高台跳水项目要求运动员从距离水面 10 m 的高台上跳下，在完成空中动作后进入水中。如图 4-3-13 所示，质量为 50 kg 的运动员起跳瞬间重心离高台台面的高度为 1 m，斜向上跳离高台的瞬时速度大小为 3 m/s，跳至最高点时重心离台面的高度为 1.3 m，入水（手刚触及水面）时重心离水面的高度为 1 m，不计空气阻力，$g = 10\ m/s^2$。求：

（1）以水面为零势能面，运动员起跳瞬间具有的重力势能；

（2）从跳离高台瞬间到跳至最高点的过程中，运动员克服重力做的功；

（3）计算运动员入水时的速度大小。

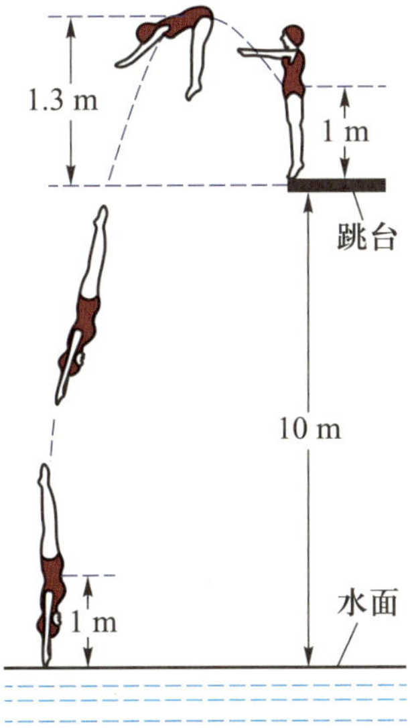

图 4-3-13 高台跳水

4. 图 4-3-14 为上海轻轨“明珠线”某车站的结构示意图，与站台连接的轨道前后都设计有一个长长的斜坡。与同学讨论这种设计的好处是什么？假设站台比轨道高 2 m，试计算一辆以 36 km/h 的速度在轨道上行驶的列车，在关掉动力系统后，还能否冲上站台？

图 4-3-14　上海轻轨“明珠线”某车站的结构示意图

本章思维导图

- **功与能 机械能守恒定律**
  - **功 功率**
    - 功
      - 做功的两个必要因素：作用在物体上的力，在力的方向上发生的位移
      - 公式：$W = F s \cos\theta$
      - 正功和负功：功是标量，功的正负不表示方向
      - 合力做功：$W_{合} = F_{合}s = W_F + W_f + W_G + \cdots$
    - 功率
      - 表示物体做功快慢的物理量，它由物体做功与做这些功所需的时间决定
      - 公式：$P = \frac{W}{t}$
      - 额定功率：机器正常工作时允许的最大输出功率
      - 瞬时功率：机器对外做功的功率$P = Fv$
  - **动能定理**
    - 功与能
      - 能的概念
      - 功是物体能量变化的量度
    - 动能
      - 物体由于运动而具有的能，是状态量
      - 公式：$E_k = \frac{1}{2}mv^2$
      - 标量，只有大小，没有负值，与物体速度方向没有关系
    - 动能定理
      - 公式：$W_{合} = \frac{1}{2}mv^2 - \frac{1}{2}mv_0^2$
      - 揭示了外力对物体所做的总功与物体动能变化的关系
      - 适用于直线运动，也适用于曲线运动；适用于恒力做功，也适用于变力做功
  - **机械能守恒定律**
    - 重力势能
      - 公式：$E_p = mgh$
      - 具有相对性，与零势能面的选取有关
      - 重力做功与重力势能的关系
    - 弹性势能
      - 产生原因：物体发生弹性形变
      - 大小：由物体间的相对位置决定
    - 机械能守恒定律
      - 公式：$\frac{1}{2}mv^2 + mgh = \frac{1}{2}mv_0^2 + mgh_0$
      - 守恒条件：只有重力或弹力做功的情况下，动能和势能发生相互转化

第五章　曲线运动　万有引力定律

前面我们研究了直线运动，但在自然界中，曲线运动比直线运动更常见。本章开始研究自然界中更为普遍、更为复杂的曲线运动。我们将利用运动的合成和分解的方法来研究物体在重力作用下的平抛运动；利用观察和实验的方法，来研究一种典型的曲线运动——匀速圆周运动，并探索质点做匀速圆周运动的条件和向心力的来源；最后讨论对物理学和天文学的发展有着深远影响的万有引力定律以及它在天文学中的应用。

通过本章的学习，你将会进一步认识到牛顿运动定律对不同的机械运动都是适用的，同时还可以掌握研究问题的科学方法。学习这一章要注意联系前面各章的知识。

学习目标

了解匀速圆周运动、线速度、角速度、向心力、向心加速度等概念，理解运动叠加原理、平抛运动、匀速圆周运动的特点及运动的性质，能列举生产、生活中的离心现象并解释其产生的原因。能运用平抛运动、万有引力定律、向心力、向心加速度的公式求解有关问题，解释生产生活中的有关现象，进一步了解物质运动的形式的多样性，发展运动与相互作用的观念，拓展对物理世界的认识和理解。

建构匀速圆周运动等物理模型，提升模型建构能力；运用运动叠加原理研究平抛运动，了解其合运动与分运动的等效性。通过对影响向心力大小因素的探究过程，加深对控制变量的实验方法的认识；了解万有引力定律的发现过程，提升科学推理能力。

通过探究平抛运动、向心力与哪些因素有关等实验，增强动手实践、观察实验、团结协作的能力。了解离心运动、人造卫星的应用，提高技术运用的学科核心素养。

通过认识万有引力定律发现的重要意义，体会科学家们实事求是、坚持真理、勇于创新的科学精神。了解我国航空航天事业取得的伟大成就、航天员的超重耐力训练等，学习中国航天员顽强的意志品质和坚定的信念，增强爱国情怀和民族自豪感。了解离心运动的危害，增强安全意识，提高自我保护的能力。

5.1　平抛运动

观察与思考

轰炸机（图 5-1-1）轰炸地面目标时，总要提前投弹才能命中目标，如果在目标的上方投弹能否命中目标？投掷的炸弹是不是做自由落体运动呢？

图 5-1-1　轰炸机投弹

曲线运动的速度方向　我们可以看到生活中有很多物体的运动轨迹是曲线。轨迹是曲线的运动称为**曲线运动**。

直线运动和曲线运动除了轨迹不同外，还有什么区别呢？我们发现曲线运动中速度方向是时刻改变的。那么，如何确定做曲线运动的物体在任意时刻的速度方向呢？

思考与讨论

如图 5-1-2 所示，仔细观察用砂轮磨削刀具的情形，当刀具与旋转的砂轮接触时，就会看到一束火花沿砂轮边缘的切线方向飞出去。如图 5-1-3 所示，拴在绳子上做圆周运动的小球，如果绳子突然断开，小球将沿曲线的切线方向飞出，说明小球原来的运动方向就是曲线的切线方向。

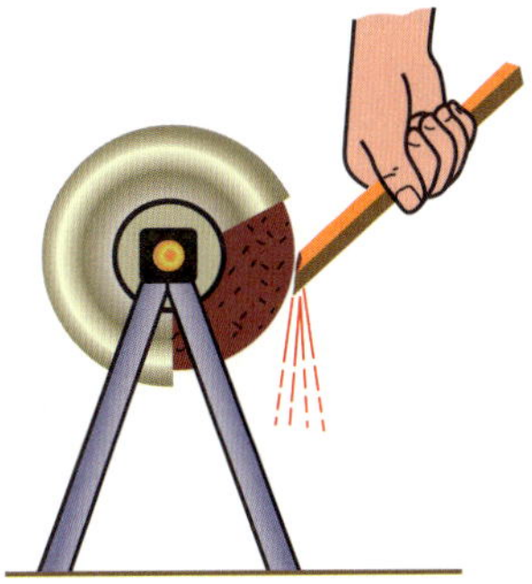
图 5-1-2　用砂轮磨削刀具

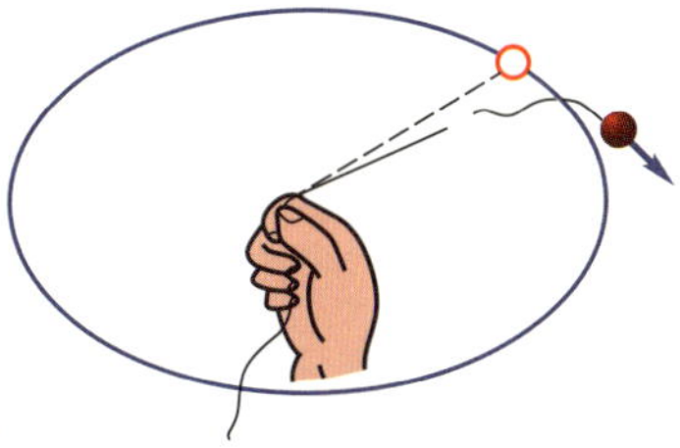
图 5-1-3　小球沿曲线的切线方向飞出

实验事实表明：物体做曲线运动时，速度的方向是时刻改变的，物体在某点的速度方向就是该点的切线方向。我们一起来探究物体做曲线运动的条件。

实验与探究　探究物体做曲线运动的条件

如图 5-1-4 所示，一个小钢球从斜面由静止释放，小钢球在水平面上做直线运动，如果在小钢球运动的路线旁放一块磁铁，小钢球就偏离原来的方向而做曲线运动（图 5-1-5）。

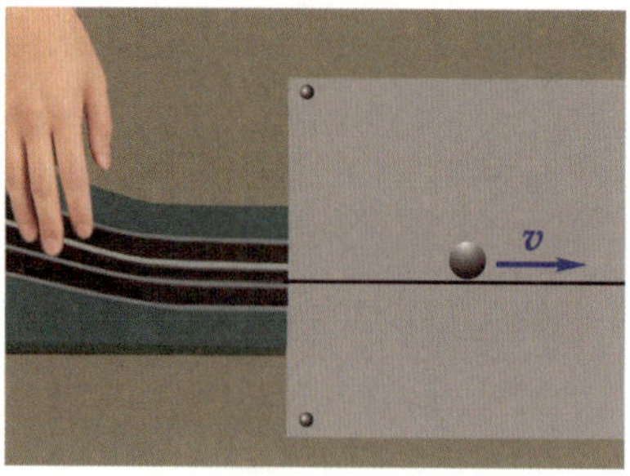

图 5-1-4　钢球做直线运动

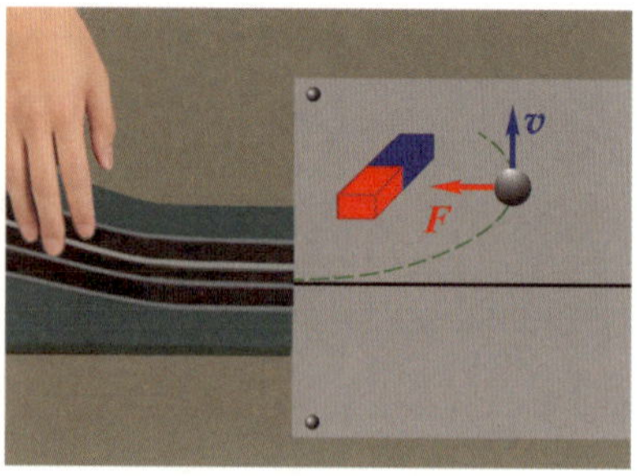

图 5-1-5　钢球做曲线运动

物体做曲线运动的条件　从上述实验可以发现，物体受到的力的方向与速度方向不在一条直线上，而是成一角度。如果合力的方向跟速度方向不在同一条直线上时，产生的加速度就和速度成一夹角，这时，合力就不但可以改变速度的大小，而且可以改变速度的方向，物体就做曲线运动。

由此可见，**物体受到与运动方向成一定角度的力的作用**是物体做曲线运动的条件。

思考与讨论

在流动的河水中，小船的船头垂直指向对岸渡河，小船却不能垂直到达对岸，而是到达对岸下游的某一位置，这是为什么？小船要垂直到达对岸，小船应如何开？

运动叠加原理　如图 5-1-6 所示，假若水静止不流动，而小船在静水中沿 *OB* 方向行驶，那么经过一段时间小船将从 *O* 点运动到 *B* 点；假如小船没有开动，而河水在流动，那么小船将随河水向下游运动，经过一段时间，小船将从 *O* 点运动到 *C* 点。现在小船在流动的河水中行驶，它必然同时参与上述两个运动，小船的实际运动（合运动）可以看成两个分运动的合成（图 5-1-7）。

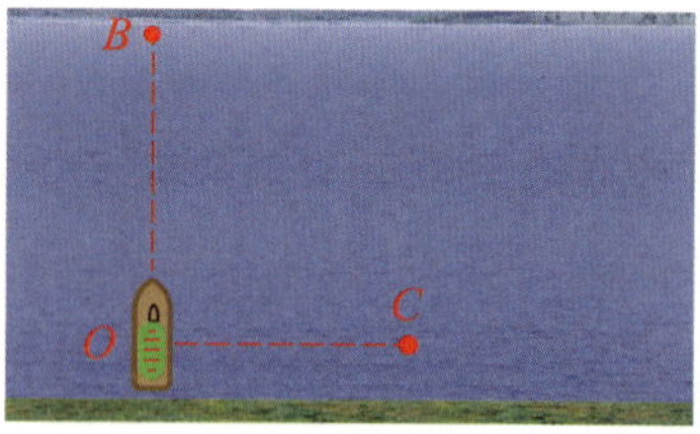

图 5-1-6　小船的运动

如图 5-1-8 所示，在工厂里，吊车工作时，它吊起的货物从 *O* 位置到 *C*

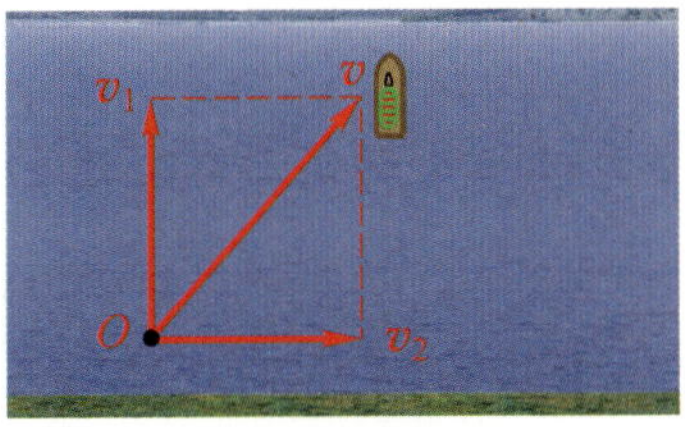

图 5-1-7 小船的实际运动

位置，可以从 $O \to A \to C$，也可直接由 $O \to C$。从 $O \to A \to C$ 运动过程是：吊车不移动，货物在吊绳的作用下先沿竖直方向运动到 A 位置，然后吊绳不上提，吊车向前开，货物沿水平方向运动到 C 位置。货物另一种运动过程是：一方面被竖直向上提升，另一方面同时随吊车作水平移动，它的轨迹是 $O \to C$，如图 5-1-9 所示。吊车在水平方向的运动对它在竖直方向的运动没有影响，吊车在竖直方向上的运动对水平方向上的运动也没有影响。因此，货物从 $O \to C$ 的运动可以看成吊绳向上提和吊车向前开这两种同时进行又互相独立的运动的叠加。

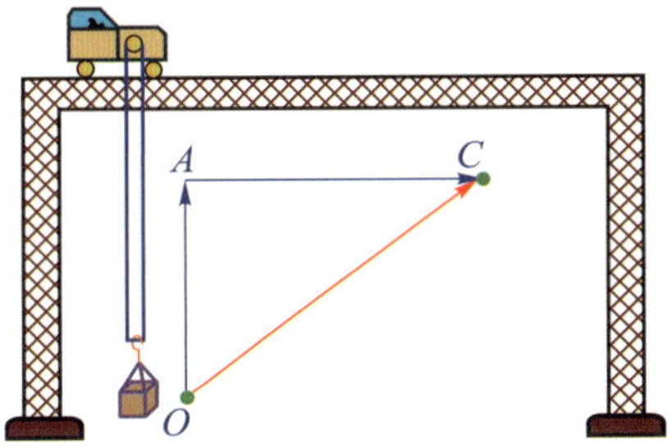

图 5-1-8 吊车的运动

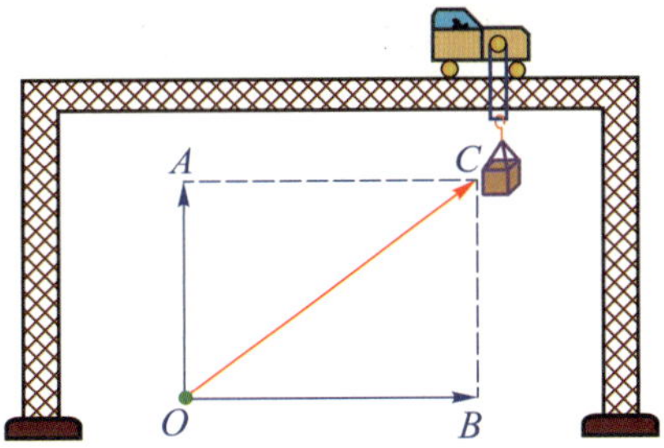

图 5-1-9 吊车的实际运动

大量事实证明：**一个运动可以看成几个同时进行的各自独立运动的叠加（合成）**，这个结论称为**运动的叠加原理**。

思维与方法 运动叠加原理

运动叠加原理告诉我们，一个复杂的运动可以等效为两个简单的运动的合成或等效分解为两个简单的运动。这是解决曲线运动或处理复杂运动的一种重要方法。运动叠加原理在计算机的绘图仪中、电子射线管发射电子等许多生产实践中有广泛的应用。

在实际生活中，我们经常遇到一个物体的运动是它同时参与几种不同运动的结果。例如，我们顺风骑自行车（图 5-1-10），不仅省力，而且骑得快；逆风骑自行车，就费劲得多，这是为什么呢？这是因为骑自行车的实际速度是自行车无风时本身骑行速度和由于风力获得的速度的合成。

平抛运动　以一定的初速度抛出的物体在空中的运动，称为**抛体运动**。**如果不计空气阻力的影响，将物体用一定的初速度沿水平方向抛出，物体只在重力作用下所做的曲线运动称为平抛运动**，如图 5-1-11 所示。

图 5-1-10　骑自行车

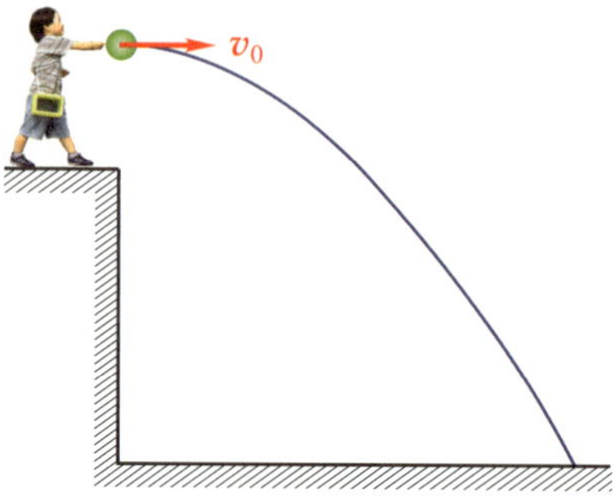

图 5-1-11　平抛运动

判断一个物体是否做平抛运动，要看物体是否符合以下两个条件：

（1）物体具有水平初速度；

（2）物体在运动过程中只受重力作用。

实验与探究　研究平抛运动

图 5-1-12 是研究平抛运动的实验装置。当小锤打击弹性金属片后，红球被水平抛出做平抛运动，与此同时，绿球失去支持做自由落体运动，观察两球的运动轨迹，比较它们落地的时间。分别改变小球距地面的高度和敲击的力度，即改变红球的初速度，观察比较两小球的运动轨迹和落地时间。多次重复这个实验，记录实验现象有什么变化？

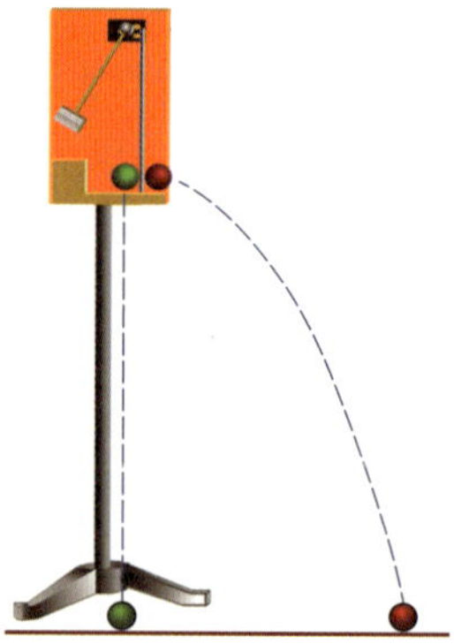

图 5-1-12　平抛运动演示仪

从实验中可以发现，无论实验装置在什么高度，无论平抛小球的水平初速度多大，两球总是同时落地。图 5-1-13 是两球运动过程的闪光照片，该照片是在每隔相等的时间间隔内连续拍摄而成的。从图上可以看出这两个球在相同时刻都处于同一水平位置，即经过相同的时间，做平抛运动的红球在竖直方向上下落的高度与做自由落体运动的绿球下落的高度相同。这说明做平抛运动的物体在竖直方向的运动与自由落体运动相同。平抛小球在水平方向的运动不影响平抛物体在竖直方向上的运动，彼此是独立的。

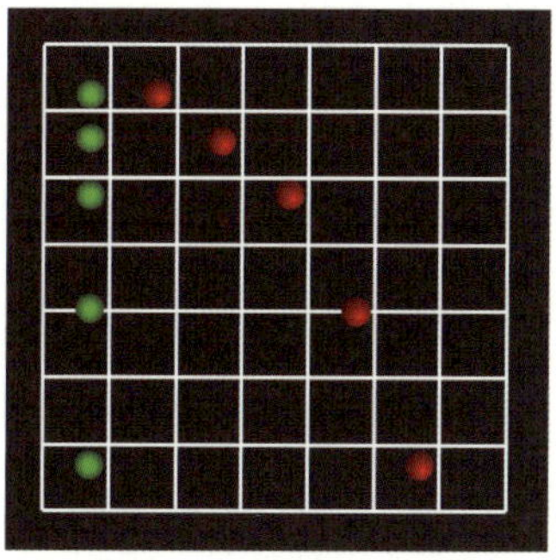
图 5-1-13 平抛运动的闪光照片

仔细测量平抛运动在水平方向通过的距离，可以发现平抛物体在水平方向的运动是匀速运动。

平抛运动的性质 由以上实验得出，**平抛运动可以看成是由水平方向的匀速运动和竖直方向的自由落体运动这两个互相独立的运动的叠加（合成）**。

平抛运动的公式 为了描述平抛运动的位移，我们可以在竖直平面上，建立一个直角坐标系：原点为抛出点，x 轴与初速度 v_0 同向，y 轴正方向竖直向下（图 5-1-14），于是平抛物体经过一段时间 t 通过的水平距离 x 和下落的高度 y 分别为

$$x = v_0 t$$

$$y = \frac{1}{2} g t^2$$

由上式可得

$$y = \frac{g}{2v_0^2} x^2$$

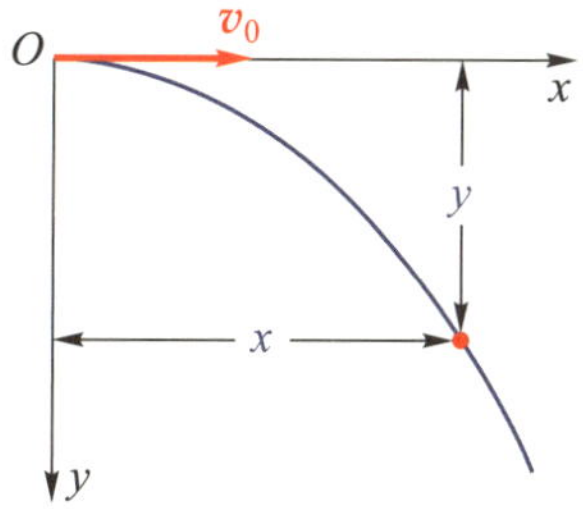

图 5-1-14 平抛运动轨迹

y 为 x 的二次函数，平抛运动的轨迹为一条抛物线。物体在运动过程中，加速度 g 的大小和方向始终保持不变。

【例题 1】 在 490 m 高空以 150 m/s 的速度水平飞行的轰炸机，要击中地面上 A 处的目标，需在离目标的水平距离为多远时提前投弹？（空气阻力不计）

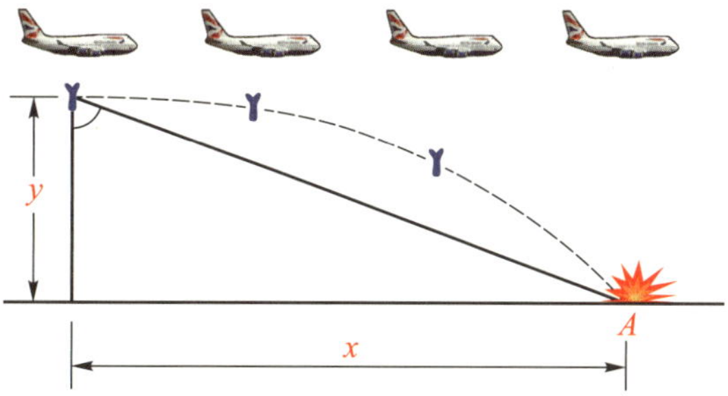

图 5-1-15 飞机高空投弹

分析： 炸弹以飞机水平飞行的速度做平抛运动，如图 5-1-15 所示。由于

炸弹在水平方向上运动，与它在竖直方向上运动是在同一时间内进行的，所以时间相等。

解： 因为炸弹做平抛运动，所以

$$x=v_0t=v_0\sqrt{\frac{2y}{g}}=150\times\sqrt{\frac{2\times490}{9.8}}\ \mathrm{m}=1\,500\ \mathrm{m}$$

轰炸机须在离目标水平距离 1 500 m 处提前投弹才能击中目标。

【例题 2】 如图 5-1-16 所示，为测量玩具枪子弹速度，使两纸屏相距 $x=1.8$ m，从水平方向对第一块纸屏开枪后，测得第二块纸屏上所穿的孔，比第一块纸屏的孔低 $y=1.8$ cm，求子弹的初速度（取 $g=10\ \mathrm{m/s^2}$）。

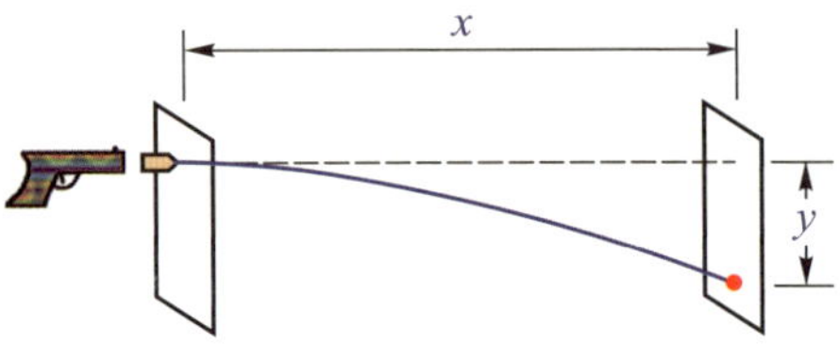

图 5-1-16 测量子弹速度

解： 子弹的运动可以看成是平抛运动。由 $y=\frac{1}{2}gt^2$ 可知子弹飞行的时间为

$$t=\sqrt{\frac{2y}{g}}=\sqrt{\frac{2\times0.018}{10}}\ \mathrm{s}=0.06\ \mathrm{s}$$

子弹的初速度为

$$v_0=\frac{x}{t}=\frac{18}{0.06}\ \mathrm{m/s}=30\ \mathrm{m/s}$$

实践与探索

根据你学过的平抛运动的知识，用卷尺可以简单地测出小钢球（或玻璃球）做平抛运动的初速度。把小钢球放在课桌边，用手弹出小钢球，使它做平抛运动（图 5-1-17）。测出课桌的高度和小球通过的水平距离，即可算出小钢球的初速度。这是为什么？请课后测量小钢球的初速度。

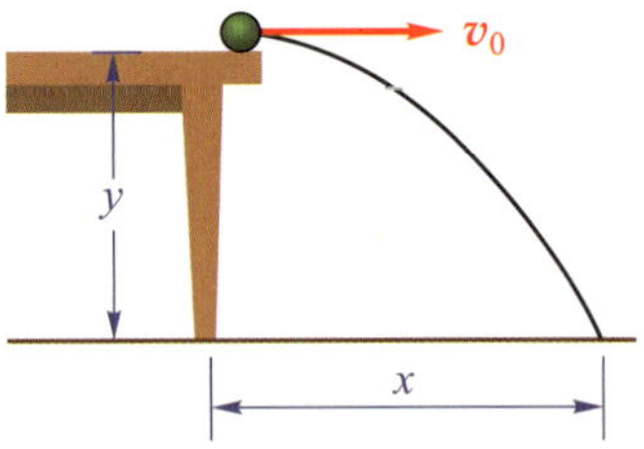

图 5-1-17 测量小钢球的速度

练习与应用（Ⅰ）

1. 在匀速前进的火车内，一乘客在窗口释放一小球，在忽略阻力的情况下，乘客看到小球做什么运动？站在地面上的人看到小球在做什么运动？

2. 从同一高处，同时以不同的水平速度抛出两个质量不同的物体，不计空气阻力，则（　　）。

A. 质量大的物体先着地　　B. 速度大的物体先着地

C. 速度小的物体先着地　　D. 两个物体同时着地

3. 如图 5-1-18 所示，在中国飞镖联赛中某参赛选手将一枚飞镖从高于靶心的位置水平投向竖直悬挂的靶盘，结果飞镖打在靶心的正上方。忽略飞镖运动过程中所受空气阻力，在其他条件不变的情况下，为使飞镖命中靶心，他在下次投掷时应该（　　）。

A. 换用质量稍大些的飞镖　　B. 到稍近些的地方投飞镖

C. 适当减小投飞镖的高度　　D. 适当增大投飞镖的初速度

图 5-1-18　飞镖比赛

4. 在同一高度沿同一方向同时水平抛出两个小球，它们初速度之比为 2 : 1，不计空气阻力，则它们落地时间和水平位移之比是多少？

练习与应用（Ⅱ）

1. 动手尝试如图 5-1-19 所示的小实验。倒置的饮料瓶内装有水，瓶塞内插着两根两端开口的细管，其中一根弯成水平，加上一个很细的喷嘴。观察水平喷出的细水柱的轨迹。要使稳定的细水柱显示出平抛运动的轨迹，竖直管上端 A 与水面位置有什么关系？

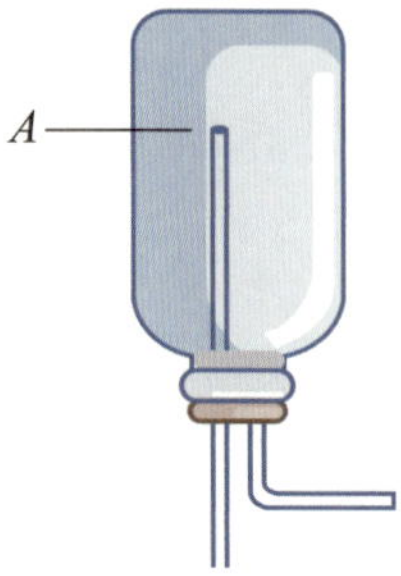

图 5-1-19　小实验

2. 正在进行杂技表演的汽车从高台水平飞出，在空中运动后着地，一架照相机通过多次曝光，拍摄得到汽车在着地前后一段时间内的运动照片如图 5-1-20 所示（虚线为正方形格子）。已知汽车长度为 3.6 m，相邻两次曝光的时间间隔相等，由照片可推算出汽车离开高台时的瞬时速度大小为多少？（g 取 10 m/s^2）

3. 摩托车跨越表演是一项惊险刺激的运动，受到许多极限运动爱好者的喜爱。假设在一次跨越河流的表演中，摩托车离开平台时的速度为 24 m/s，成功落到对面的平台上，测得两岸平台高度差为 5 m，如图 5-1-21 所示。若飞越中不计空气阻力，摩托车可以近似看成质点，g 取 10 m/s^2，求摩托车在空中的飞行时间、落地前瞬间的速度大小。

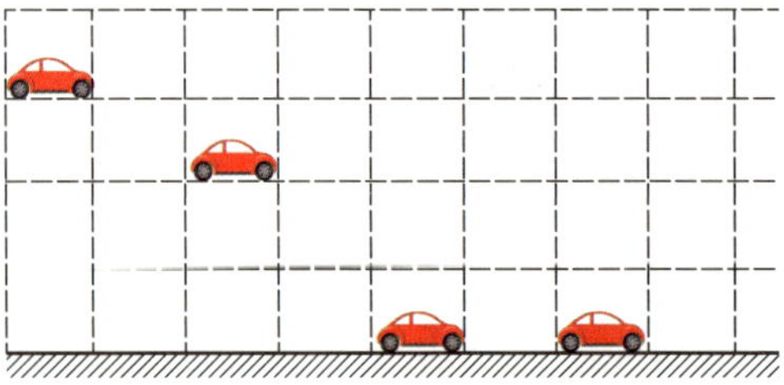

图 5-1-20　汽车从高台水平飞出

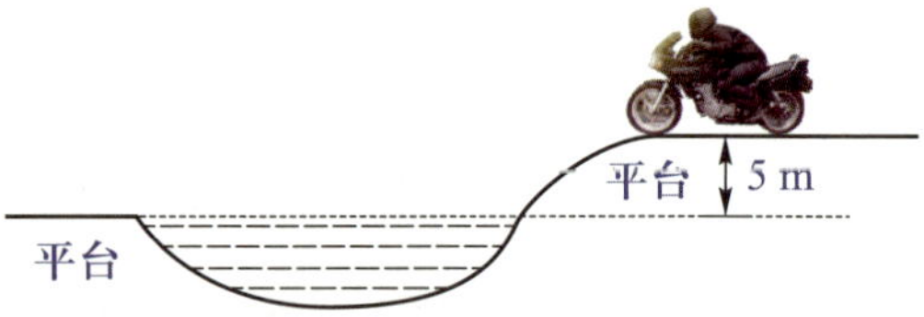

图 5-1-21　摩托车跨越表演

4. 高台跳雪（图 5-1-22）是 2022 年北京冬奥会的比赛项目之一。两名跳雪运动员 a、b（可视为质点）从雪道末端先后沿水平方向向左飞出，初速度之比 $v_a:v_b=1:3$，示意图如图 5-1-23 所示。不计空气阻力，则两名运动员从飞出至落到雪坡（可视为斜面）上的整个过程中，他们飞行时间之比、水平位移之比为多少？

图 5-1-22 高台跳雪

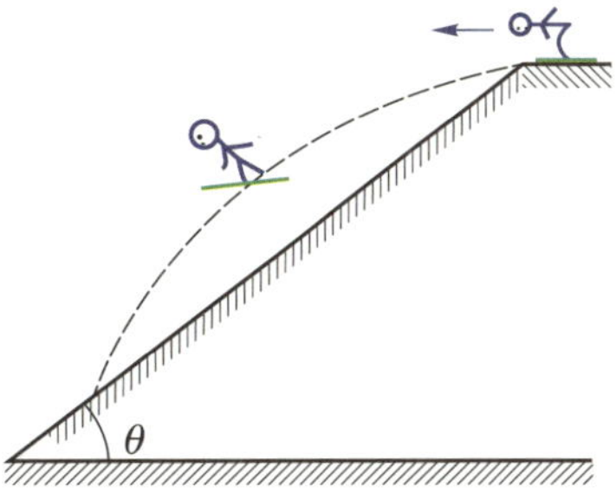

图 5-1-23 高台跳雪示意图

5.2 匀速圆周运动

观察与思考

如图 5-2-1 所示，钟表指针上各点做什么运动？电风扇的风叶稳定转动时（图 5-2-2），各点做的又是什么运动？可以用哪些物理量来描述它运动的快慢？

图 5-2-1 钟表

图 5-2-2 电风扇

匀速圆周运动 圆周运动是一种常见的周期性运动，在圆周运动中，最简单的是匀速圆周运动。**质点沿圆周运动时，如果在任意相等的时间里通过的弧长都相等**，这种运动就称为**匀速圆周运动**。例如，电动机转子上各点（轴线各点除外）的运动、月球和人造卫星绕地球旋转都可近似看成匀速圆周运动。

描述匀速圆周运动的物理量 怎样描述匀速圆周运动的快慢呢？下面介绍描述匀速圆周运动的几个物理量。

周期 **质点沿圆周运动一周所用的时间**称为**周期**。周期用 T 表示，其国际制单位是 s（秒）。

频率　**质点沿圆周运动的周数跟运动所用时间的比值**称为**频率**。它在数值上等于**质点在 1 s 内运动的周数**。频率用 f 表示，其国际制单位是 Hz（赫兹，简称赫），$1\ \text{Hz}=1\ \text{s}^{-1}$。

周期和频率都是描述质点做匀速圆周运动快慢的物理量。T 越小或 f 越大表示质点转动得越快。因此周期 T 和频率 f 之间的关系为

$$T=\frac{1}{f}\quad 或 \quad f=\frac{1}{T}$$

物体转动时，轴线外各点的周期或频率都相同。钟表上的秒针各点的周期是 60 s，分针上各点的周期是 3 600 s。

质点在单位时间内转过的周数又称转速，用 n 表示。在工程技术上，常用我国法定计量单位 r/min（转 / 分）作为 n 的单位。n 和 f 的关系是

$$n=60f\ (\text{r/min})\quad 或 \quad f=\frac{n}{60}\ (\text{Hz})$$

线速度　做匀速圆周运动的快慢也可以用线速度来表示。**做匀速圆周运动的质点通过的弧长 s 和通过这段弧长所用时间 t 的比值**称为匀速圆周运动的**线速度**。因为质点在半径为 R 的圆周上运动一周时，所通过的弧长为 $2\pi R$，所用时间为 T，所以，线速度的大小为

$$v=\frac{s}{t}=\frac{2\pi R}{T}=2\pi Rf$$

观察在泥泞道路上启动的摩托车（图 5-2-3）时，车轮溅起的泥浆沿车轮边缘的切线方向飞出；砂轮打磨工件产生的火花（图 5-2-4）沿砂轮边缘的切

图 5-2-3　启动摩托车

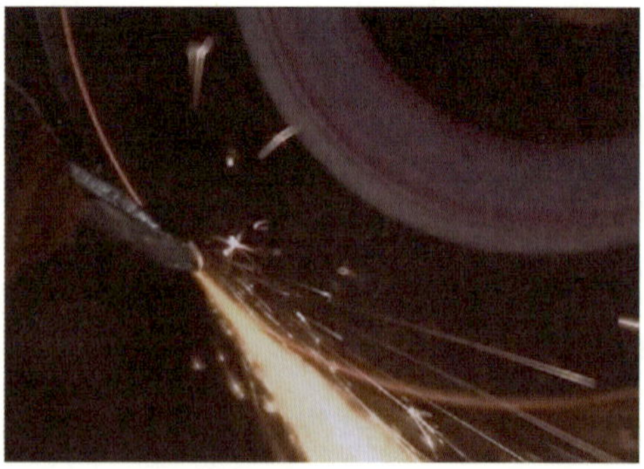

图 5-2-4　火花飞出

线方向飞出；下雨天旋转雨伞时，伞边缘的水滴离开伞面时沿切线方向飞出。

质点在圆周某一点的线速度方向，正好是该点的切线方向，并指向质点前进的一侧（图 5–2–5）。可见，在匀速圆周运动中，质点线速度大小虽然不变，但方向却时刻在改变着，因此，匀速圆周运动是一种变速运动。这里“匀速”二字，仅指速率不变而已。

角速度　物体转动的时候，物体上各点都绕轴做圆周运动，图 5–2–6 中 A 是圆周上一点，在时间 t 内，质点从 A 点运动到 B 点所转过的角度为 φ。显然质点运动得越快，在单位时间内半径转过的角度也越大。匀速圆周运动的快慢也可以用转过的角度 φ 与所用时间 t 的比值来表示。

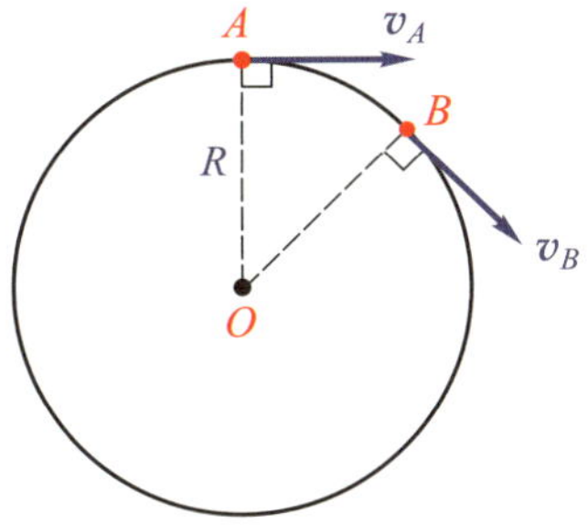

图 5–2–5　线速度的方向

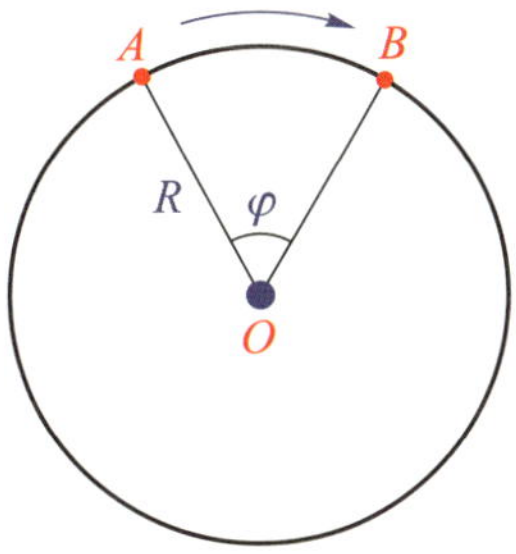

图 5–2–6　圆周运动

在匀速圆周运动中，连接质点和圆心的半径所转过的角度 φ 跟所用时间 t 的比值，称为**匀速圆周运动的角速度**。角速度用字母 ω 表示，质点转过一周时，半径转过 2π 弧度，所用时间为 T，角速度 ω 的大小为

$$\omega=\frac{\varphi}{t}=\frac{2\pi}{T}=2\pi f=\frac{2\pi n}{60}$$

在国际单位制中，角速度的单位是 rad/s（弧度 / 秒）。

由上式可知，物体转动时，轴线外各点的角速度都是相同的，但轴线外各点的线速度一般不相同。它和半径 R，即质点到轴线的距离有关。线速度和角速度的关系为

$$v=\omega R \quad 或 \quad \omega=\frac{v}{R}$$

思考与讨论

如图 5-2-7 所示，航天员王亚平在中国空间站授课时，拿出一个黄色陀螺，让其高速旋转起来，放手后用手轻轻一推，旋转的陀螺保持摇晃向前奔去，显示其很好的定轴性、稳定性，如果在某段时间陀螺做匀速圆周运动，陀螺上各点的角速度、线速度的大小相同吗？

图 5-2-7　陀螺试验

机械中的传动现象　传动是机械设备中最常见的运动形式，转速的改变，大都是依靠传动得以实现的，在机械传动中，主要有皮带传动和齿轮传动两种。

在常见的皮带传动中（图 5-2-8），若皮带不打滑，则两个轮缘上的线速度相同。由于两轮半径不同，两轮转动的角速度也就不同，从而实现转速的改变。

$$v_1=v_2,\quad \omega_1R_1=\omega_2R_2$$

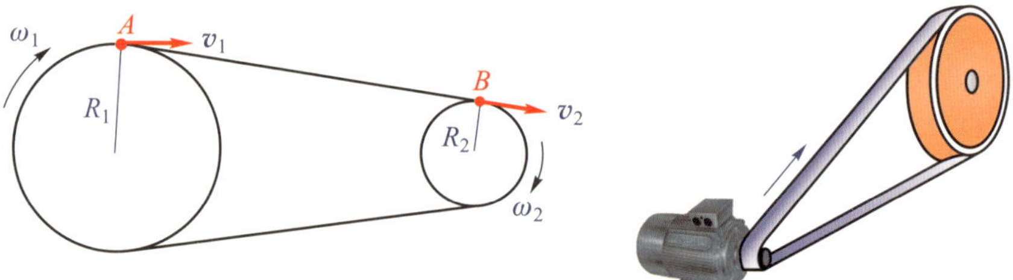

图 5-2-8　皮带传动

齿轮传动（图 5-2-9）是机械设备中最常用的传动装置，通过改变两个齿轮的齿数比，来改变传递速度。汽车的变速箱、普通机床的主传动系统及各种机械设备中的减速器等都是通过多级齿轮来实现变速的。自行车链条传动（图 5-2-10）也是利用这个原理进行变速的。

【例题 1】已建成的中国载人空间站（简称中国空间站），使中国空间科学研究进入世界先进行列，为人类文明发展进步作出了重要贡献。中国空间站

图 5-2-9　齿轮传动

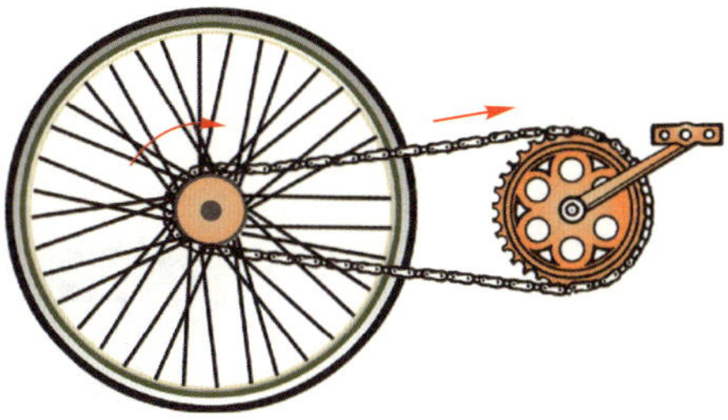

图 5-2-10　自行车链条传动

（图 5-2-11）在高度约 400 km 的近圆轨道上飞行时，可近似认为它绕地球做匀速圆周运动，绕地球一圈约 90 min。已知地球平均半径约为 6 371 km，估算中国空间站运行的线速度和角速度的大小。

图 5-2-11　中国空间站在轨飞行

分析： 中国空间站做匀速圆周运动的半径，是地球的半径加上中国空间站距地面的高度，即 $R=(6.371\times10^6+4\times10^5)\ \text{m}=6.771\times10^6\ \text{m}$，$T=90\ \text{min}=5.4\times10^3\ \text{s}$。

解： 根据公式，中国空间站运行的线速度

$$v=\frac{2\pi R}{T}=\frac{2\times3.14\times6.771\times10^6}{5.4\times10^3}\ \text{m/s}\approx7.87\times10^3\ \text{m/s}$$

中国空间站运行的角速度

$$\omega=\frac{v}{R}=\frac{7.87\times10^3}{6.771\times10^6}\ \text{rad/s}\approx1.16\times10^{-3}\ \text{rad/s}$$

【例题 2】 图 5-2-12 是某机床厂的立式车床，加工小型零件，钻孔直径有

2 mm、4 mm、15 mm、20 mm 等多种规格，若主轴转速为 1 450 r/min，则主轴的角速度是多少？最大钻孔边缘某一点的线速度是多少？

图 5-2-12　车床加工零件

解： 最大钻孔直径为 20 mm，则半径为 0.01 m。

主轴的角速度

$$\omega=\frac{2\pi n}{60}=\frac{2\times3.14\times1450}{60}\ \text{rad/s}\approx151.8\ \text{rad/s}$$

最大钻孔边缘某一点的线速度

$$v=\omega R=151.8\times0.01\ \text{m/s}=1.518\ \text{m/s}$$

技术应用　航天员的超重耐力训练

超重耐力训练是指在载人离心机上，模拟航天器的起飞、入轨、返回的超重环境，以提高航天员对超重高过载值的耐受能力，并且掌握在此条件下对航天器的操作技能。

航天员训练用的离心机拥有一个巨型旋转臂（图 5-2-13），最长可达 18 m，可产生 13 倍重力加速度的过载，模拟超重环境，以训练航天员的适应性。图 5-2-14 所示为航天员在离心机内进行超重训练，航天员在每次训练时，往往会出现脸部肌肉变形，眼泪横流，呼吸困难的情况。虽然火箭升空只要承受 4 倍重力加速度的过载，但在平时的训练中要求航天员在承受 8 倍重力加速度过载的条件下，仍然保持正常的思维能力，按规定完成各种技术动作，航天员训练的艰苦可想而知。中国航天员用忠诚和信念绘就了中国载人航天的奋斗壮景，用热血和汗水浇铸出中华民族征战太空的逐梦轨迹。

图 5-2-13 离心机旋转臂

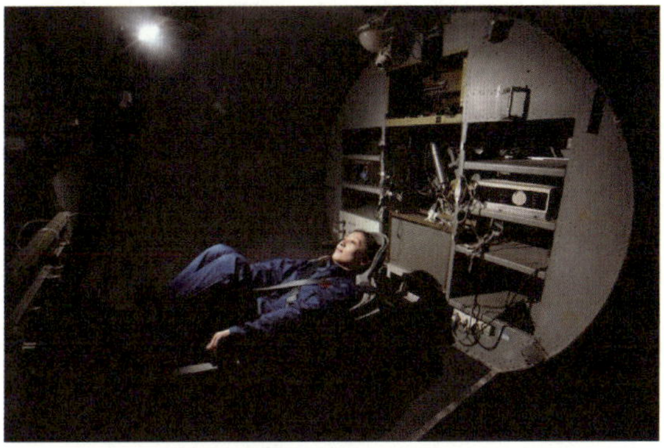

图 5-2-14 航天员在超重训练

行为与责任

中国航天员有着坚强的意志品质，他们能在艰难条件下甚至在逆境中能取得优异成绩。这对航天员的健康成长和我国航天事业的成功起着关键作用，值得我们学习。

练习与应用（Ⅰ）

1. 对于做匀速圆周运动的物体上各点（轴线除外），下列哪些说法是正确的？为什么？

（1）角速度不变；（2）周期不变；（3）线速度不变；

（4）转速不变；（5）线速度大小不变。

2. 绕定轴匀速转动的物体，下列说法正确的是（　　）。

A. 各点转动的角速度不相等

B. 各点转动的周期不相等

C. 各点转动的频率（转速）不相等

D. 半径不相等的各点运动的线速度不相等

3. 如图 5-2-15 为一压路机的示意图，其大轮半径是小轮半径的 1.5 倍。A、B 分别为大轮和小轮边缘上的点，在压路机前进时（　　）。

A. A、B 两点的线速度之比为 $v_A:v_B=2:3$

B. A、B 两点的线速度之比为 $v_A:v_B=3:2$

C. A、B 两点的角速度之比为 $\omega_A:\omega_B=3:2$

D. A、B 两点的线速度之比为 $v_A:v_B=1:1$

4. 如图 5-2-16 所示，自行车轮子边缘上有一点 A，轮子上另一点 B 到轴的距离是轮半径的 $\frac{2}{3}$，则 A、B 两点在做圆周运动时的角速度之比为 $\omega_A:\omega_B=$______，线速度之比是 $v_A:v_B=$______。

图 5-2-15　压路机的示意图

图 5-2-16　自行车轮子

练习与应用（Ⅱ）

1. 电动机的转速是 1 440 r/min，转轮上某质点做匀速圆周运动，运动半径为 0.1 m，则它的角速度和线速度各是多少？

2. 人造地球卫星绕地球的运动可近似看作匀速圆周运动。若卫星离地面高度为 9×10^5 m，绕地球一周的时间是 100 min，求卫星运动的线速度（设地球半径为 6.4×10^6 m）。

3. 地球赤道处的半径为 6.4×10^3 km，地球自转周期是 24 h，求赤道上某一质点随地球自转的线速度和角速度。

4. 如图 5-2-17 所示，两轮互相压紧，通过摩擦力传递转动（两轮之间无相对滑动）。如果大轮半径为

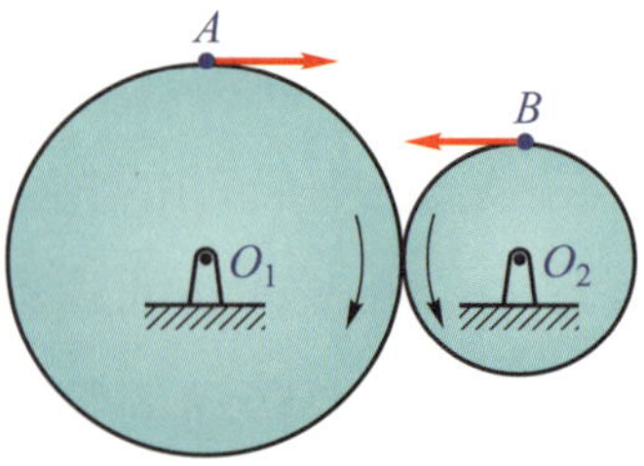

图 5-2-17　两轮转动

20 cm，小轮半径为 10 cm，A、B 两点线速度之比是多少？两轮角速度之比是多少？转速之比是多少？

5.3 向心力 向心加速度

观察与思考

图 5-3-1 是游乐园中或影视中常见的翻滚过山车。当翻滚过山车在几十米的高空倒悬时，乘坐的人总是有惊无险。你想一想，为什么以一定的速度通过轨道顶端过山车不会掉下来呢？如果降低运动速度，过山车会不会更安全一些？

图 5-3-1 翻滚过山车

向心力 如图 5-3-2 所示，我们用细绳拴住一个小球，使它在光滑的水平桌面上做匀速圆周运动，实验时，我们会感觉到手在拉紧绳子，也就是说有一个沿绳子方向的拉力作用在小球上，这个拉力显然与小球线速度方向垂直而指向圆心。如果松开手，小球失去拉力，就会沿着圆周切线的方向飞去。要使小球做匀速圆周运动条件是：始终给小球一个与线速度方向垂直、沿半径指向圆心的力。

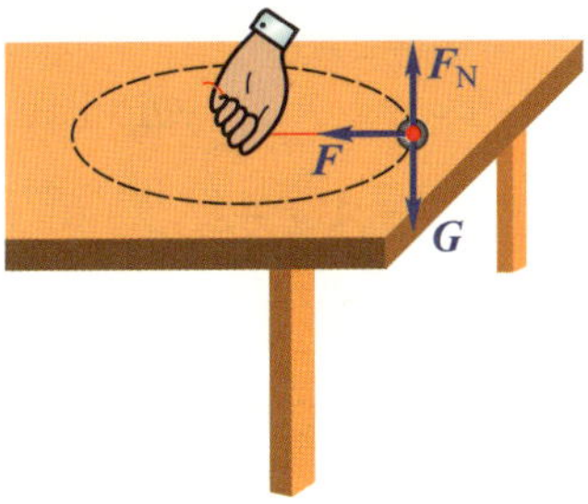

图 5-3-2 小球做匀速圆周运动的受力情况

要使物体做圆周运动，必须始终给物体一个与线速度方向垂直、沿半径指向圆心的力，这个力称为**向心力**。

因为向心力的方向与线速度的方向始终垂直，所以向心力不改变线速度的大小，只改变线速度的方向。

向心力的大小与哪些因素有关呢？我们通过实验观察到，小球所需的向心力的大小 F 跟物体的质量 m、圆周运动半径 R 和线速度 v 有关系。下面我们用向心力演示器来研究向心力 F 与质量 m、线速度 v、圆周半径 R 的关系。

实验与探究　探究向心力的大小与哪些因素有关

如图 5-3-3 是向心力演示器。首先将质量相等的两个钢球分别放在距离相等的两旋臂上。均匀摇动转动皮带轮，使两球做圆周运动，无论转速快慢，两根示力标尺的示数应相等。

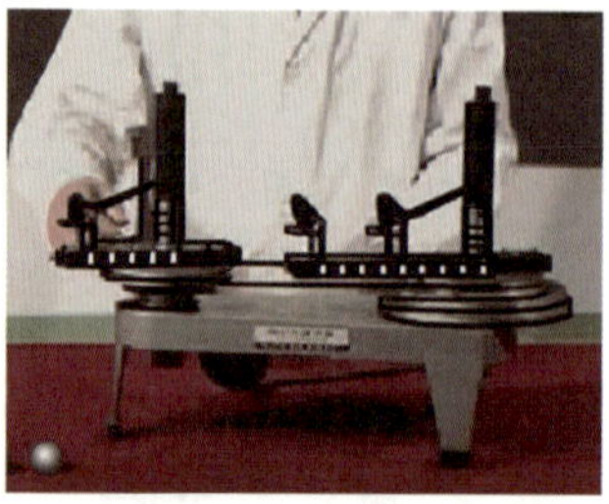

图 5-3-3　向心力演示器

（1）研究向心力 F 与质量 m 的关系。把一个质量为 m_1 的塑料球和质量为 m_2 的钢球分别放在短臂的尽头和长臂的中间，使两球的旋转半径相同，即 $R_1=R_2$，$m_1:m_2=1:2$，并使两球的线速率相等，通过比较得出两个做匀速圆周运动的小球所需的向心力之比 $F_1:F_2=1:2$。

实验证明，当质点线速率 v 和半径 R 不变时，质点所需的向心力 F 与质点的质量 m 成正比，即

$$F\propto m\text{（保持 }v\text{ 和 }R\text{ 不变）}$$

（2）研究向心力 F 与线速率 v 的关系。把质量相等的两个钢球分别放在短臂的尽头和长臂的中间，使 $R_1=R_2$，$m_1=m_2$，改变两钢球的线速率，使 $v_1:v_2=1:2$，通过比较得出两个做匀速圆周运动的小球所需的向心力之比 $F_1:F_2=1:4$。

实验证明，当质点质量 m 和半径 R 不变时，质点所需的向心力 F 与其线速率 v 的二次方成正比，即

$$F\propto v^2\text{（保持 }m\text{ 和 }R\text{ 不变）}$$

（3）研究向心力 F 与半径 R 的关系。把质量相等的两个钢球分别放在短臂的尽头和长臂的尽头，使 $m_1=m_2$，$v_1=v_2$，$R_1:R_2=1:2$，通过比较得出两个做匀速圆周运动的小球所需的向心力之比 $F_1:F_2=2:1$。

实验证明，当质点质量 m 和线速率 v 不变时，质点所需的向心力 F 与旋转半径 R 成反比，即

$$F\propto\frac{1}{R}\text{（保持 }m\text{ 和 }v\text{ 不变）}$$

我们从上述实验可以得出以下结论：质量为 m 的质点，以速度 v 做半径为 R 的匀速圆周运动时（图 5-3-4），所需的向心力为

$$F = m\frac{v^2}{R}$$

因 $v=\omega R$，所以向心力公式又可表示为

$$F = m\omega^2 R$$

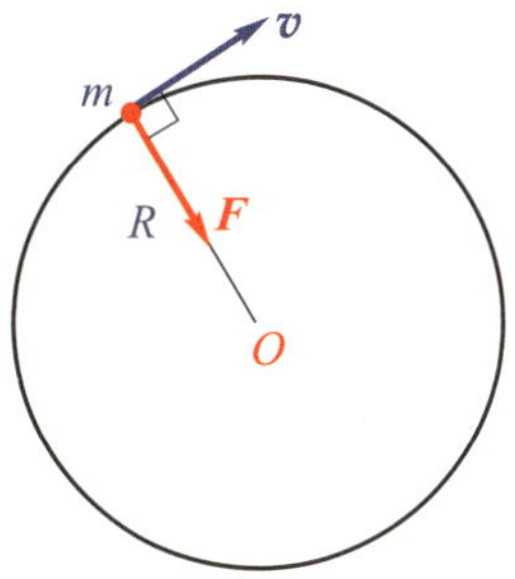

图 5-3-4 向心力

应当指出：“向心力”只是根据力的作用效果而命名的，并不是一种新类型的力。下面我们通过具体例子说明向心力的来源。

（1）月球（或人造地球卫星）绕地球运动可近似看作匀速圆周运动（图 5-3-5），则月球（或人造地球卫星）所需的向心力就是地球对月球（或人造地球卫星）的引力。

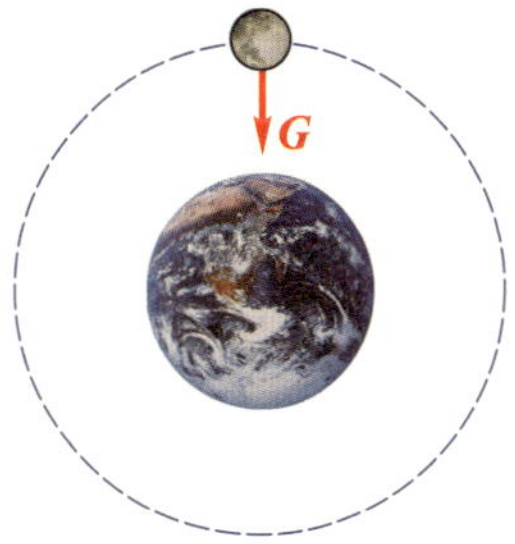

图 5-3-5 引力提供向心力

（2）用细绳拴着的小球在光滑的水平桌面上做匀速圆周运动，绳子的拉力 F（即弹力）提供向心力。

（3）汽车在水平的道路上拐弯时（图 5-3-6），如果没有摩擦力，汽车就会滑出路面，此时摩擦力 F_f 可提供汽车做圆周运动所需的向心力。

（4）在火车转弯的地方铺设铁轨时，总是使外轨适当高一些，使路面向圆心一侧倾斜一个很小的角度，这时火车所受的支持力 F_N 不再与重力 G 平衡，它们的合力 F 指向圆心，这个合力就是火车转弯时所需的向心力，如图 5-3-7 所示。

图 5-3-6 摩擦力提供向心力

图 5-3-7 合力提供向心力

由此可见，引力、弹力、摩擦力或者它们的合力都可以提供向心力。

向心加速度　做圆周运动的物体，在向心力 F 的作用下，必然要产生加速度。**由向心力产生的加速度**称为**向心加速度**。

根据牛顿第二定律，这个加速度的方向与向心力的方向相同，总是指向圆心。向心加速度的大小为

$$a=\frac{v^2}{R} \text{ 或 } a=\omega^2 R$$

对于某一确定的匀速圆周运动来说，m、R、v、ω 的大小都不变，所以向心力和向心加速度的大小是不变的，但向心力和向心加速度的方向时刻在改变。所以匀速圆周运动是一种**变速运动**。

向心力和向心加速度的公式虽然是从匀速圆周运动得出的，但也适用于一般的圆周运动。一般的圆周运动，速度的大小有变化，所以向心力和向心加速度的大小也随之变化，利用公式求质点在圆周的某一点时的向心力和向心加速度的大小时，必须用该点的瞬时速度值。

【例题 1】如图 5-3-8 所示，电动机每分旋转 3 000 转，它的转动轮上距轴 10 cm 的地方附有质量为 2 g 的质点，试求：（1）该质点所需的向心力；（2）该质点的向心加速度。

图 5-3-8　电动机

解：（1）电动机转动的频率

$$f=\frac{n}{60}=\frac{3\,000}{60}\text{ Hz}=50\text{ Hz}$$

质点做匀速圆周运动所需的向心力

$$\begin{aligned}F&=m\omega^2R=m(2\pi f)^2R=4\pi^2f^2mR\\&=4\times3.14^2\times50^2\times0.002\times0.1\text{ N}\approx19.72\text{ N}\end{aligned}$$

（2）质点的向心加速度

$$a=\frac{F}{m}=\frac{19.72}{0.002}\text{ m/s}^2=9.86\times10^3\text{ m/s}^2$$

【例题 2】飞机在竖直平面内做圆周运动，半径为 250 m。如果飞行员的质

量为 70 kg，飞机经过圆周最低点的速度是 80 m/s，求这时飞行员对座位的压力。

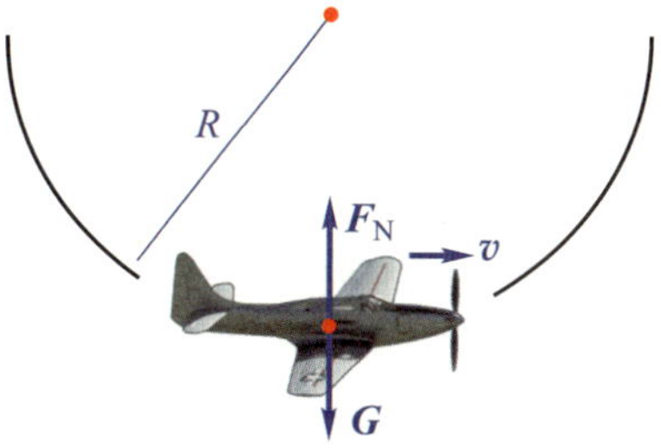

图 5-3-9 飞机做圆周运动

分析： 飞机在圆周最低点时，飞行员受到竖直向下的重力 G 和座位对他竖直向上的支持力 F_N，如图 5-3-9 所示，两力的合力提供飞行员所需的向心力。

解： 飞行员在最低点时所受重力和支持力的合力（$F_{合}=F_N-G$）提供了飞行员所需的向心力，即

$$F_N-G=m\frac{v^2}{R}$$

$$F_N=G+m\frac{v^2}{R}=\left(70\times10+70\times\frac{80^2}{250}\right)\text{N}=2492\ \text{N}$$

根据牛顿第三定律，飞行员对座位的压力大小为 2 492 N，方向向下。

实践与探索

让尼龙线穿过圆珠笔杆，绳的一端拴一块小橡皮，另一端拴在弹簧秤上，如图 5-3-10 所示。握住笔杆，使橡皮平稳旋转。橡皮可近似地看作在水平面上做匀速圆周运动。这时，橡皮做匀速圆周运动所需的向心力可近似认为是尼龙线的拉力（重力的方向几乎跟绳的拉力方向垂直，可以略去不计），这个向心力的大小可以从弹簧秤上读出，当保持圆周半径不变时，加快旋转，观察向心力怎样变化？保持角速度不变，改变圆周半径，观察向心力怎样变化？

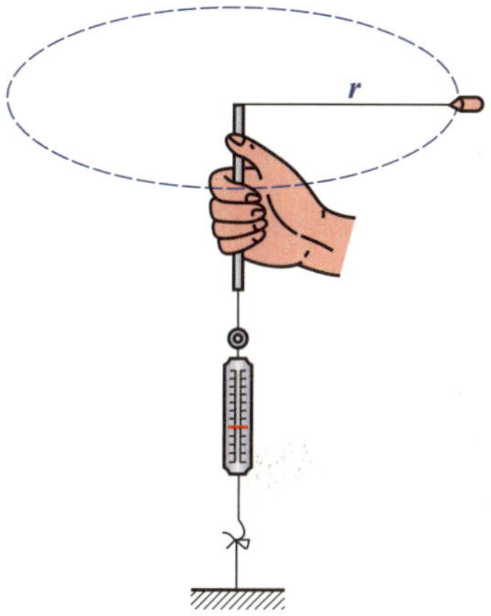

图 5-3-10 探究向心力与什么因素有关

技术应用 离心运动的应用与危害

离心运动 我们知道，做匀速圆周运动的物体，所需的向心力应满足 $F=m\frac{v^2}{R}$。

如果物体的线速度（或角速度）增大，或者物体受到的向心力变小了，即 $F<m\frac{v^2}{R}$，那么，物体将不能在原来的圆周上运动，要逐渐远离圆心而去；如果物体所需要的向心力突然消失，即 $F=0$，那么，由于惯性物体将沿切线方向飞出去，如图 5-3-11 所示。

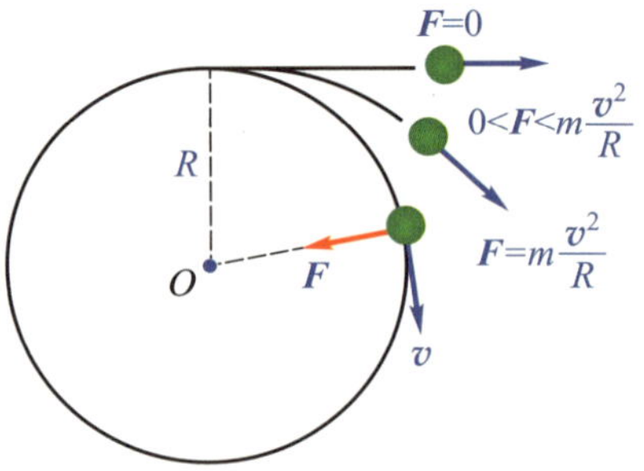

图 5-3-11　圆周运动和离心运动条件

做匀速圆周运动的物体，在向心力不足或向心力突然消失时，所做的逐渐远离圆心的运动，称为**离心运动**。

离心运动的应用　离心运动在工程技术中有着广泛的应用，利用离心运动制造的机械，称为**离心机械**，例如，离心干燥器，它是用来甩掉湿物体中水分的装置，洗衣机的脱水筒（图 5-3-12）就是应用离心运动的原理甩干衣物。离心分液器（图 5-3-13）是分离浑浊液体中固体微粒或分离两种密度不同的混合液体的装置，把含有固体微粒的浑浊液体装入试管中，然后把试管放在能够转动的支架上，高速旋转支架，试管就跟着高速旋转，由于固体微粒密度大，会很快集中在试管底部，这样就可把固体微粒和液体分离开来。离心式水泵（图 5-3-14）、离心球磨机等都是利用离心运动的原理工作的。

图 5-3-12　脱水筒

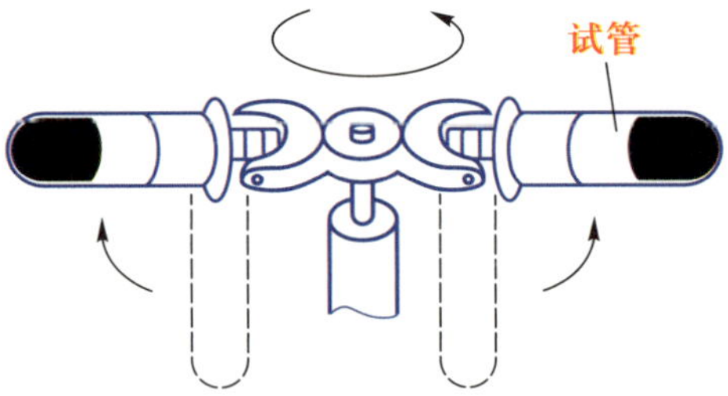

图 5-3-13　离心分液器

图 5-3-14　离心式水泵

离心现象的危害与防止　离心现象虽然有着广泛的应用，但有时也会造成危害，我们要注意防止。例如，汽车转弯时，如果车速过大，将会造成交通事故。因此，汽车转弯时不允许超过规定的速度。高速运动的砂轮和飞轮，离心运动会使它们破裂，以致造成事故。因此，我们在生活和生产实践中要注意防止物体做离心运动而造成危害。

练习与应用（Ⅰ）

1. 试分析被线悬挂起来的小球在水平面内做的匀速圆周运动（图 5–3–15），并指出向心力的来源。

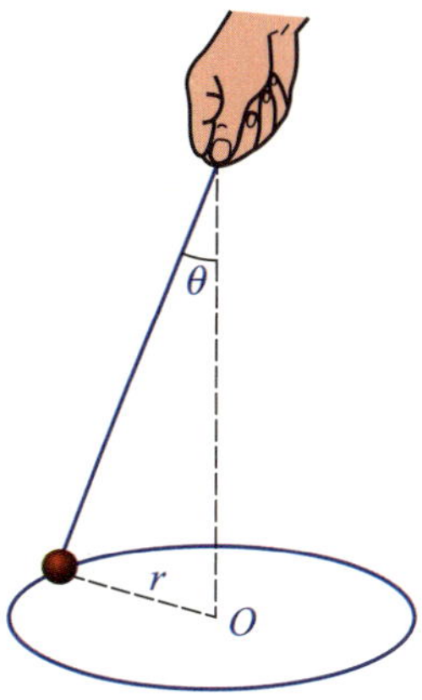

图 5–3–15 小球在水平面内运动

2. 飞行员驾驶飞机在竖直平面内做圆环特技飞行，所需的向心力是（　　）。

A. 重力

B. 座椅对飞行员的支持力

C. 静摩擦力

D. 重力和座椅对飞行员的支持力的合力

3. 假设氢原子中电子绕核做匀速圆周运动，半径为 5.3×10^{-11} m。如果电子以 2.2×10^{6} m/s 的速度运动，则氢原子核对电子的吸引力为多少（此力提供向心力，电子质量为 9.1×10^{-31} kg）？

4. 用长 0.5 m 的绳拴一个质量为 0.2 kg 的金属球，使其在光滑的水平面上做匀速圆周运动，若转速 n 为 120 r/min，则小球的线速度 v 为_____ m/s，周期为_____ s，向心加速度 a 为_____ m/s^2，小球受绳的拉力 F 为_____ N。

练习与应用（Ⅱ）

1. 游乐场的过山车可以在圆轨道上运行，如果已知圆轨道的半径为 R，要使过山车在圆轨道最高处不掉下来，此时过山车的最低速度是多少？

2. 质量为 m 的汽车在半径为 25 m 的水平的弧形公路上转弯，车胎与水平面的动摩擦因数是 0.4，求汽车转弯时不至于打滑的最大速度（g 取 10 m/s^2）。

3. 一名质量为 60 kg 的航天员在鼓状圆筒里做旋转训练（图 5–3–16），他经受着的向心加速度 $a=49\ m/s^2$。若他与转轴距离 $R=4.0$ m，他做匀速圆周运动的线速度是多大？座椅要给他提供多大的向心力？

图 5-3-16　航天员在鼓状圆筒里做旋转训练示意图

4. 一辆载货卡车质量为 5.0×10^3 kg，卡车以 10 m/s 的速率通过拱形桥面，桥面的圆弧半径为 50 m，求卡车通过桥中央时对桥产生的压力。

5.4　万有引力定律　人造地球卫星

观察与思考

在浩瀚的宇宙中，太阳系中的八大行星——水星、金星、地球、火星、木星、土星、天王星、海王星不停地环绕太阳运动，如图 5-4-1 所示。是什么力不停地改变着它们的运动方向？月球围绕地球运动可近似看作匀速圆周运动，那么它做圆周运动的向心力来自何方？

图 5-4-1　太阳系中的八大行星

历史回顾　人类曾经长期错误地认为，地球是宇宙的中心，日、月、星辰都围绕着地球旋转。直到 1542 年波兰天文学家，“日心说”的创始人哥白尼指出，地球和行星是以太阳为中心并围绕太阳旋转的。丹麦天文学家第谷用了近四十年的时间对天体进行观察，积累了大量的观测资料。到了 1609 年，德国天文学家开普勒总结了他的导师第谷的全部资料，花了几年时间一遍又一遍进行数学计算。通过计算，他认为哥白尼的“日心说”是正确的，并把行星运动的轨迹修改为椭圆，最后得出了著名的开普勒行星运动三定律。

因此，人们开始研究行星绕太阳做圆周运动所需的向心力是怎样产生的。牛顿对行星运动的研究是从研究月球的轨道运动开始的。据说牛顿坐在苹果树下，忽然看到苹果落地而受到启发，他想到地球吸引苹果下落的引力，是否一直可以延续到月球，也就是说，使月球围绕地球运动的向心力，跟地球作用于地面的物体的重力，可能都是来自地球的引力。在前人研究成果的基础上，牛顿又做了长期细致的研究，他认为行星围绕太阳运动的向心力，就是太阳对行星的引力；同样，月球围绕地球运动的向心力，就是地球对月球的引力，这种引力是地球、月球能沿着一定的轨道运行的条件。

万有引力定律 牛顿进一步考虑到，宇宙中任何两个物体之间也都应该存在这种吸引的作用。于是他把自己的研究成果做了合理的推广，于 1687 年正式发表了万有引力定律：

任何两个物体都是相互吸引的，两个物体间的引力大小，跟它们的质量的乘积成正比，跟它们的距离的二次方成反比。

如图 5-4-2 所示，如果用 m_1 和 m_2 表示两个物体的质量，用 r 表示它们的距离，那么，万有引力定律可以用下面的公式来表示：

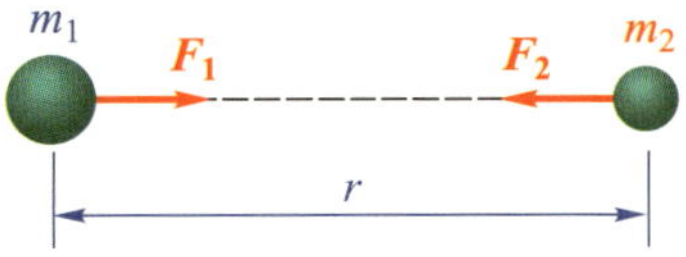

图 5-4-2 两个物体的万有引力

$$F = G\frac{m_1 m_2}{r^2}$$

式中 G 称为万有引力常量。公认的实验测量值为 $6.67 \times 10^{-11}\ \mathrm{N \cdot m^2/kg^2}$。因此，两个质量为 1.0 kg 的物体相距 1 m 时，彼此间的引力仅为 6.67×10^{-11} N，这是非常微小的，所以人们难以觉察地面上物体之间的引力，我们在分析问题时不予考虑。但是在天体之间，由于天体的质量特别巨大，所以引力起着决定性的作用。

必须注意：（1）万有引力定律公式中的 r，其含义是两个质点间的距离。当两个物体相距很远时，物体可以视为质点；（2）万有引力是物体间的相互作用力，遵循牛顿第三定律，如地球吸引人，同时人也吸引地球；（3）重力是由于物体受到地球的引力而产生的，但重力并不等于引力，只是万有引力的一个分力，只有在地球的两极上重力才与引力相等。

万有引力定律的研究应用了理想化的质点模型。因为研究任何两个物体之间的引力，实际上是很复杂的。此时，我们可以忽略研究对象的次要因素或无关因素，有条件地把物体抽象为两个质点。例如，计算人站在地球表面受到地球的吸引力时，我们可以把地球看成一个放在地心上、质量等于地球质量的质点，这样人与地球相距几千千米，也可以简化为一个质点，然后利用万有引力定律进行计算。

万有引力定律的发现，是 17 世纪自然科学的伟大成果，它把地面上物体运动的规律与天体运动的规律统一起来，对此后物理学和天文学的发展有着深远的影响，在人类认识自然的历史上树立了一个里程碑。

万有引力定律在天文上的应用　应用万有引力定律可以计算天体的质量。卫星或行星围绕天体的运动可以近似地看作是匀速圆周运动。假设 M 是某天体的质量，m 是它的卫星或行星的质量，r 是它们之间的距离（图 5-4-3），T 是卫星或行星绕天体运动的周期，则卫星或行星做圆周运动所需的向心力是由天体对它的引力提供的。

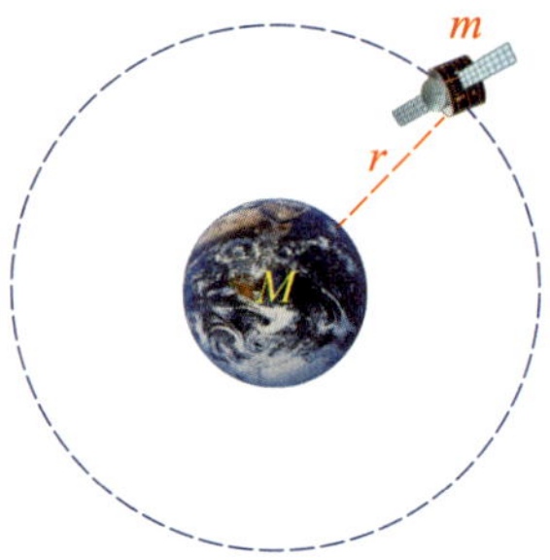

图 5-4-3　卫星绕地球运动

$$G\frac{Mm}{r^2}=m\omega^2r=m\left(\frac{2\pi}{T}\right)^2r=\frac{4\pi^2mr}{T^2}$$

天体的质量为

$$M=\frac{4\pi^2r^3}{GT^2}$$

【**例题 1**】取 $g=9.8\ \text{m/s}^2$，计算地球的质量 M。

解：地面上物体所受重力为 mg，可看成是物体与地球之间的万有引力。即

$$mg = G\frac{Mm}{r^2}$$

$$M = \frac{gr^2}{G} = \frac{9.8\times(6.37\times10^6)^2}{6.67\times10^{-11}}\ \text{kg} \approx 5.97\times10^{24}\ \text{kg}$$

讨论：只有知道常量 G，才可能作出上面的计算。英国化学家、物理学家卡文迪许首先用实验测出 G 值，因而被称为第一个称量地球的人。

【例题 2】已知地球绕太阳公转的轨道半径是 1.49×10^{11} m，公转周期是 3.16×10^7 s，试计算太阳的质量。

分析：地球绕太阳的公转可近似地看作匀速圆周运动，地球的质量用 m 表示，太阳的质量用 M 表示，地球公转的线速度为 $v=\dfrac{2\pi r}{T}$，所需的向心力是由太阳对地球的引力提供的。

解：太阳对地球的万有引力提供了向心力，所以

$$G\frac{Mm}{r^2} = m\omega^2 r = m\left(\frac{2\pi}{T}\right)^2 r = \frac{4\pi^2 mr}{T^2}$$

$$M = \frac{4\pi^2 r^3}{GT^2} = \frac{4\times3.14^2\times(1.49\times10^{11})}{6.67\times10^{-11}\times(3.16\times10^7)^2}\text{kg} \approx 1.96\times10^{30}\ \text{kg}$$

讨论：用同样的方法，根据月球绕地球运行的轨道半径和周期，可以算出地球的质量约为 6.0×10^{24} kg，其他行星的质量也可以用这种方法计算。

地球、太阳和月球，是与人类关系最为密切的三个天体，表 5-4-1 列出它们的一些基本参量。

表 5-4-1 地球、太阳、月球的基本参量

天体	地球	太阳	月球
质量 / kg	5.98×10^{24}	1.99×10^{30}	7.35×10^{22}
平均密度 /（kg·m^{-3}）	5.52×10^3	1.41×10^3	3.34×10^3
半径 /m	6.37×10^6	6.96×10^8	1.74×10^6
到地球的距离 /m	—	1.496×10^{11}	3.84×10^8

思考与讨论

由于地球对周围的物体具有引力，因而抛出的物体一般总要落回地面。但是月球和人造地球卫星为什么不掉下来呢？

人造地球卫星 牛顿曾设想过，从高山顶上水平地射出一颗炮弹，如果它不受地球的引力作用，离开大炮后，将继续沿水平方向运动，如图 5-4-4 中轨迹 A 所示。实际上，在地球引力作用下，它的轨迹将如图中 B 所示。炮弹出膛的速度越大，落地点就离山脚越远，如图中 C 所示。当炮弹出膛的速度足够大时，它将不再落回地面，而像月球那样环绕地球转动，成为一颗人造地球卫星（图 5-4-5）。

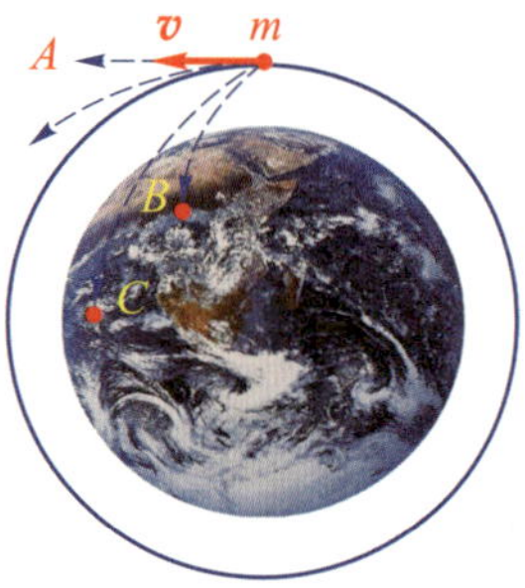

图 5-4-4 一颗炮弹的运动轨迹

图 5-4-5 人造地球卫星

人造地球卫星指环绕地球飞行并在空间轨道运行一圈以上的无人航天器，简称**人造卫星**。人造卫星是发射数量最多，用途最广，发展最快的航天器。地球对它的引力就是维持它环绕地球做圆周运动的向心力。那么人造地球卫星应具有多大的速度，才能绕地球做匀速圆周运动呢？

设人造地球卫星的质量为 m，围绕地球做圆周运动的轨道半径为 R，卫星的速度为 v，地球的质量为 M，人造地球卫星做圆周运动所需的向心力是地球对它的引力。即

$$G\frac{Mm}{R^2}=m\frac{v^2}{R},\quad mg=m\frac{v^2}{R}$$

$$v=\sqrt{gR}$$

由于人造地球卫星离地面较近，卫星轨道半径近似等于地球半径 $R = 6.4 \times 10^6$ m，于是得

$$v = \sqrt{gR} = \sqrt{9.8 \times 6.4 \times 10^6}\ \text{m/s} = 7.9 \times 10^3\ \text{m/s}$$

7.9 km/s 就是人造地球卫星围绕地球运动而不至于落下的最小速度，被称为**第一宇宙速度**。

如果人造地球卫星的速度为 7.9 km/s $< v <$ 11.2 km/s，卫星绕地球运动的轨道将不是圆，而是椭圆（图 5-4-6）。当速度等于或大于 11.2 km/s 的时候，物体就可以挣脱地球引力的束缚，成为绕太阳运动的人造卫星，这个速度称为**第二宇宙速度**。当物体速度大于或等于 16.7 km/s 时，物体就能挣脱太阳引力的束缚，沿双曲线轨道飞到太阳系以外的宇宙空间去，这个速度被称为**第三宇宙速度**。

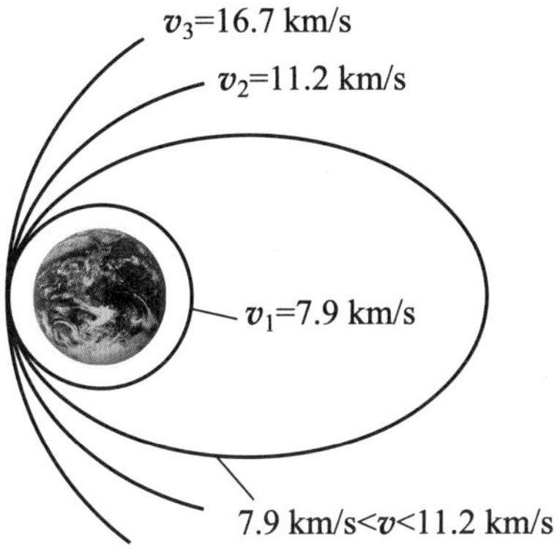

图 5-4-6　宇宙速度

人造卫星的应用　人造卫星主要用于科学探测和研究、天气预报、土地资源调查、通信、跟踪、导航等各个领域，如通信卫星、气象卫星、地球资源卫星、科学实验卫星、军事卫星、导航卫星等。在文明高度发达的现代社会，像气象卫星、通信卫星、导航卫星已经成为我们日常生活的好帮手，我们每天看的天气预报、手机通信、导航等都离不开这些卫星。

技术 · 中国　中国航天事业取得的辉煌成就

1970 年，我国首颗人造地球卫星东方红一号升空。一曲让无数人感动、自豪的“东方红”，宣告中国进入航天时代。经过 60 多年的发展，我国在航天器的研制和卫星应用技术方面取得了突破性进展。我国已经建立了系列完整、配套的航天器研究、设计、制造、试验、发射、测试和运营体系，形成了载人航天、深空探测、导航定位、对地观测、通信广播、空间科学与技术试验等六大领域航天器研制业务，已经具有六个能力——进入空间的能力、卫星研制能力、载人航天能力、深空探测能力、航天基础与保障能力，以及卫星应用能力。

2020 年 6 月我国自主建设、独立运行的北斗卫星导航系统完成全球组网部署。整个系统由 55 颗卫星构成（图 5-4-7），它们共同织成一张“天网”，可在全球范围内全天候、全天时为各类用户提供高精度、高定位的导航服务，并具有短报文通信能力。

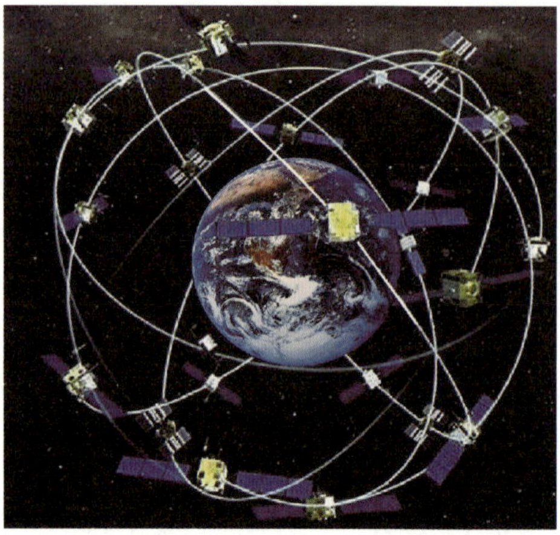

图 5-4-7 北斗导航卫星全球组网示意图

2020 年 7 月 23 日，我国在文昌航天发射场，用长征五号遥四运载火箭成功发射天问一号探测器，成功将探测器送入预定轨道，开启火星探测之旅，迈出了我国行星探测第一步。2020 年 11 月 24 日，长征五号遥五运载火箭搭载嫦娥五号探测器成功发射升空并将其送入预定轨道，2020 年 12 月 17 日凌晨，嫦娥五号返回器携带月球样品着陆地球，实现了我国首次月球无人采样返回，助力月球成因和演化历史等科学研究。

2023 年 5 月 30 日，神舟十六号载人飞船在酒泉卫星发射中心发射升空，顺利将 3 名航天员送上太空，神舟十六号载人飞船与空间站组合体完成自主快速交会对接后，神舟十五号与神舟十六号 6 名航天员在空间站拍下“全家福”的画面（图 5-4-8），表明中国空间科学研究进入世界先进行列，中国航天事业再次迈上新台阶，向航天强国进军。

图 5-4-8 中国空间站的“全家福”

练习与应用（Ⅰ）

1. 对于人造地球卫星，下面说法正确的是（　　）。

A. 根据公式 $F=m\dfrac{v^2}{r}$，当卫星轨道半径增大为原来的 2 倍时，它受到的向

心力是原来的$\frac{1}{2}$

B. 根据公式$F=m\omega^2r$，当卫星轨道半径增大为原来的2倍时，它受到的向心力是原来的2倍

C. 根据公式$F=G\frac{m_1m_2}{r^2}$，当卫星轨道半径增大为原来的2倍时，它受到的向心力是原来的$\frac{1}{4}$

D. 以上三种说法均对

2. 国际空间站的轨道距地面319.6～346.9 km，中国天宫空间站的轨道距地面约400 km，若将这两个轨道近似视为圆轨道。设国际空间站和天宫空间站运行的周期分别为T_1、T_2，运行速率分别为v_1、v_2，则T_1 ______ T_2、v_1 ______ v_2（均选填“大于”或“小于”）。

3. 登月航天员，用弹簧秤在月球表面称得质量为6.0 kg的物体的重量为9.8 N，已知月球半径为1.74×10^6 m，求月球的质量。

4. 假设一颗人造地球卫星的运行周期是98 min，运行轨道的平均半径为6 870 km，试计算地球的质量。

练习与应用（Ⅱ）

1. 2021年4月29日，中国空间站天和核心舱发射升空，准确进入预定轨道，任务取得成功。已知地球的质量为M、半径为R，天和核心舱的质量为m，引力常量为G，天和核心舱围绕地球做半径为r的匀速圆周运动时，天和核心舱（　　）。

A. 向心加速度为$G\frac{m}{r^2}$　　B. 动能为$G\frac{Mm}{2r}$

C. 速度一定大于7.9 km/s　　D. 不再受到重力作用

2. 2021年2月，我国发射的火星探测器天问一号在距火星表面高度为R的圆轨道上飞行，若已知火星半径为R，周期为T，引力常量为G，不考虑火星的自转，试计算火星的质量。

3. 2023 年 5 月 30 日，神舟十六号载人飞船与空间站成功对接。假设对接之后两者在距离地面 400 km 的轨道上一起绕着地球做匀速圆周运动。求两者一起运行的线速度和周期。

4. 2022 年元宵节，王亚平在中国空间站用古筝弹奏了《茉莉花》，为中国人民送上美好的祝福（图 5-4-9）。设中国空间站在离地面高度 $h = 400$ km 的圆周轨道上绕地球做匀速圆周运动，一天（24 h）内可以绕地球转动 16 圈。已知地球半径 $R = 6\,400$ km，万有引力常量 $G = 6.67 \times 10^{-11}$ N · m^2/kg^2。求：（1）空间站绕地球做匀速圆周运动的周期 T 和角速度 ω；（2）若古筝的质量 $m = 20$ kg，古筝在空间站受到地球对它的万有引力大小 F。（计算结果保留 2 位小数）

图 5-4-9　王亚平在中国空间站弹古筝

本章思维导图

- **曲线运动 万有引力定律**
  - **平抛运动**
    - 曲线运动
      - 某点的速度方向：该点的切线方向
      - 条件：物体所受合力的方向跟速度方向不在同一条直线上
      - 运动性质：曲线运动一定是变速运动
    - 运动叠加原理：一个运动可以看成几个同时进行的各自独立运动的叠加
    - 平抛运动
      - 特点：水平方向具有初速度，竖直方向只受重力作用
      - 性质：是初速度为v_0、加速度为g的匀变速曲线运动
      - 公式：$x=v_0t$，$y=\frac{1}{2}gt^2$
  - **匀速圆周运动**
    - 运动性质：物体沿着圆周运动，线速度的大小处处相等，但方向时刻沿着圆周改变，是变速运动
    - 描述匀速圆周运动的物理量
      - 线速度
        - 公式：$v=\frac{s}{t}=\frac{2\pi R}{T}=2\pi Rf$
        - 特点：大小不变、方向时刻在变
      - 角速度　公式：$\omega=\frac{\varphi}{t}=\frac{2\pi}{T}=2\pi f$
      - 线速度与角速度的关系：$v=\omega R$或$\omega=\frac{v}{R}$
      - 周期和频率的关系：$T=\frac{1}{f}$或$f=\frac{1}{T}$
      - 转速和频率的关系：$n=60f$或$f=\frac{n}{60}$
    - 机械传动
      - 皮带传动：$v_1=v_2$，$\omega_1R_1=\omega_2R_2$
      - 齿轮传动：两齿轮边缘的线速度大小相等
  - **向心力 向心加速度**
    - 向心力
      - 公式：$F=m\frac{v^2}{R}$，或$F=m\omega^2R$
      - 方向：与线速度垂直、沿半径指向圆心
      - 特点：大小不变，方向时刻在变
    - 向心加速度
      - 公式：$a=\frac{v^2}{R}$或$a=\omega^2R$
      - 方向：与向心力的方向相同，总是指向圆心
      - 特点：大小不变，方向时刻在变
  - **万有引力定律**
    - 万有引力定律：$F=G\frac{m_1m_2}{r^2}$，$G=6.67\times10^{-11}\ \mathrm{N\cdot m^2/kg^2}$
    - 适用条件：严格来说，只适用于质点间的相互作用
    - 人造地球卫星

第六章　机械振动和机械波

振动和波是自然界常见而又较为复杂的运动形式，生活中随处都能观察到。在机械运动、电磁运动、光运动等各种运动形式中都存在波动现象。机械振动在介质中的传播形成了机械波。振动和波的理论是声学、地震学、建筑力学、光学和无线电学等学科的基础知识。机械振动和机械波的特征及基本规律很多都适用于其他形式的振动和波。

简谐运动是最简单最基本的振动，是介质形成波的根源。本章从分析弹簧振子、单摆的振动来研究简谐运动的特性，然后讨论受迫振动和共振现象，在此基础上研究机械波的形成和传播，研究机械波的特性——波的干涉和衍射。

从研究的运动形式来看，本章内容要比前几章内容复杂一些，因此，在学习本章内容时，要注意联系前面几章学习的知识。

学习目标

了解机械振动、简谐运动、受迫振动、共振、横波、纵波、波的干涉和衍射等相关概念，认识简谐运动的特征、受迫振动的特点、波的特征，知道波的叠加原理、发生波的干涉现象的条件、发生明显衍射现象的条件，知道干涉现象、波的衍射现象都是波所特有的现象，进一步认识物质运动形式是多样的、有规律的。了解共振、超声波、次声波、波的干涉和衍射在生产、生活中的应用，能够分析和解决简单的实际问题，拓展对物质世界的认识和理解。从能量的角度认识机械振动和机械波，从能量守恒定律的普适性来认识自然界的统一性。

建构弹簧振子、单摆、简谐振动等物理模型，进一步领会建构模型方法在科学研究中的作用；运用实验法、比较法、图像法探究弹簧振子、单摆、受迫振动、共振、机械波、波的干涉和衍射等现象；运用实验推理法观察真空能否传声，进一步提升科学论证的能力。

通过探究弹簧振子振动过程中相关物理量的变化规律，影响单摆振动周期的因素，影响受迫振动物体振幅的因素，观察横波、纵波的产生过程和传播特点等实验，增强观察实验、动手操作和分析、归纳、总结的能力。通过自制秒摆等实践活动，进一步提升探究设计的能力。

通过了解记录振动的心电图仪和地震仪，初步具备工程思维能力。通过了解避免或减弱共振带来的危害，加强安全意识。通过了解我国在振动和波方面取得的成就，认同辉煌灿烂的中华文明，增强民族自豪感。

6.1　简谐运动

观察与思考

我们来观察下列各种机械运动：固定弹簧的上端，把挂在它下面的重物向下一拉，再松开手，重物在原来静止的位置附近做上下往复的运动（图 6-1-1）；内燃机活塞上下运动（图 6-1-2）；摆钟的摆锤来回运动

（图 6−1−3）。请问这些运动有什么共同特点？

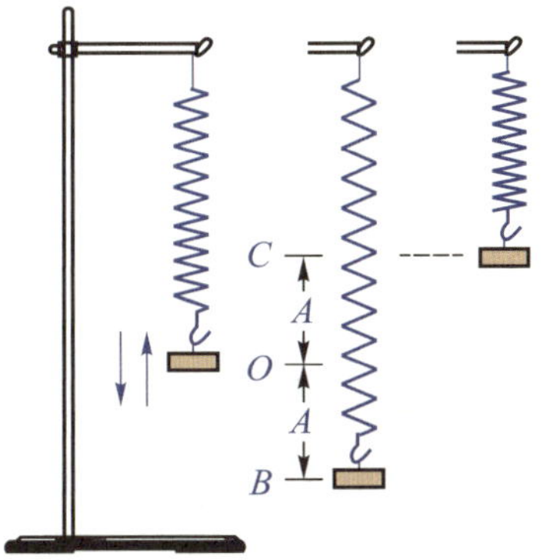

图 6−1−1 弹簧上下振动

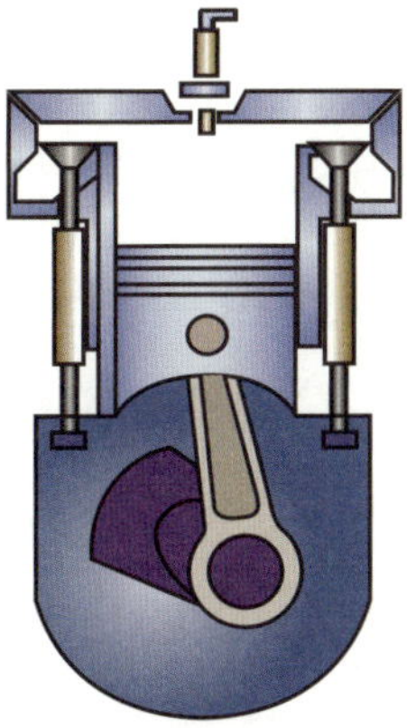
图 6−1−2 气缸里活塞的运动

图 6−1−3 摆钟的摆锤

机械振动 由观察可知，这些物体的运动都有一个共同的特征，这就是：**物体沿着直线或弧线，在一定位置（平衡位置）附近做来回往复的运动**，我们把这种运动称为**机械振动**，简称**振动**。机械振动具有往复性和周期性，例如，心脏的跳动、扁担的颤动、发声的琴弦等。

简谐运动 振动现象是多种多样的，一般来说，它是个复杂的过程，其中最简单也是最基本的一种振动是**简谐运动**。我们以弹簧振子为对象来研究简谐运动。

如图 6−1−4 所示，把一个带有小孔的小球和轻弹簧连在一起，穿在光滑的水平杆上，弹簧一端固定，小球可以在杆上自由滑动，如果两者之间的摩擦可以忽略，弹簧的质量与小球的质量相比也可以忽略，这样的装置称为**弹簧振子**，其中小球称为**振子**。O 点是弹簧振子的平衡位置。弹簧振子是一个不考虑摩擦力或空气阻力，不考虑弹簧质量，不考虑振子的大小和形状的理想化的物理模型。

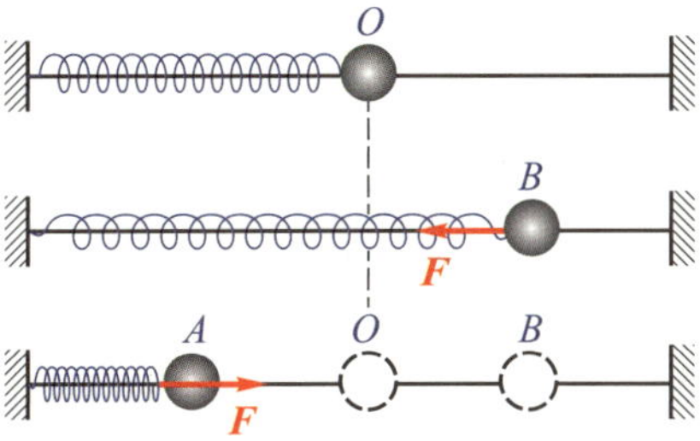

图 6−1−4 弹簧振子振动

把小球拉到右方 B 点，然后放开，弹簧振子就在平衡位置 O 点左右振动起来。当振动物体离开平衡位置后，都要受到使它回到平衡位置的力的作用，在这个力的作用下，物体才能在其平衡位置附近做往复的运动。

使物体回到平衡位置的力称为**回复力**。弹簧振子的回复力是由弹簧的弹力提供的。

实验与探究　探究弹簧振子振动过程中相关物理量的变化规律

如图 6-1-5 所示，打开气泵后，滑块浮在气垫导轨上面，两者的摩擦力极小，如果忽略摩擦力以及空气阻力，滑块和弹簧组成的系统就可认为是弹簧振子。拉动滑块偏离平衡位置 O 点到 B 点，释放滑块，观察滑块在 $B \to O$、$O \to A$、$A \to O$、$O \to B$ 的振动过程中，其位移、回复力、加速度、速度等物理量是如何变化的？将相关物理量的变化情况填入表 6-1-1 中。填写某量变化用“增大”和“减小”表示。

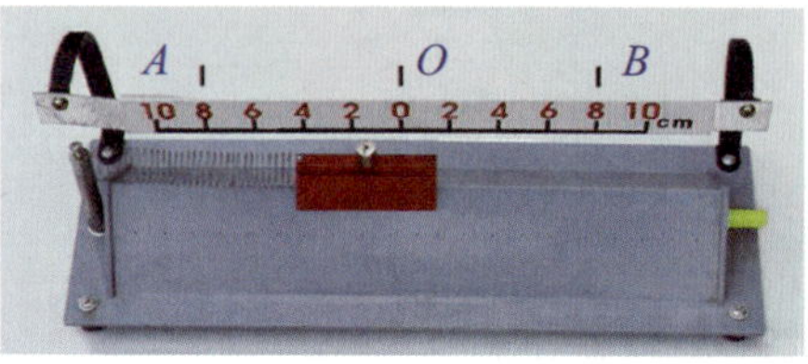

图 6-1-5　弹簧振子振动实验

表 6-1-1　弹簧振子振动过程中相关物理量的变化规律

振子的运动	$B \to O$	$O \to A$	$A \to O$	$O \to B$
位移的方向				
位移大小的变化				
回复力（加速度）大小变化				
回复力（加速度）的方向				
速度大小的变化				
速度的方向				

从实验中可以看出，向右拉滑块时，弹簧伸长，弹簧就产生一个向左的力，即指向平衡位置 O 的回复力（弹力）F。放开后，滑块就在这个回复力 F 的作用下向左运动。在 $B \to O$ 的运动过程中，加速度的方向和速度方向相同，滑块做加速运动。滑块越接近平衡位置，位移越小，回复力越小。根据牛顿第二定律，滑块的加速度也越小，但滑块的速度却越来越大，在 O 点时速度最大。在

惯性作用下，滑块通过平衡位置 O 点继续向左运动压缩弹簧，在 $O \to A$ 的运动过程中，回复力 F 越来越大，加速度也越来越大，此时加速度的方向和速度方向相反，滑块做减速运动，到 A 点时，回复力最大，速度为零。滑块在 $A \to O$、$O \to B$ 的运动过程中各物理量的变化情况以此类推。

从上述实验中可以看到，维持物体振动的条件是当物体离开平衡位置后，必须受到回复力的作用。根据胡克定律，在弹簧发生弹性形变时，弹簧振子的回复力 F 大小与位移大小 x 成正比，其方向与位移方向相反，可以表示为

$$F = -kx$$

式中负号表明回复力与位移方向始终相反。k 为比例常数，由振动系统决定，对弹簧振子来说，它就是弹簧的劲度系数，x 为相对平衡位置的位移。

物体在与位移大小成正比，并且总是指向平衡位置的回复力作用下的振动，称为**简谐运动**。

根据牛顿第二定律，做简谐运动物体的加速度的大小与回复力的大小成正比，方向与回复力的方向相同，也是指向平衡位置的。可见，在简谐运动过程中，回复力和加速度的大小、方向都是变化的，所以简谐运动是**变速运动**。

思维与方法　理想模型

弹簧振子是一种理想化实物模型，它忽略了弹簧的质量、杆与弹簧和振子之间的摩擦力以及空气阻力。利用弹簧振子研究简谐运动，是根据研究问题的性质和需要，找出主要因素，略去次要因素，建立能够揭示事物本质的一种科学方法。后面要学习的单摆、理想气体、点电荷等都是理想化实物模型。

简谐运动的能量转换　滑块在图 6-1-5 所示的运动过程中，其速度在不断变化，因而它的动能在不断变化；弹簧的伸长量或压缩量在不断变化，因而它的弹性势能也在不断变化。那么滑块总的机械能是否变化呢？根据图 6-1-5 所示实验，将相关物理量的变化填入表 6-1-2 中。

表 6-1-2　弹簧振子振动过程中能量的变化

振子的运动	$B \to O$	$O \to A$	$A \to O$	$O \to B$
动能的变化				
弹性势能的变化				
机械能的变化				

从上述实验中可以看出，滑块在运动过程中位移和速度的大小、方向都在变化，其动能和弹性势能也在不断地变化且相互转化，但总的机械能保持不变。实际上弹簧振子做机械运动时都有一定的能量损耗，保持机械能不变是一种理想化状况，所以简谐运动是一种理想化的模型。

描述简谐运动的物理量　在图 6-1-4 所示的简谐运动中，我们使振子离开平衡位置越远，振动的幅度越大，不同质量的振子完成一次振动的快慢不一样，所用时间不一样。可以用哪些物理量来描述简谐运动？

振幅　**振动物体离开平衡位置的最大距离**称为**振动的振幅**。如图 6-1-4 中的 OA 或 OB。振幅是表示振动强弱的一个物理量。

周期　**物体完成一次全振动所需的时间**称为**振动的周期**，用 T 表示。在图 6-1-4 中小球由位置 $B \to O \to A \to O \to B$ 或者小球由位置 $O \to A \to O \to B \to O$，都是一次全振动。它们所需要的时间都等于周期。周期是表示振动快慢的一个物理量，在国际单位制中，周期的单位是 s（秒）。

频率　**振动物体在 1 s内完成全振动的次数**称为**振动的频率**，用 f 表示。在国际单位制中，频率的单位是 Hz（赫）。频率也是表示振动快慢的一个物理量，像圆周运动的周期和频率互为倒数一样，振动的周期 T 和频率 f 也互为倒数，即

$$T = \frac{1}{f} \quad 或 \quad f = \frac{1}{T}$$

弹簧振子的位移–时间图像　要想了解弹簧振子运动的特点，就要知道它的位置随时间变化的关系。简谐运动中位移随时间的变化有什么规律呢？

实验与探究　绘制弹簧振子的位移－时间图像

如图 6-1-6 所示，将位移传感器的发射端与垂直悬挂的弹簧振子捆绑在一起，

接收端竖直放在发射端的下方。弹簧振子在振动过程中，位移传感器及时记录发射端和接收端间的距离，观察位移随时间的变化有什么规律？

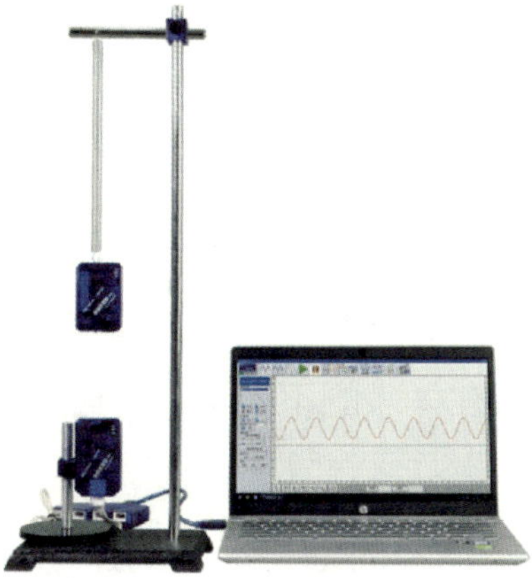

图 6-1-6 观察弹簧振子的位移随时间变化的规律

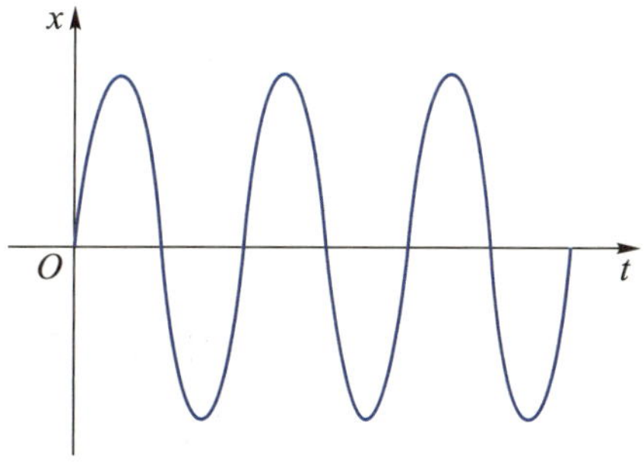

图 6-1-7 弹簧振子的振动图像

通过实验研究发现，振动物体的位移与时间的关系是正弦（余弦）函数关系，它的振动图像（位移–时间图像）是一条正弦（余弦）曲线，如图 6-1-7 所示，此时物体的振动就是一种简谐运动。

【例题】 一弹簧振子做简谐运动，位移–时间图像如图 6-1-8 所示，问振子的最大速率、最大动能、最大势能、最小速率、最大加速度分别处在什么位置或什么时刻？

分析： 由题图知，振子在第 1 s、2 s、3 s、4 s、5 s、6 s 末处于平衡位置，具有最大动能，此时振子的速率最大；振子在 A、B、C、D、E、F 处于最大位移处，具有最大势能，此时振子的速度为 0。A、B、C 时刻与 D、E、F 时刻振子受力大小相等，但方向相反，故加速度大小相等，方向相反。

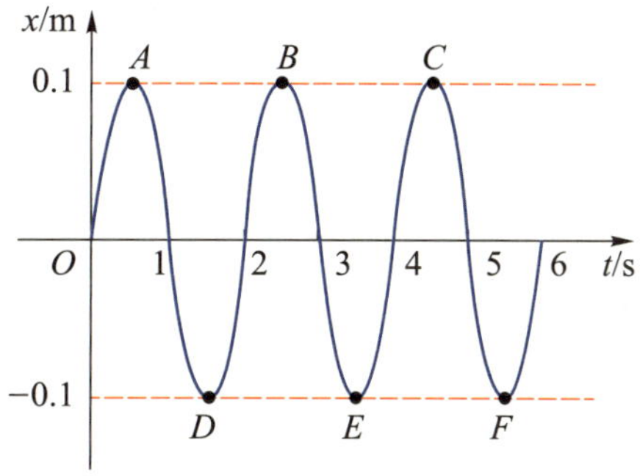

图 6-1-8 位移–时间图像

解： 最大速率和最大动能在第 1 s、2 s、3 s、4 s、5 s、6 s 末；最大势能、最小速率和

最大加速度处于 A、B、C、D、E、F 位置。

技术应用　记录振动的心电图仪和地震仪

用图像的方法记录振动情况在实际中有很多应用，如医院里的心电图仪、监测地震的地震仪等。

心电图仪　人的心脏在每一次机械性收缩之前，首先产生电激动，电激动沿心脏特殊传导系统下传，使心房和心室产生电活动变化，形成微弱的电流传到体表。将心电图仪的探测电极放置在体表的不同位置，可记录心电变化的波动情况（图 6-1-9）。

地震仪　利用地震仪可客观而及时地将地面的振动情况记录下来，探索地震发生的规律。在数字地震仪出现之前，老式的大型地震仪带有滚筒记录器（图 6-1-10），可以将地震情况打印出来，从而了解地震的相关信息。例如，地震发生的时间、地点和震级等。地震仪只能用于测量地震的强度、方向，并不能用于预测地震。

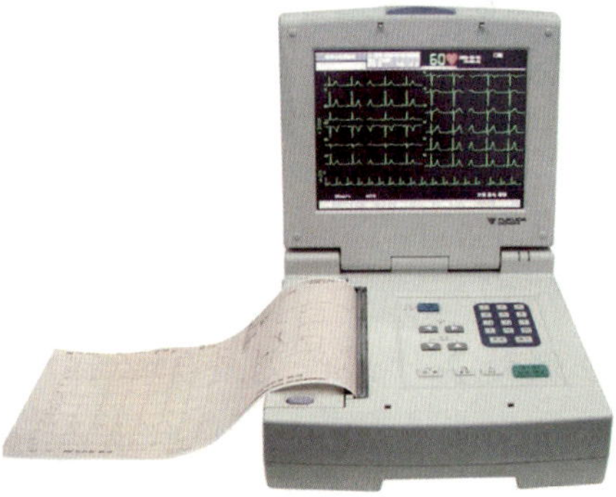

图 6-1-9　心电图仪

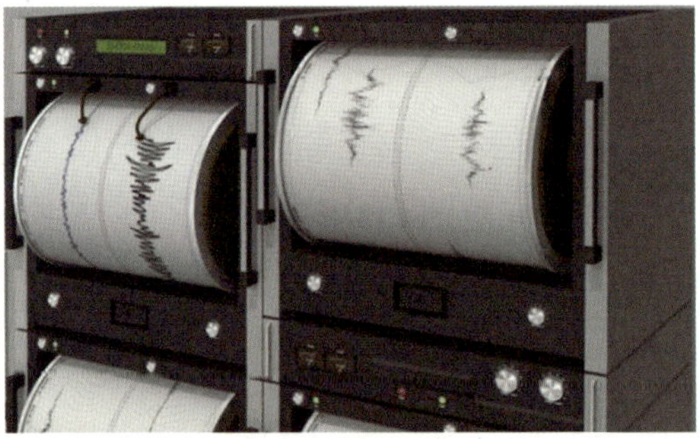

图 6-1-10　地震仪记录设备

2017 年，我国自主研发的万米级海底地震仪在世界最深处的马里亚纳海沟成功获取了两条万米级人工地震剖面测线，使我国成为世界上首个获取万米级海洋人工地震剖面数据的国家，标志着我国在大深度海底地震探测技术领域步入国际先进水平。

行为与责任

了解地震的相关知识，科学理性对待地震预警，不信不传地震谣言。了解防震减灾知识，提高自己的防灾避险意识，积极参加防震演习，掌握自救技能。

练习与应用（Ⅰ）

1. 判断下列运动是否属于机械振动？

（1）人在教室来回走动；

（2）人拍篮球时篮球的运动；

（3）在细线下吊一小球，将小球偏离一个角度后放手，此时小球的运动。

2. 在简谐运动中，弹簧振子的动能和弹性势能都在不断地变化和转化，弹簧振子在什么位置它的动能最大和最小？在什么位置它的弹性势能最大和最小？如果在振动过程中无能量损失，机械能是否守恒？

3. 做简谐运动的物体，每次通过同一位置时，相同的是速度、加速度，还是位移？

4. 在图 6-1-4 中，小球做一次全振动通过的路程是 40 cm，问：（1）它的振幅是多少？（2）如果在 5 s 内全振动 10 次，小球的振动周期和频率各是多少？

练习与应用（Ⅱ）

1. 关于水平弹簧振子做简谐运动时的能量，下列说法错误的是（　　）。

A. 等于在平衡位置时振子的动能

B. 保持不变

C. 等于任意时刻振子的动能和弹簧弹性势能之和

D. 做周期性变化

2. 做简谐运动的弹簧振子在向平衡位置运动的过程中（　　）。

A. 回复力增大　　B. 速度增大　　C. 加速度增大　　D. 势能增大

3. 做简谐运动的弹簧振子偏离平衡位置到最大位移处，物理量达到最小值的是（　　）。

A. 速度　　B. 加速度　　C. 回复力　　D. 位移

4. 如图 6-1-11 为一弹簧振子的振动图像，下列说法错误的是（　　）。

A. 振幅是 5 cm

B. 第 1 s 末加速度最大

C. 第 2 s 末势能最小

D. 前 100 s 的位移是 0，路程是 2.5 m

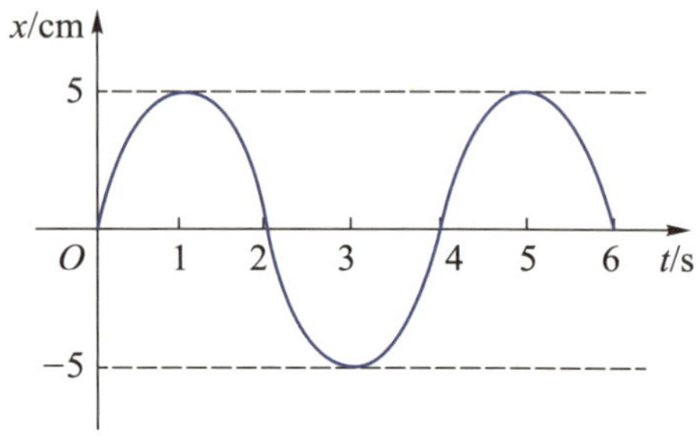

图 6-1-11　弹簧振子的振动图像

6.2　单摆的振动

观察与思考

航天员王亚平在中国空间站进行太空授课时做了单摆实验（图 6-2-1）。当她用细绳在 T 形支架上拴上一颗明黄色的小钢球，将其轻轻拉升到一定位置放手，小钢球能做单摆运动吗？那么，什么是单摆？它有什么样的运动规律呢？

图 6-2-1　单摆实验

单摆 将一根不能伸缩的细线的上端固定在悬点上，下端拴上一个小球，如果细线的质量可忽略，球的直径比线的长度小得多，这样的装置就称为**单摆**。拉开摆球，使它偏离平衡位置，然后将它释放，摆球就在重力 G 的分力 F 的作用下，沿着以平衡位置 O 为中点的一段圆弧 BC 做往复运动，如图 6–2–2 所示，这就是单摆的振动。

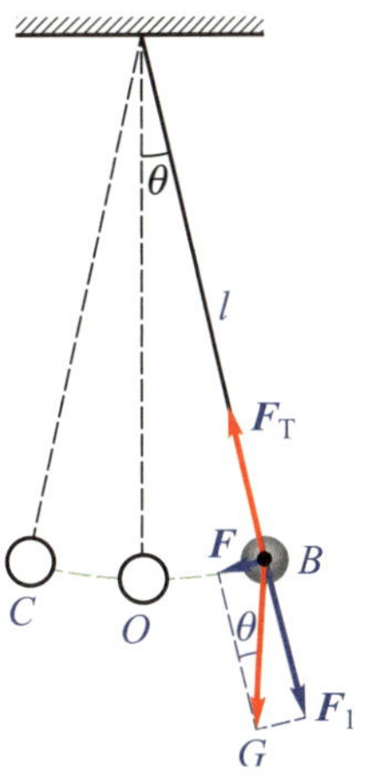

图 6–2–2 单摆

理论分析和实验结果都证明，在通常情况下，单摆的振动不是简谐运动，但是，若不计空气阻力，在摆角很小（$\theta<5°$）的情况下，单摆的振动可以看作是简谐运动，单摆也是理想化的物理模型。

单摆振动的周期 单摆振动的周期可能与哪些因素有关呢？猜想可能与振幅、摆球的质量、摆长有关。下面通过单摆实验器，运用控制变量法探究影响单摆振动周期的因素。

实验与探究 探究影响单摆振动周期的因素

如图 6–2–3 所示，调节两个单摆实验器单摆的摆长 l（摆线长 + 摆球半径），使摆长大于 1.00 m、单摆在偏角不超过 5° 的条件下，让小球尽可能在同一竖直平面内，以较小的振幅摆动。（1）使两摆长、振幅相同，摆球质量不同，观察周期与摆球质量的关系；（2）使两摆球质量、摆长相同，振幅不同，观察周期与振幅的关系；（3）使两摆球质量、振幅相同，摆长不同，观察周期与摆长的关系。用秒表测出 50 次全振动所需的时间，最后找出影响单摆周期的主要因素。

图 6–2–3 单摆

实验表明：在同一个地方，单摆周期 T 与摆球质量和摆动的幅度无关，仅与摆长 l 有关系，且摆长越长，周期越大。

单摆的振动周期与摆长之间有什么定量的关系呢？

荷兰物理学家惠更斯研究了单摆的振动现象后得出如下结论：

在摆角很小（$\theta<5^\circ$）的情况下，单摆的振动周期与摆长的平方根成正比，与重力加速度的平方根成反比，而与摆球的质量和振幅无关，这就是**单摆振动定律**。所以单摆振动周期的公式为

$$T=2\pi\sqrt{\frac{l}{g}}$$

式中 T 是单摆的周期，l 是摆长，g 是重力加速度。

单摆的应用　摆钟（图 6-2-4）的制作原理是单摆的等时性。利用单摆可以准确地测定各地的重力加速度。因为单摆的摆长 l 和周期 T 很容易用实验的方法准确地测量，利用单摆的周期公式就可以求出当地重力加速度 g。

图 6-2-4　摆钟

在太空中摆架上的小球是不会像在地面上一样做往复摆动的。因为小球在太空中处于失重状态，没有回复力，不能做往复摆动，但给小球一个很小的初速度，小球就可以绕摆轴做圆周运动，在地面上则需要足够大的初速度才能实现。

【例题】单摆的摆长为 1.20 m，用秒表测得它做 50 次全振动所用的时间为 110 s，求该地的重力加速度。

解：单摆的振动周期 $T=2.2$ s，根据 $T=2\pi\sqrt{\frac{l}{g}}$，可测得该地重力加速度

$$g=\frac{4\pi^2 l}{T^2}=\frac{4\times3.14^2\times1.20}{2.2^2}\ \text{m/s}^2=9.78\ \text{m/s}^2$$

讨论：如果在实验中测出单摆的摆长 l、周期 T，就可以求出当地的重力加速度。

实践与探索

取重力加速度 $g = 9.80\ \mathrm{m/s^2}$，计算一下秒摆（振动周期为 2 s 的单摆）的长度，再根据计算结果自制一个秒摆，测一下它的周期是不是 2 s。增大或减小摆的振幅（偏角不超过 5°），看看它对单摆的周期是否有影响？改变摆球的质量，看看它对摆的周期是否有影响？

练习与应用（Ⅰ）

1. 一座摆钟走得慢了，要把它调准，应该怎样改变它的摆长？为什么？

2. 一个单摆原来的周期等于 2 s，在下列情况下，周期有无变化？如有变化，变为多少？

（1）摆长减为原长的四分之一；

（2）摆球的质量减为原来的四分之一；

（3）振幅减为原来的四分之一；

（4）重力加速度减为原来的四分之一。

3. 在同一地点，关于单摆的周期，下列说法正确的是（　　）。

A. 摆长不变，距离地面越远，周期越小

B. 摆长不变，摆球质量越大，周期越小

C. 摆长不变，振幅越大，周期越大

D. 单摆周期的平方与摆长成正比

4. 通常把振动周期是 2 s 的单摆称为秒摆。北京的重力加速度是 $9.801\ 2\ \mathrm{m/s^2}$，求北京秒摆的摆长。

练习与应用（Ⅱ）

1. 一单摆做简谐运动，下列说法正确的是（　　）。

A. 单摆的振幅越大，振动周期越大

B. 摆球质量越大，振动周期越大

C. 若将摆线变短，振动周期将变大

D. 若将单摆拿到月球上去，振动周期将变大

2. 在“用单摆测定重力加速度”的实验中，有同学发现测得重力加速度的值偏大，其原因可能是（　　）。

A. 悬点未固定紧，振动中出现松动，使摆线增长了

B. 单摆所用摆球质量太大

C. 把（n+1）次全振动时间误当成 n 次全振动时间

D. 开始计时后秒表过迟按下

3. 单摆的振动周期在发生下述哪种情况时会增大（　　）。

A. 摆球质量增大　　B. 摆长减小

C. 单摆由赤道移到北极　　D. 单摆由海平面移到高山顶上

4. 一单摆的摆长为 90 cm，摆球在 $t=0$ 时刻正从平衡位置向右运动（g 取 10 m/s^2），则在 t=1.2 s 时摆球的运动情况是（　　）。

A. 向左做减速运动，加速度正在增大

B. 向左做加速运动，加速度正在减小

C. 向右做减速运动，加速度正在增大

D. 向右做加速运动，加速度正在减小

6.3　受迫振动　共振

观察与思考

1940 年 11 月，位于美国华盛顿州的塔科马海峡大桥（图 6−3−1），耗资 700 万美元，刚刚建成才四个月，只因在一阵阵速度为 60 km/h 的大风作用下，几个小时后它就断裂倒塌了。这是什么原因造成的呢？

图 6−3−1　塔科马海峡大桥

自由振动 像弹簧振子（图 6-3-2）和单摆那样，在振动过程中，若不考虑摩擦力和空气阻力，没有机械能损失，振动将永远继续下去，这种振动称为**自由振动**。物体做自由振动时，振幅不随时间变化，是等幅振动（图 6-3-3）。物体做自由振动的周期称为**固有周期**，它的频率称为**固有频率**。

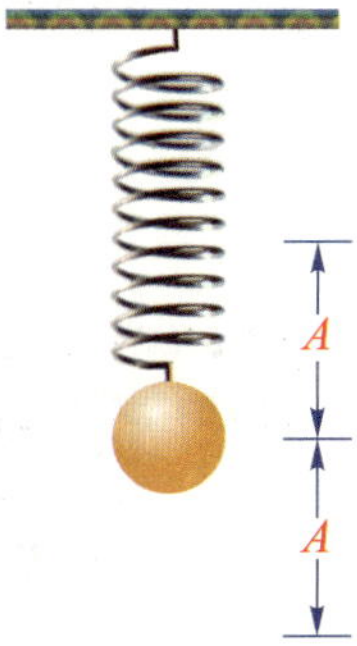

图 6-3-2 自由振动

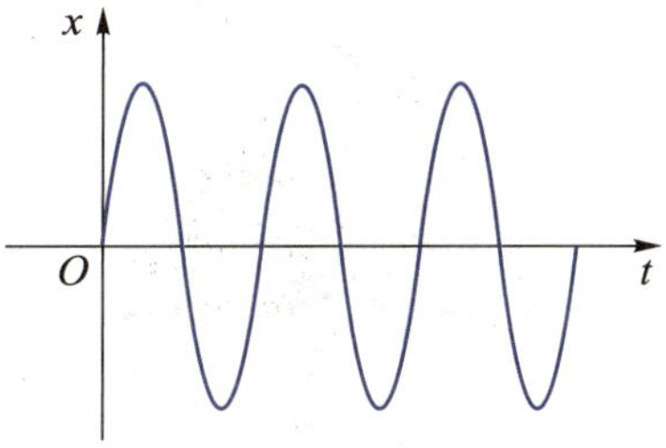

图 6-3-3 自由振动的振幅不变

阻尼振动 由于外界的摩擦和阻力总是存在，不论是弹簧振子还是单摆，在振动过程中要不断克服外界阻力做功而消耗能量，振幅就会逐渐减小，经过一段时间振动就会完全停止下来。这种振幅越来越小的振动称为**阻尼振动**。例如，将弹簧振子放入有水的杯子中振动（图 6-3-4），小球的振动很快会停下来，这就是阻尼振动，阻尼振动的振幅如图 6-3-5 所示。

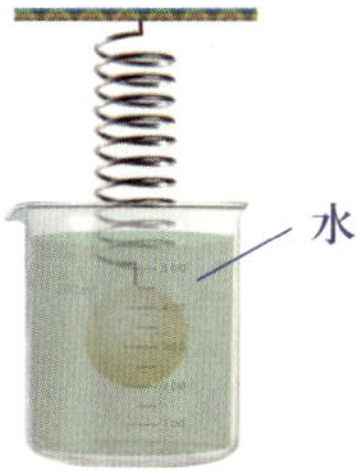

图 6-3-4 阻尼振动

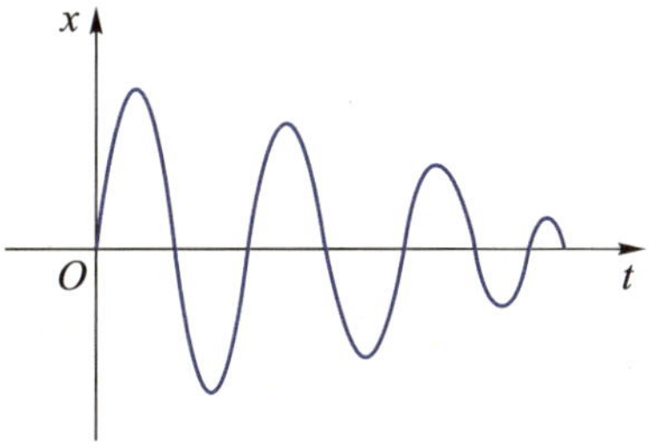

图 6-3-5 阻尼振动的振幅逐渐减小

阻尼振动在日常生活、生产中也有广泛应用，主要是阻尼减振、降噪。例如，将阻尼材料涂在振动源上，这样振动源由于受到阻力就会减小振动，从而减小噪声；汽车防振就是在汽车悬架系统上装有减振器，提高人坐汽车的舒适度。

在航天、航空仪器上都有阻尼器来减振消能，在超高建筑上利用阻尼器减少大风对建筑物的影响，如上海中心大厦的 126 层放置了质量约为 1.0×10^{6} kg 的“上海慧眼”阻尼器（图 6-3-6），广州塔 109 层和 110 层放置了两个质量约为 5.4×10^{5} kg 的消防水箱（图 6-3-7），这些放在摩天大楼上部的阻尼器可谓是“定楼神器”。

图 6-3-6　“上海慧眼”阻尼器

图 6-3-7　广州塔水箱阻尼器

受迫振动　要维持振动物体做等幅振动，必须不断地补偿机械能的损失，这就需要周期性的外力对振动物体做功。这种周期性的外力称为**驱动力**。物体在周期性外力作用下的振动称为**受迫振动**。在生活和生产实践中，不难观察到种种受迫振动现象，例如，汽缸中的活塞往复运动、摆钟的摆动等都是受迫振动。

实验与探究　观察做受迫振动物体的频率与驱动力频率的关系

图 6-3-8 是研究与受迫振动频率相关因素的受迫振动实验装置。接通电源，架子上面的电动机做匀速转动，同时带动偏心轮给弹簧和钩码组成的系统以周期性的驱动力，使钩码做受迫振动。通过改变电动机的转速可调整驱动力的频率，观察钩码做受迫振动时的频率与驱动力频率的关系。

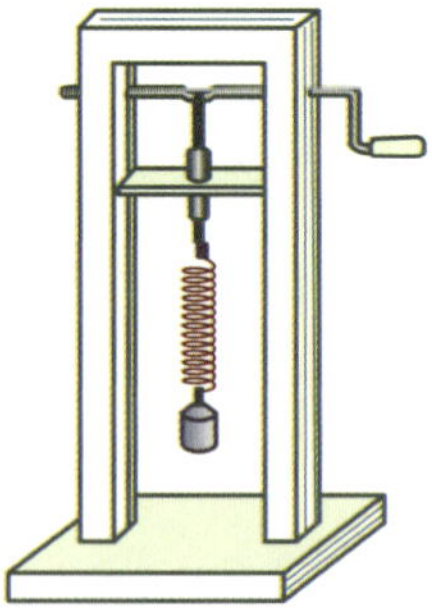
图 6-3-8　受迫振动实验装置

通过实验得到，物体做受迫振动稳定后的频率等于驱动力的频率，与物体的固有频率无关。

共振 既然物体做受迫振动的频率等于驱动力的频率，那么，物体的固有频率对于受迫振动是否毫无影响呢？

实验与探究 探究影响受迫振动物体振幅的因素

如图 6-3-9 所示，在一根张紧的绳上挂四个单摆，其中 A、C 两摆的摆长相等。当 A 摆振动的时候，通过张紧的绳向其余各摆施加周期性的驱动力，使 B、C、D 三个摆做受迫振动。观察什么情况下摆的振幅最大，什么情况下摆的振幅最小。依次改变策动摆的摆长，使其长度与其中一个摆的摆长相等。通过改变摆长相应地改变摆的周期和固有频率，通过观察四个摆振幅的变化，归纳总结出现振幅最大时的条件。

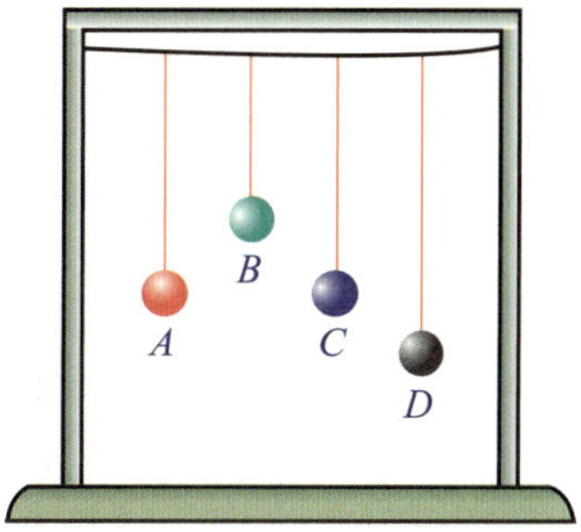

图 6-3-9 研究共振现象

通过实验发现，只有和 A 摆摆长相等的 C 摆的振幅最大，而摆长与 A 摆不等的两个摆 B 和 D 振幅较小。这就是说，驱动力的频率 f 与振动物体的固有频率 f_0 相等时，受迫振动的振幅最大。

由此得出：**受迫振动的物体，在驱动力的频率等于其固有频率时，振幅出现最大值**，这种现象称为**共振**。图 6-3-10 表示受迫振动的振幅随驱动力频率的变化而变化的情形。

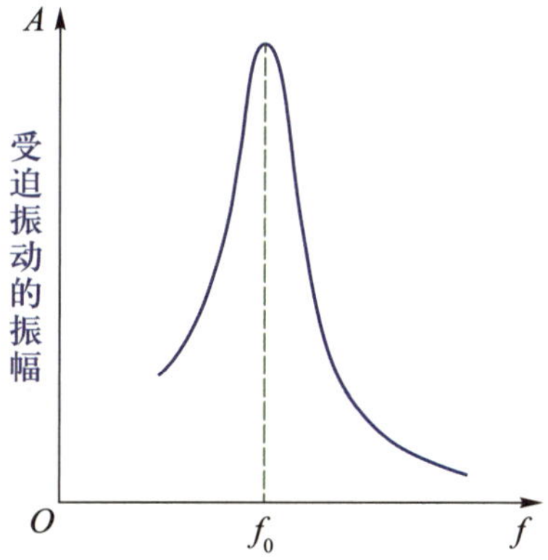

图 6-3-10 振幅随固有频率的变化

共振的能量 为什么会出现上述共振现象呢？这是物体在受迫振动过程中，驱动力对它做功而使其获得能量的结果。振动物体所得的能量，决定于驱动力的周期。在一般情况下，驱动力的周期和物体的固有周期不一定相同，在一个振动周期中，驱动力的方向有时和物体的运动方向一致，有时相反。当方向一致时，驱动力对物体做正功，振动物体的能量增加；当方向相反时，驱动力对物体做负功，振动物体的能量减少。所以，只有在驱动力和振动物体“合拍”时，也就是驱动力的频率和物体的固有频率相等时，驱动力在整个周期中对物体都做正功，使振动物体的能量越来越大，振幅也越来越大，直到驱动力做功供给振动物体的能量等于它克服阻力做功消耗的能量时，振幅不再增大，即达到最大振幅。

【例题】图 6-3-11 所示是测量各种发动机转速的转速计原理图。在同一铁支架 PQ 上焊有四个钢片 A、B、C、D，固有频率依次为 80 Hz、60 Hz、40 Hz、20 Hz。现将 P 端与正在转动的电动机接触，发现 C 钢片振幅最大，则此时各钢片的振动频率分别是多少？

图 6-3-11　转速计原理图

分析： C 钢片振幅最大时说明发生了共振，依据共振发生条件可知，电动机的转动频率等于 C 钢片的固有频率 40 Hz。依据受迫振动稳定后的频率等于驱动力的频率，而与物体的固有频率无关，可判断出 A、B、D 各钢片的振动频率。

解： 各钢片的振动频率都是 40 Hz。

讨论： 将焊有四个钢片的铁支架 PQ 与电动机接触，铁支架 PQ 及其上面的四个钢片都将做受迫振动，电动机的转动频率就是驱动力的频率。依据共振发生条件、受迫振动频率的决定因素，来判断各钢片的振动频率。

思考与讨论

声波可以碎杯。用手指轻弹一只玻璃杯，可以听到清脆的声音，如果测得该声波的频率约为 500 Hz，接着将这只玻璃杯放在左右两个大功率的声波发生器之间，如图 6-3-12 所示，其发出的声波的频率为多大时能使玻璃杯破碎？为什么会发生这种现象？与同学讨论，是不是音调越高玻璃杯越容易碎？

图 6-3-12　“声波碎杯”模拟实验

共振的利用和防止　共振现象有许多应用。例如，测量各种发动机转速的测速计（图 6-3-13 为测速计的示意图）、选矿用的共振筛（图 6-3-14 为共振筛的示意图）等都是利用共振原理制成的。在无线电技术中，收音机就是利用电共振（电谐振）的原理来收听不同电台的广播的。

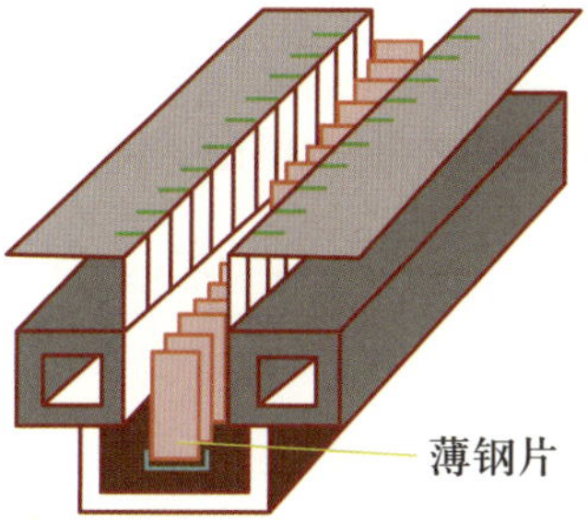

图 6-3-13 测速计的示意图

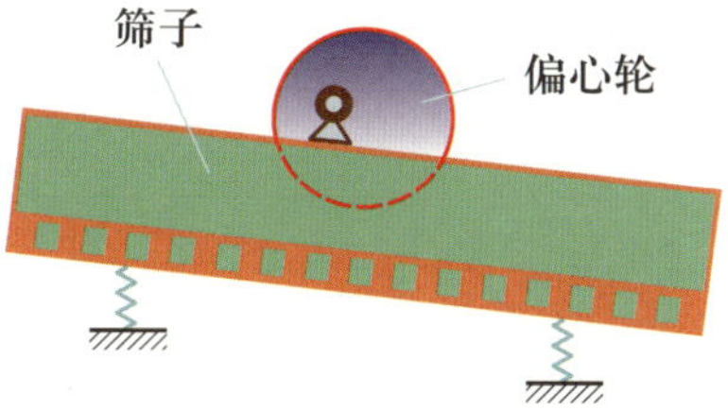

图 6-3-14 共振筛的示意图

在修建桥梁时，需要将管柱打入江底。工人常使打桩机打击管柱的频率接近管柱的固有频率，让管柱接近共振状态而激烈振动，加快周围泥沙的松动，提高打桩的速度。履带式打桩机（图 6-3-15）作业时，电动机带动偏心块的旋转使整个系统产生上下振动，当桩受到强迫振动接近共振时，使得桩能够轻松地沉入松动的土中。

图 6-3-15 履带式打桩机

但是，在某些情况下，共振又会引起危害。如一列队伍或火车通过桥梁时，整齐步伐的作用力和火车车轮对铁轨接头的撞击力都是周期性的外力，如果这种周期性外力的频率接近或等于桥梁的固有频率时，就可能使桥的振幅大到使桥梁破裂的程度。又如机器的转动部分不可能造得完全匀称，因此机器转动时会产生周期性的外力，如果外力的频率接近或等于机器的固有频率时，就可能引起共振，损坏机座。为了避免这种情况，要采取特殊的措施，如控制机器的转速，使驱动力频率与机器的固有频率不一致。

总之，在需要利用共振的时候，应该使驱动力的频率接近或等于振动物体的固有频率。在需要防止共振危害的时候，要想办法使驱动力频率和固有频率不相等，而且相差得越多越好。

行为与责任

加强安全意识，避免或减弱共振带来的危害。在登山时严禁大声高喊，避免由于共振引起碎石滑落或雪崩；在结队过桥时要便步走，避免由于共振引起桥梁坍塌；在手工操作机械时，要使各类机械的振动频率大于 20 Hz，避免工作时机械振动的频率接近人体心脏、大脑等器官的固有频率，以防发生共振。

技术应用　工程中的振动及控制

工程中利用振动原理工作的设备很多，采矿、冶金、煤炭、石油化工、机械等领域的很多工艺过程也是通过振动机械和振动仪器完成的。

机床的振动及控制　机床（图 6-3-16）在加工过程中，工件和刀具之间常常发生强烈的振动，破坏和干扰了正常的切削加工，是一种极其有害的现象。当机床发生振动时，工件表面质量恶化，表面粗糙度增大；由于振动，机床和刀具磨损加剧，机床和刀具的使用寿命缩短；振动时还伴随有噪声，危害工人身心健康，使工作环境恶化。将振源与机床隔离，提高轴承装配精度和机床传动的制造精度，采用安装减振器和阻尼器等措施都可以有效地控制机床的振动。

发动机的振动及控制　发动机（图 6-3-17）是工程机械的主要振动源。发动机振动的传播直接影响工程机械的整机可靠性和使用寿命。因此，必须合理采取振源控制、隔振、减振、阻尼控制等有效方法来减小振动。

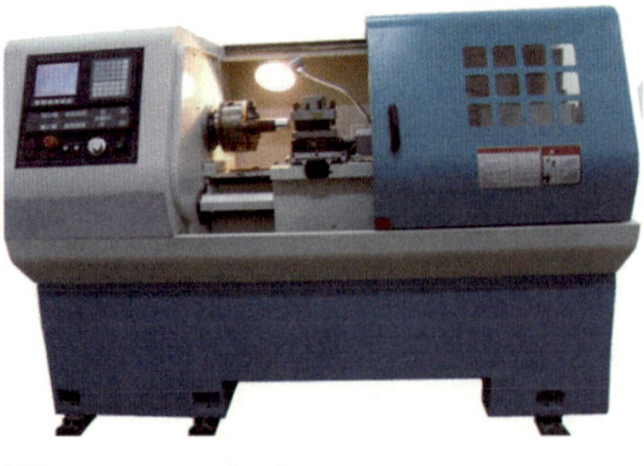

图 6-3-16　机床

图 6-3-17　发动机

设计机械设备时，应周密地考虑所设计的对象会出现何种振动及振动的程度，把振动量控制在允许范围内。这是决定设计方案时需要解决的问题。已有的机械设备出现超过允许范围的振动时，需要采取减振措施。为了减小机械设备本身的振动，可配置各类减振器。为减小机械设备振动对周围环境的影响，或减小周围环境的振动对机械设备的影响，可采取隔振措施。

实践与探索

在弹簧下端挂一重物，用手捏住弹簧的上端，上下抖动。你能观察到共振现象吗？试试看。

练习与应用（Ⅰ）

1. 我国北宋科学家沈括在《梦溪笔谈》中指出："欲知其应者，先调诸弦令声和，乃剪纸人加弦上，鼓其应弦，则纸人跃，他弦即不动。"说的是确定应弦的方法：要想观看纸人与琴弦相应的现象，可以先把各弦的音调调准，然后剪一个纸人放到琴弦上。这时只有弹拨与其相应的琴弦，纸人才会跳动，弹拨其他琴弦，纸人不动。这个纸人实验比欧洲所做的类似实验早好几个世纪。与同学讨论，读了这段文字有什么感悟？纸人跳动的原因是什么？

2. 一单摆做阻尼振动，则在振动过程中，下列说法错误的是（　　）。

A. 振幅越来越小　　B. 机械能减少

C. 振幅不变　　D. 机械能守恒，频率不变

3. 下列不属于受迫振动的是（　　）。

A. 发动机正在运转时汽车的振动　　B. 机器运转时底座发生的振动

C. 吊床上小孩随着一起摆动　　D. 汽缸中的活塞往复运动

4. 火车车轮经过铁轨接缝处时，即发生一次振动。若车厢的减振弹簧的固有周期是 2.5 s，铁轨的长度是 12.5 m，火车以多大的速度运行时，车厢的振动最剧烈？火车司机应当采取怎样的措施避免这种现象？

练习与应用（Ⅱ）

1. 尝试用声音熄灭蜡烛。材料有吹风机、瓶子四个（两两相同）、亚克力透明板、透明宽胶带、蜡烛一个。吹风机对着亚克力板左侧的瓶口吹风，板右侧蜡烛火焰没有变化。若将蜡烛火焰放在另一相同瓶的瓶口（图 6-3-18），蜡烛火焰有变化吗？为什么？若将蜡烛火焰放在另一不同瓶的瓶口，蜡烛火焰有变化吗？为什么？

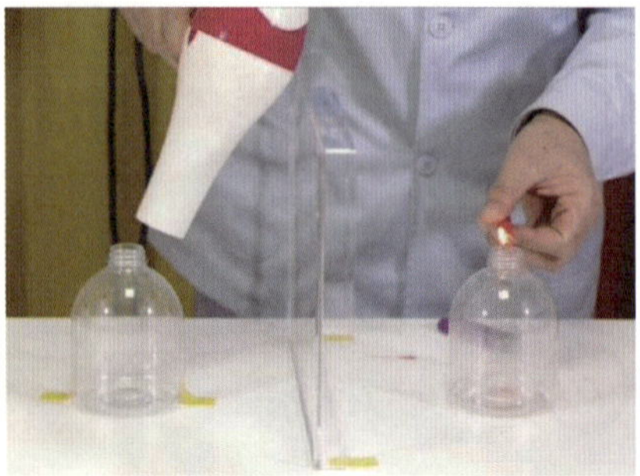

图 6-3-18 声音熄灭蜡烛实验

2. 很多高层建筑都会安装减振耗能阻尼器，用来控制强风或地震导致的振动。阻尼器相当于一个巨型质量块，将它悬挂在大楼上方，它的摆动会产生一个反作用力，在建筑物摇晃时往反方向摆动，会使大楼摆动的幅度减小。某大楼使用的阻尼器重达 660 t，如图 6-3-19 所示，关于阻尼器，下列说法正确的是（　　）。

A. 阻尼器做受迫振动，振动频率与大楼的振动频率相同

B. 阻尼器与大楼摆动幅度相同

C. 阻尼器摆动后，摆动方向始终与大楼的振动方向相同

D. 阻尼器摆动幅度不受风力大小影响

3. 图 6-3-20 为某科技馆里供观众体验的共振秋千。当观众坐上秋千，双脚离地，前后摆动时，会发现对面的球摆也跟着大幅度摆动，这是为什么？

图 6-3-19 阻尼器

图 6-3-20 共振秋千

4. 汽车的车身下面均安装有减振弹簧，如果减振弹簧的固有周期是 1.5 s，在接近收费站的道路上，安装了若干条突出路面且与行驶方向垂直的减速带，减速带间距 9 m。则汽车行驶速度为多少时颠簸得最厉害？

6.4 机械波

观察与思考

波对我们大多数人来说，并不陌生。当你站在河边，向平静的水中投一颗石子，水面受到石子的撞击，开始振动。这种振动并不停留在一点，而是以水波的形式向四周传去，没过多久，离石子落点相当远的水面，也振动起来，如图 6-4-1 所示。当你和大家交谈时，发出的声音是声波；当你收看电视机或收听收音机时，接收到的是电磁波。各种形式的波就在我们身边。那么什么是波？它是如何产生的？又是如何传播的？

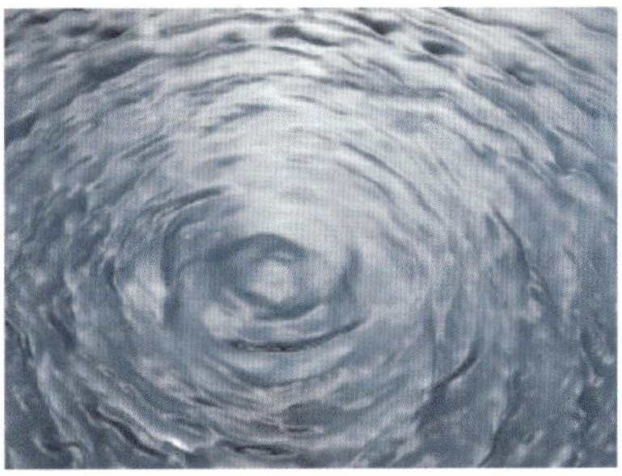

图 6-4-1 水波

机械波 我们可以做这样一个小实验：把绳的一端固定，用手拿着另一端上下摆动，你就会看到一列凸凹相间的波向绳子的另一端传去，如图 6-4-2 所示。这样，由于手拿着的这一端的振动，绳上各点也先后发生振动，从而形成绳子上的波。

图 6-4-2 绳子形成的波

再如，把长螺圈弹簧用细线水平地悬挂起来，它的一端连接在固定于薄金属片的金属球上，如图 6-4-3 所示。当金属球左右振动时，振动就会沿弹簧纵向传播出去。在弹簧某处加一标志，可看见这标志也左右振动，而在标志附近，则一会儿变密，一会儿变疏，整个波形表现为疏密相间的状态。

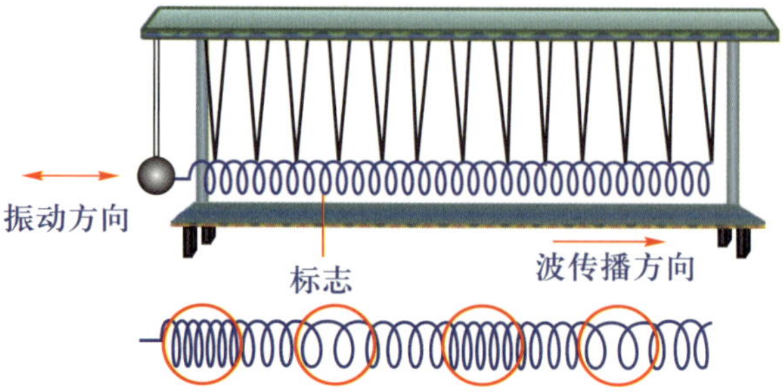

图 6-4-3　弹簧形成的波

以上例子说明，物体的振动会通过周围物质向外传播出去，我们把这种传播振动的物质称为**介质**。因此，我们**把机械振动在弹性介质中的传播**称为**机械波**。

波是传递能量的一种方式　我们仔细观察在水波中荡漾的树叶、枝条就会发现，它们并不随着水波向外移动，而只是在原来的位置上下浮动。绳上的凸凹波和弹簧上的疏密波也是一样，各个质点只在原来的平衡位置附近做往复运动，并没有随着波一起向前移动。这表明介质虽然能够以波的形式把振动传播出去，但介质中的物质本身并没有随着波一起迁移。而本来静止的质点，随着波的传来而开始振动，这表明它获得的这部分能量是波从波源传来的，所以波在传播振动的同时，也将波源的振动能量传递出去。因此，**波是传递能量的一种方式**。

横波和纵波　按照质点振动方向与波的传播方向之间的关系，可以把波分成横波和纵波。

实验与探究　观察横波的产生过程和传播特点

如图 6-4-4 所示是横波演示器，可以用来模拟横波的产生和传播过程。握住手柄逆时针转动，直至 16 个振子都回到平衡位置的中线上，再顺时针均匀地旋转手柄，让各个质点依次起振，形成一列波。通过观察、分析归纳横波的产生原因、产生过程及传播规律。

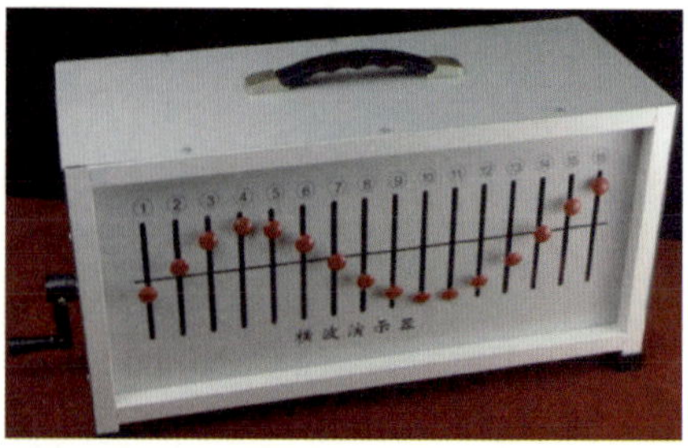

图 6-4-4　横波演示器

通过横波演示器的模拟实验可知，各个质点不是同时起振，在向右传播过程中形成凸凹相间的波形，但其中的任何一个质点在传播方向上都没有发生移动，质点只是上下振动，质点的振动方向与波的传播方向垂直。

质点振动方向与波的传播方向垂直，这种波称为**横波**。在图 6–4–5 所示的绳子形成的横波中，凸起部分的最高点通常称为**波峰**，凹下部分的最低点通常称为**波谷**。

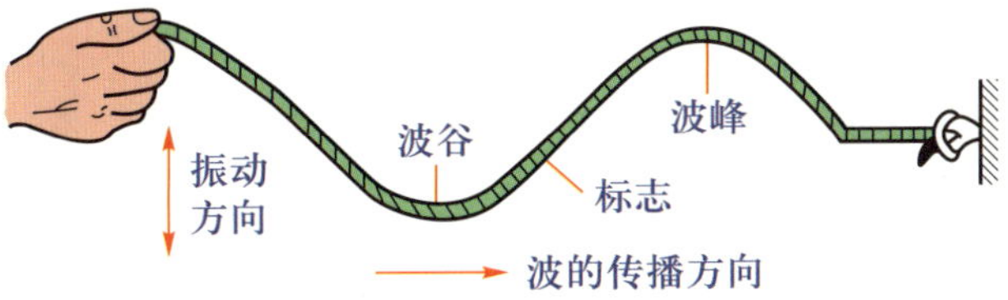

图 6–4–5　横波的产生过程

在图 6–4–3 所示的螺旋弹簧上的疏密波中，质点左右振动，波向右传播，**质点的振动方向与波的传播方向在同一直线上**，这种波称为**纵波**。在纵波中，质点分布较密的部分称为**密部**，质点分布较稀的部分称为**疏部**。

波长、频率和波速的关系　在波动过程中，振动在介质中的传播速度称为**波速**。理论和实验都表明，对于确定的一列波来说，波速是由介质本身的性质决定的。例如，声波在空气中的传播速度是 340 m/s，而在水中的速度是 1 450 m/s 等。

在研究波的现象时，还常用到一个名为波长的物理量。**在一个周期的时间内，振动在介质内传播的距离**，称为**波长**，常用字母 λ 来表示。横波上两个相邻波峰之间的距离，或两个相邻波谷之间的距离，都等于波长（图 6–4–6）。纵波上两个相邻的密部（或疏部）的中央之间的距离，等于波长。

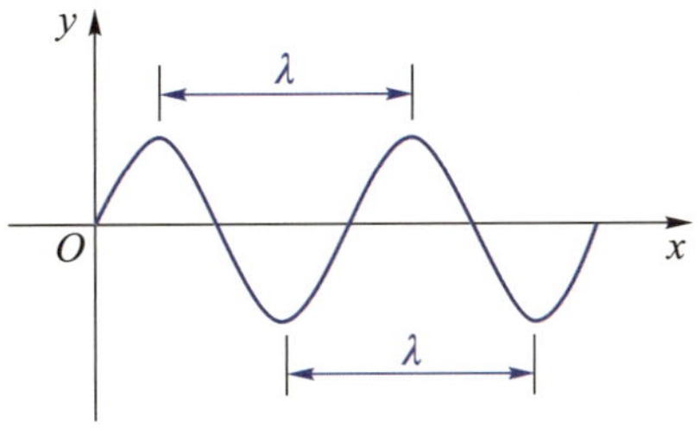

图 6–4–6　横波的波长

在国际单位制中，波长的单位是 m（米）。

波长与频率和波速有着密切的关系。在均匀介质中，对于确定的一列波来说，振动是匀速传播的，也就是说波速是恒量。这时，波长就等于波速和周期的乘积，或者说波速等于波长和频率的乘积。即

$$\lambda = vT = \frac{v}{f} \quad 或 \quad v = \lambda f = \frac{\lambda}{f}$$

上述公式，虽然是从机械波得到的，但是它对于以后将要学习的电磁波、光波也是适用的。

声波　我们用橡皮锤敲一下音叉，音叉振动，于是我们听到了音叉发出的声音；音叉停止振动，声音就随之消失。声源振动发出的声音，怎么能传到人耳呢？这是因为在声源和人耳之间存在着传播振动的介质——空气。声源的振动，使周围的空气产生疏密变化，形成疏密相间的纵波，声源振动的能量通过空气传入人耳，使耳膜发生振动，人们就产生了声音的感觉。图 6-4-7 是空气中声波传递的示意图。但是人耳听到的振动频率，是有一定范围的，这个范围大约在 20～20 000 Hz 之间，低于 20 Hz 或高于 20 000 Hz，我们就不能听见它发出的声音。

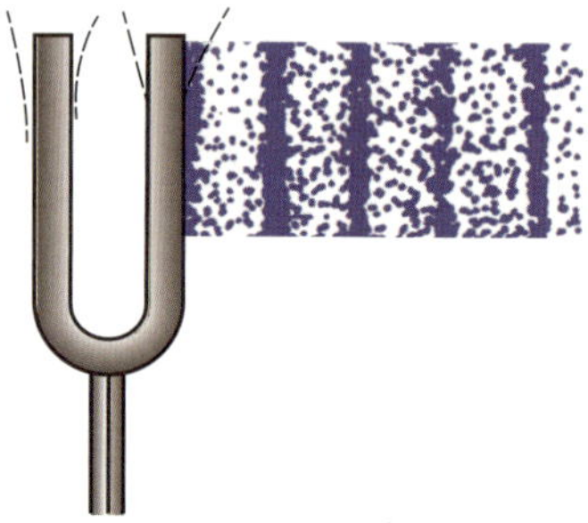

图 6-4-7　空气中声波传递的示意图

不仅空气能传播声波，其他气体、固体和液体也能传播声波。关严窗户，仍然能听到室外的声音，是因为玻璃能传播声波。隔壁房间里的声音，也能传到我们的耳朵，说明墙壁也能传声。把耳朵贴在地面上可以听到远处的声音，潜水员在水里也能听到岸上说话的声音，这些都是固体和液体传声的例子。

有振源，就一定能形成声波吗？

实验与探究　观察真空能否传声

将正在响铃的闹钟放在玻璃罩里，如图 6-4-8 所示。打开抽气机，开始抽取罩内空气。观察抽气过程中闹钟的铃声如何变化。

从实验中发现，用抽气机抽出罩内的空气，我们听到闹钟的声音越来越小。如果抽完罩内的空气，就听不到闹钟的铃声。钟罩里处于真空状态时，没有传声的介质，人们就不会听到声音。

图 6-4-8　观察闹钟里铃声的变化

思维与方法 实验推理法

推理法是在实验基础上经过概括、抽象、推理得出规律的一种研究问题的方法，但得出的某些规律却又不能用实验直接验证，又称理想实验法。“真空不能传声”是在实验的基础上，进行合理的、科学的推理，得出的结论。

在不同的介质里，声波的传播速度也不同。声波在 0 ℃的空气里传播速度是 332 m/s，在 20 ℃时的传播速度为 344 m/s，30 ℃时的传播速度为 349 m/s。声波在水里的传播速度大约是在空气里的 4.4 倍，在金属里传播得更快。表 6-4-1 是 0 ℃时的几种介质中的声速。

表 6-4-1 0 ℃时的几种介质中的声速

介质	$v/(\mathrm{m\cdot s^{-1}})$	介质	$v/(\mathrm{m\cdot s^{-1}})$
空气	332	玻璃	5 000～6 000
水	1 450	松木	3 320
铜	3 800	软木	430～530
铁	4 900	橡胶	30～50

声波一般是沿直线传播的，在遇到障碍物时会反射回来，比如，我们对着空旷的大山呼喊，听到的回声就是反射声波。

超声波 频率低于 20 Hz 或高于 20 000 Hz，都不能引起人的听觉。高于 20 000 Hz 的声波称为**超声波**，低于 20 Hz 的声波称为**次声波**。超声波在现代生产技术和科学研究中有许多重要应用。超声波的技术应用，主要有以下几个方面。

测量距离 超声波的波长非常短，可以定向发射。它在水中传播的距离要比光波和无线电波远得多。声呐（水声测位仪）就是根据超声波的这种特性制成的装置。这种装置既能发出短促的超声波脉冲，又能接收被潜艇、鱼群或海底反射回来的超声波，根据反射滞后的时间和波速，就可以确定潜艇、鱼群的位置或海底深度（图 6-4-9）。

医学诊断和成像 在医疗诊断中则常采用回声法，将弱超声波透入人体内部，当超声波遇到内脏的界面时，便发生反射和透射。透射入内脏内部的超声波，再遇到界面时还会再次发生反射和透射，超声波接收器专门接收各次的反射波。医务人员根据所收到的各次反射波的时间间隔和波的强弱，就能够了解到内脏的大小、位置及其内部的病变等。平常说的“B 超”就是根据内脏反射的超声波进行造影，帮助医生分析人体内的病变（图 6-4-10）。

图 6-4-9　超声波测量

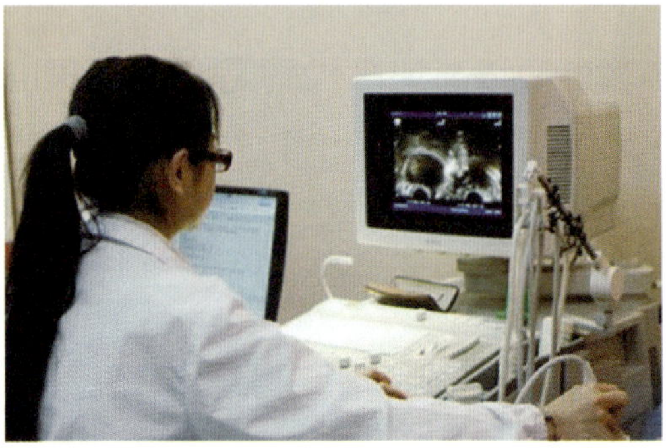

图 6-4-10　B 超检查

超声探伤　超声波的穿透能力很强，能透过几米厚的金属。在工业生产中利用超声波的穿透能力，可以制成超声波探伤仪，用来探查金属内部的缺陷。

超声加工　在工业上，利用强超声波可以对钢铁、陶瓷、宝石、金刚石等坚硬物体进行钻孔和切削加工。

超声检测　超声检测是指利用超声波对材料内部缺陷进行检查的一种无损检测方法。目前，我国工业智能超声检测技术已达到了国际领先水平，如 2018 年，我国首次通过车轮裂纹探伤系统给动车组列车做超声检测（图 6-4-11）。

图 6-4-11　动车组列车超声检测

2020 年奋斗者号潜水器进行万米级海试时，利用超声波对载人舱进行检测。利用超声波对“华龙一号”核反应堆压力容器进行智能检测。超声检测还应用于三峡工程、空间站和运载火箭等工程，显著提高了我国重大工程和装备制造质量。

次声波 次声波又称亚声波，它的频率范围为 10^{-4}～20 Hz。次声波产生的声源是相当广泛的，现在人们已经知道的次声源有：火山爆发、坠入大气层中的流星、极光、地震、海啸、台风、雷暴、龙卷风、电离层扰动，等等。利用人工的方法也能产生次声波，例如核爆炸、火箭发射、化学爆炸，等等。

由于次声波的频率很低，它显示出了种种奇特的性质。其中，最显著的特点是次声波不容易被吸收，所以它的传播距离就很远。许多灾害性的自然现象，如火山爆发、龙卷风、雷暴、台风等，在发生之前可能会辐射出次声波，人们就有可能利用这些前兆现象来预测和预报这些灾害事件的发生。

技术应用 机床噪声及其控制

机床噪声来源及特点 我国颁布的国家标准《金属切削机床通用技术条件》规定了机床噪声的允许标准。对于高精度机床，噪声不大于 75 dB；对于精密机床和普通机床（图 6-4-12），噪声不大于 85 dB。上述仅表明机床本身的质量水平，它是机床的空运转噪声。图 6-4-13 为一台机床空运转和切削时的噪声频谱图（1-空转噪声，2-切削噪声）。机床在实际使用中，除了机床空运转噪声外，还有很大的切削噪声。尤其对那些已经磨损的旧机床，在切削载荷的激发下，噪声更为强烈。

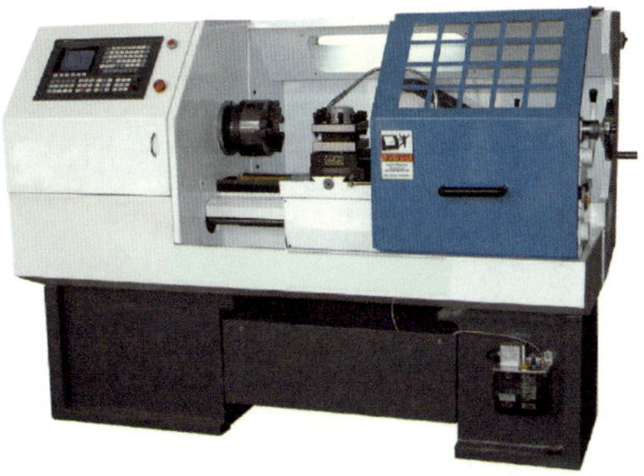
图 6-4-12 数控机床

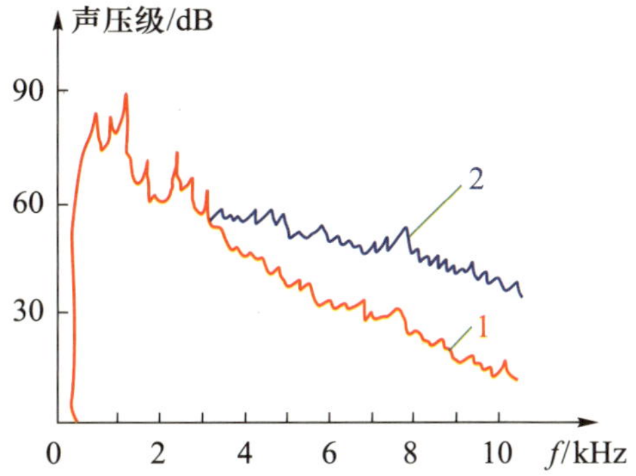

图 6-4-13 机床的空转与切削噪声

机床噪声的控制　机床空运转噪声是由机床结构本身激发，它与机床的结构形式、机械传动系统的布置、传动件的设计和安装质量等因素有密切关系。切削噪声是在一定切削条件下产生的，其中包括了刀具、夹具和工件系统的状况。机床噪声源主要是传动系统声及与切削过程有关的声辐射等。

（1）机床空运转噪声　机床空运转噪声主要来源于齿轮箱（图 6-4-14）和运动回转部件，主要分布在 3 kHz 以内，可通过改善齿轮、轴承、箱体等零件特性以及合理应用阻尼材料得到控制。

滚动轴承（图 6-4-15）是主要的噪声源。选用合适的轴承类型，尽可能用滑动轴承替代滚动轴承；为了降低轴承噪声，必须避免轴承超载；尽量选择精度高的轴承；选择合理的轴承润滑系统，良好的润滑可以降低轴承噪声。

图 6-4-14　齿轮箱

图 6-4-15　滚动轴承

（2）切削噪声的控制　正确选择加工工艺和切削用量。比如，在切削过程中，有时会遇到尖锐、刺耳的声音，当改变切削用量时，噪声会立即降低或消失。在机床的实际使用中，有经验的操作者可根据噪声的大小，来判断切削用量是否合理；选择合适的刀具、及时更换磨损的刀具，也是降低机床噪声的有效方法。

练习与应用（Ⅰ）

1. 在月球上人与人之间即使离得很近，宇航员相互说话也听不见，只能通过无线电交谈。这是为什么？

2. 下列关于机械振动和机械波的说法错误的是（　　）。

A. 有机械振动就一定有机械波

B. 有机械波就一定有机械振动

C. 机械振动是一个质点的运动，机械波是许多质点的往复运动

D. 振动是由于质点所受到的回复力，波动是由于介质中各质点间存在弹力

3. 关于机械波的认识，错误的是（　　）。

A. 介质中各质点存在相互作用力，质点的振动形式由近及远地传播

B. 波在传播过程中，频率保持不变

C. 波是传递能量的一种方式

D. 横波和纵波不可以同时在同一介质中传播

4. 已知空气中声波的速度是 340 m/s，求频率为 265 Hz 和 512 Hz 的两个音叉在空气中所产生的声波的波长。

练习与应用（Ⅱ）

1. 查阅在生产和生活中利用超声波的实例，写出调查小报告，并在课堂上展示交流。

2. 下列关于机械波传播说法中错误的是（　　）。

A. 各质点围绕各自的中心位置做机械振动，质点并不随波迁移

B. 各质点的起振方向都相同，且与波源的起振方向相同

C. 各质点的振动周期都相等，且与波源的振动周期相等

D. 各个质点同时起振，振幅相等

3. 达・芬奇曾说：“水波离开了它产生的地方，而那里的水并不离开，就像风在田野里掀起的麦浪。我们看到，麦浪滚滚地在田野里奔去，但是麦子却仍旧留在原来的地方。”此现象说明了波传播的特点是（　　）。

A. 介质中各质点围绕各自的平衡位置做机械振动，质点并不随波迁移

B. 波传播振动形式、能量

C. 波源带动各个质点，由近及远地先后振动

D. 沿波的传播方向上各质点的起振方向与波源的起振方向一致

4. 一声波在空气中的波长是 0.25 m，波速是 340 m/s，当它以同一频率进入另一介质时，波长变成了 0.79 m，求它在这种介质中的传播速度。

6.5　波的干涉和衍射

观察与思考

前面我们研究的是一个波源产生一列波的传播情况。实际上，常常有几列不同的波同时在介质中传播的情况。例如，在平静的水面上用两个相同的小球以相同的频率上下振动，此时在水面上便产生两列水波（图 6–5–1）。这两列水波在传播过程中相遇，在相遇的区域里（图 6–5–2），将发生什么现象？有什么规律呢？

图 6–5–1　两列水波相遇

图 6–5–2　两列水波叠加

下面我们来研究大家不太熟悉但又十分重要的一些现象。

波的叠加　在教室里，如果几个同学同时说话或者有几种不同乐器的乐队在演奏时，我们可以辨别各个人说话的声音或各种乐器演奏的声音，这表明在同一介质中存在多个波时，各波源形成波的各种特性，如频率、振幅、振动方向、波长、波速和传播方向等，都不因别的波的同时存在而改变。在波的交叠区域中，根据运动叠加原理可知，任一质点的振动，是各个波在该点激起的振动的合成。这就是**波的叠加**。

当频率、振动方向和传播方向都相同，但振幅不同的两列波发生叠加时，如果两列波所引起的同一质点的运动方向始终相同，则振动加强，合振幅为两个振幅之和，达到最大，如图 6–5–3 所示。如果上述两列波所引起的同一质点的运动方向始终相反，则振动减弱，合振幅为两振幅之差，达到最小，如图 6–5–4 所示。

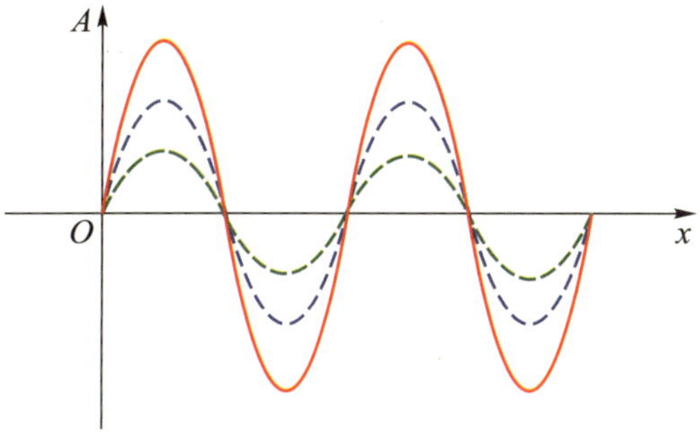

图 6–5–3　波峰与波峰的叠加

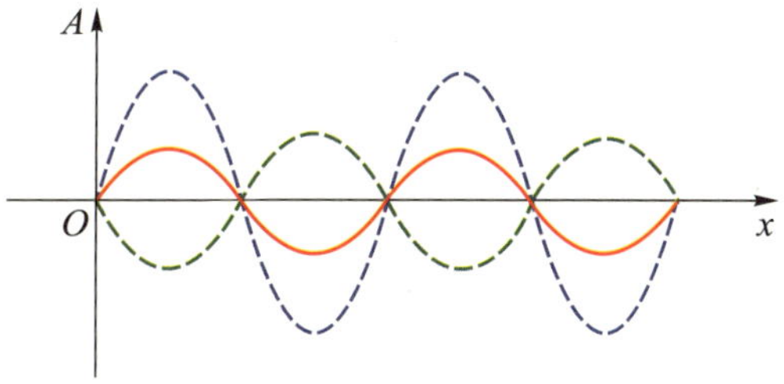

图 6–5–4　波峰与波谷的叠加

波的干涉　一般来说，频率、振动方向等都不相同的几列波相遇时，叠加的情况是十分复杂的。现在我们只讨论一种最简单的重要情形，即两个频率相同，振动方向也相同的波源产生的两列波的叠加情形。

实验与探究　观察两列水波在相遇区域的传播规律

图 6–5–5 是水槽演示仪，把两根细金属丝固定在金属薄片上，让两根相同的细金属丝的下端刚好接触水面。匀速转动马达，使两根细金属丝同时在水中振动，观察两列水波在相遇区域的传播规律。

图 6–5–5　水槽演示仪

实验发现，当金属薄片振动起来的时候，两根细金属丝就周期性地接触水面，形成两个周期（或频率）、振幅都相同的圆形波 S_1 和 S_2。这两列波重叠时，重叠范围内介质的质点同时受到两个波的作用，若两波的波峰（或波谷）同时抵达同一地点时，两列波会产生最大的振幅，振动始终加强；若一列波的波峰与另一列波的波谷同时抵达同一地点，两列波会产生最小的振幅，振动始终减弱，并且加强区域或减弱区域相互间隔（图 6–5–6），就会形成如图 6–5–7 所示的明暗相间的水波干涉图样。

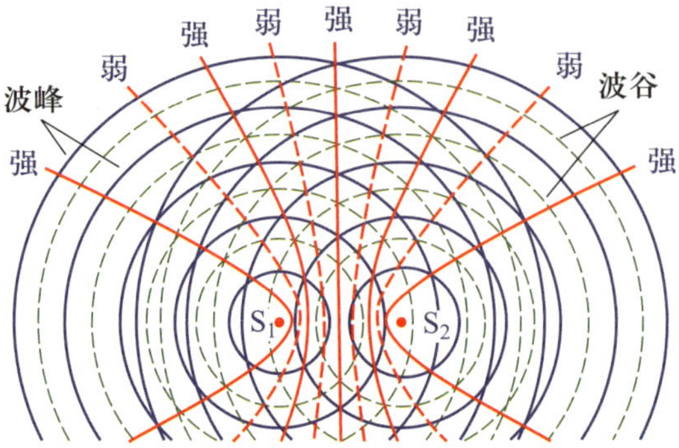

图 6-5-6　两列相同的波叠加

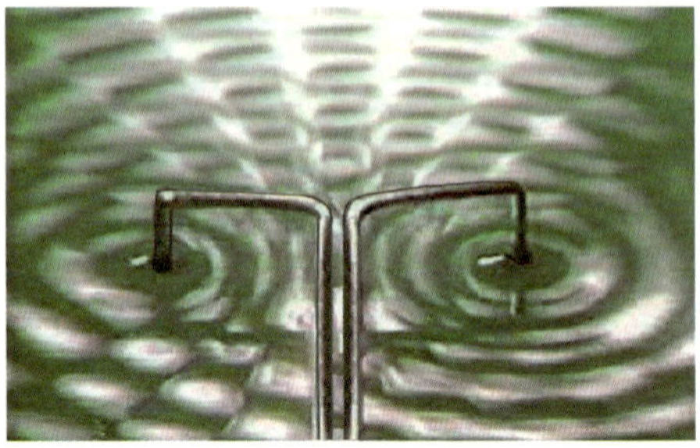

图 6-5-7　水波的干涉的图样

频率相同、振动方向也相同的两列波叠加，使某些区域的振动始终加强，某些区域的振动始终减弱，并且振动加强和振动减弱的区域互相间隔，这种现象称为**波的干涉**。

干涉现象是波动的重要特性之一。不仅水波能发生干涉现象，其他种类的波在叠加时也可能产生干涉现象。因此，人们常用这种特性来判断某种运动是否具有波动性。

波的干涉广泛应用于精密测量，也应用于现代的超声全息图、全息摄影等新技术中。

【例题 1】两列水波，S_1、S_2 是相干波源，波峰用实线表示，波谷用虚线表示，如图 6-5-8 所示，以下说法正确的是（　　）。

A. 振动加强的点是 b、c

B. 振动加强的点是 a、d

C. 振动加强的点是 a、b、c、d

D. 经过半周期，振动加强的点是 b、c

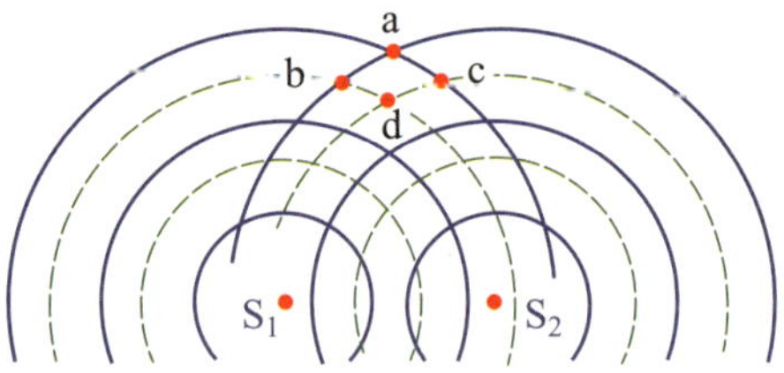

图 6-5-8　相干波源的叠加

解：a 是峰峰叠加，振动加强，d 是谷谷相遇，振动加强，而 b、c 均为峰谷相遇，叠加削弱，为振动减弱的点，选项 B 正确，A、C 均错误。随着时间的推移，点的性质永远不变（加强的永远加强、减弱的永远减弱），选项 D 错误。

波的衍射　闻其声而不见其人，这种司空见惯的现象包含什么道理呢？我们在水塘边可以看到，微风激起的水波，它可以绕过水面的芦苇、木桩继续传播，好像它们并不存在。这种**波绕过障碍物的现象**，称为**波的衍射**。

除了利用小障碍物外，在波的前进的方向上放一个有孔的屏，也可以观察波的衍射现象。现在，我们就用水波演示仪观察水波通过缝的情形，来进一步研究能发生明显衍射现象的条件。

实验与探究　探究产生明显衍射的条件

利用水波演示仪做以下实验。在波源前方放一个障碍物或一窄缝，观察水波通过窄缝或障碍物后发生的现象。（1）保持波源不变，将窄缝或障碍物由大逐渐变小；（2）保持窄缝或障碍物大小不变，将水波的波长逐渐变大或逐渐变小。发生明显衍射现象时（图 6-5-9），讨论窄缝或障碍物的宽度与波长的关系。

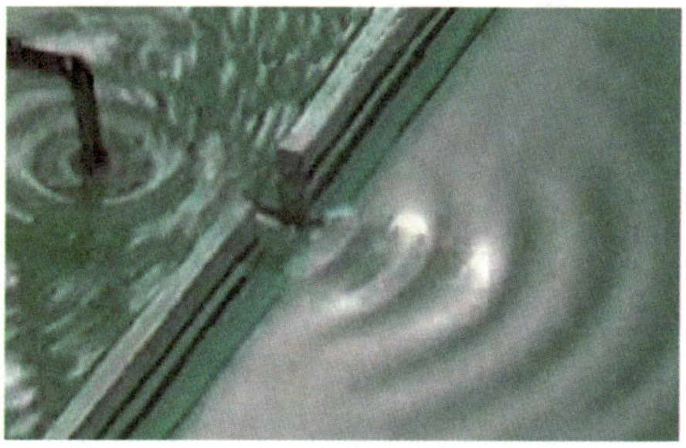

图 6-5-9　水波的衍射

从实验中发现，窄缝或障碍物的宽度与波长相比非常大时，水波将沿直线传播（图 6-5-10），观察不到衍射现象。窄缝或障碍物的宽度比波长大得越多，衍射现象越不明显；窄缝或障碍物的宽度与波长相差不多时（图 6-5-11），有明显的衍射现象。

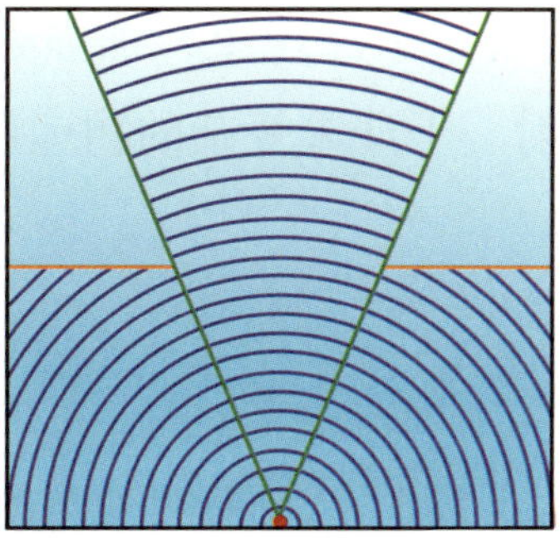

图 6-5-10　波不发生衍射

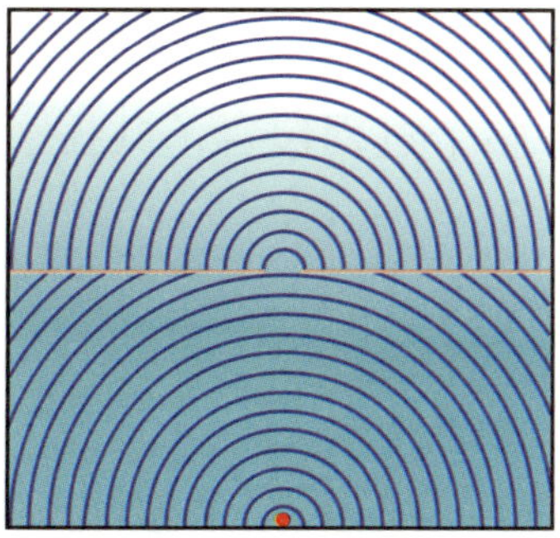

图 6-5-11　波的衍射

可闻声波的波长范围是 0.017～17 m，人讲话声音的波长范围是 0.25～5 m，与一般障碍物尺寸相比，容易发生衍射。而光波波长在 0.4～0.8 μm 的范围内，若非特殊情况，很难产生明显的衍射。这就是闻其声而不见其人的原因。

【例题 2】下列关于波的衍射的说法正确的是（　　）。

A. 衍射是机械波特有的现象

B. 对同一列波，缝、孔或障碍物的尺寸越大衍射现象越明显

C. 只有横波才能发生衍射现象，纵波不能发生衍射现象

D. 声波容易发生衍射是由于声波波长较长

解：一切波（包括横波、纵波）都能发生衍射，衍射是波特有的现象，所以选项 A、C 是错误的，只有缝、孔的宽度或障碍物的尺寸跟波长差不多或比波长小时才能观察到明显的衍射现象，所以选项 B 是错误的。声波的波长在 1.7 cm 到 17 m 之间，一般常见的障碍物或孔的大小可与之相比，正是由于声波的波长较长，声波容易发生衍射现象，所以选项 D 是正确的。

我国汉代有一种叫“鱼洗”的青铜器皿，因铜盆内壁铸有四条鱼，故称“鱼洗”，如图 6-5-12 所示。它很巧妙地利用波的干涉的原理。

图 6-5-12　鱼洗

把鱼洗盛满水，然后用双手有节奏地缓慢摩擦洗耳的上部，它会发出蜂鸣声。当两手摩擦洗耳时所引起的振动，与洗的固有频率相同（或接近时），壁面产生了共振。这时盆内的水波发生反射，反射波和入射波发生干涉现象，加强处的水会跃起二十多厘米。整个过程包含了共振、波的反射、干涉等复杂的物理过程。

练习与应用（Ⅰ）

1. 当两列振动情况完全相同的水波发生干涉时，如果两列波的波峰在 P 点相遇，下列说法错误的是（　　）。

A. 质点 P 的振动始终是加强的

B. 质点 P 的振幅最大

C. 质点 P 的位移始终最大

D. 质点 P 的位移有时为零

2. “闻其声而不见其人” 是因为一般障碍物的尺寸（　　）。

A. 跟声波波长相差不大，使声波发生明显衍射

B. 比声波波长大得多，声波不容易发生衍射

C. 跟光波的波长相差不大，使光波也发生衍射

D. 比声波波长小，故声波不能发生明显衍射

3. 关于干涉和衍射现象说法正确的是（　　）。

A. 只要两列波在介质中叠加，一定会产生干涉现象

B. 因衍射是波特有的特征，所以波遇到障碍物时一定能发生衍射现象

C. 只有机械波才能产生干涉和衍射现象

D. 只有频率相同的两列波叠加才能产生稳定的干涉现象

4. 下列事实属于波的衍射现象的是（　　）。

A. 在空旷的山谷里喊叫，可以听到回声

B. 只闻其声，不见其人

C. 余音绕梁，三日而不绝

D. 夏日的雷声有时轰鸣不绝

练习与应用（Ⅱ）

1. 主动降噪耳机能够起到降低噪声的作用。如图 6–5–13 所示，耳机内设有麦克风，用来收集周围环境中的噪声信号，在此基础上，耳机的处理器能够预测下一时刻噪声的情况，并产生相应的抵消声波。与同学讨论，耳机的降噪是什么原理？为达到良好的降噪效果，抵消声波（反噪声）与噪声的振幅、频率有什么关系？

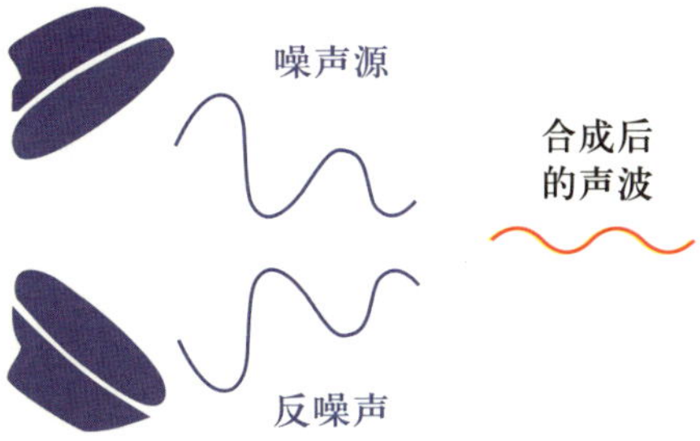

图 6–5–13　主动降噪耳机

2. 如图 6-5-14 所示是波遇到小孔或障碍物后的图样，图中每两条实线间的距离表示一个波长，其中正确的图样是哪几幅？

A　　B　　C

图 6-5-14　波遇到小孔或障碍物后的图样

3. 在水波槽的衍射现象中，若打击水面的振子振动频率是 5 Hz，水波在水槽中的传播速度为 0.05 m/s，为观察到显著的衍射现象，小孔直径 d 应为（　　）。

A. 10 cm　　B. 5 cm　　C. ＞1 cm　　D. ＜1 cm

4. 波长为 60 m 和 17 m 的两列声波在空气中传播时，下列叙述正确的是（　　）。

A. 波长为 60 m 的声波比 17 m 的声波传播速度慢

B. 波长为 60 m 的声波比 17 m 的声波频率大

C. 波长为 60 m 的声波比 17 m 的声波易发生衍射

D. 波长为 60 m 的声波不能被反射

本章思维导图

- 机械振动和机械波
  - 简谐运动
    - 机械振动的特征：往复性、周期性
    - 物理模型：弹簧振子
    - 特征
      - 受力特征：回复力$F=kx$
      - 能量特征：机械能守恒
      - 运动特征：变速运动
    - 描述简谐运动的物理量
      - 振幅
        - 物理意义：表示振动的强弱
        - 决定因素：系统能量
      - 周期和频率
        - 物理意义：表示振动的快慢
        - 决定因素：振动系统本身性质
        - 关系：$T=\frac{1}{f}$或$f=\frac{1}{T}$
  - 单摆
    - 做简谐运动的条件：偏角$\theta<5°$
    - 理想化物理模型
    - 周期公式：$T=2\pi\sqrt{\frac{l}{g}}$
  - 受迫振动共振
    - 自由振动
      - 理想化物理模型
      - 振幅特点：等幅振动
    - 阻尼振动
      - 振幅特点：越来越小
    - 受迫振动
      - 驱动力：周期性外力
      - 物体在驱动力作用下的振动
      - 振幅特点：稳定后振幅不变
      - 频率：振动的频率等于驱动力的频率，与物体的固有频率无关
    - 共振
      - 产生条件：驱动力的频率等于其固有频率
      - 振幅最大
  - 机械波
    - 机械波
      - 产生条件：波源和传播振动的介质
      - 传播特点
        - 传播振动形式和能量
        - 介质质点本身并不向前迁移
    - 横波
      - 传播介质：固体
      - 传播特点：凸凹相间，有波峰和波谷
    - 纵波
      - 传播特点：疏密相间，有疏部和密部
      - 传播介质：固体、液体、气体
      - 声波特点：是纵波，真空不能传声
  - 波的干涉和衍射
    - 波的叠加
      - 振动加强：波峰与波峰、波谷与波谷叠加，合振幅最大
      - 振动减弱：波峰和波谷叠加，合振幅最小
    - 波的干涉
      - 产生干涉条件：频率相同、振动方向也相同的两列波叠加
    - 波的衍射
      - 产生明显衍射条件：窄缝或障碍物的宽度与波长相差不多

第七章 固体和液体的性质 伯努利方程

我们所生活的这个世界，物质种类繁多，性质各异，精彩纷呈。我们知道，分子不停地做无规则运动，它们之间又存在相互作用力。分子力的作用使分子聚集在一起，分子的无规则运动又使它们分散开来。这两种作用相反的因素决定了分子的三种不同的聚集状态：固态、液态和气态。物理学又把固态和液态统称为**凝聚态**。液体和气体都具有流动性，统称为**流体**。

本章将讨论固体、液体的有关性质；讨论介于固态和液态之间的液晶的特性和用途；学习流体的压强与流速的关系——伯努利方程，以及这些知识在日常生活和工程技术上的应用。

学习目标

了解固体的微观结构，知道晶体、非晶体的特点，以及在外形和物理性质上的差异，能列举生活中的晶体和非晶体。了解液体表面张力的概念和产生的原因，了解浸润、不浸润和毛细现象，能解释有关现象。了解液晶的主要性质，能说出液晶的特性和用途，进一步理解物质世界的多样性，巩固物质观念、运动与相互作用观念和能量观念。了解理想流体的概念、流体的连续性原理、伯努利方程，并能分析、解决相关实际问题。

建构理想流体、稳定流动等物理模型，进一步认识物理模型在研究和解决工程实践问题中的作用；运用比较法观察云母和玻璃的导热性，探究液体的表面张力、毛细现象等实验，提升科学论证、质疑创新等能力。

通过观察液体表面张力、毛细现象等实验，提高观察实验、分析实验结果以及得出正确结论的能力。通过了解建筑材料中的毛细现象、柔性显示屏、飞机的升力等应用，提升技术应用的核心素养。

通过设计并比较肥皂水和清水的表面张力实验、尝试将缝衣针浮在水面上等实践活动，进一步提升探究设计、合作交流的能力。了解领先世界的“中国牌晶体”、举世闻名的都江堰水利工程等，增强民族自豪感。

7.1　晶体　非晶体

观察与思考

同学们是否注意到，冬季的雪花，一般都是六角形的规则图案（图 7-1-1）；食盐粒不管大小都是正立方体［图 7-1-2（a）］，明矾晶体呈八面体形［图 7-1-2（b）］，石英晶体的中间是一个六棱柱，两端是六棱锥［图 7-1-2（c）］。同样是由碳原子组成的石墨和金刚石的硬度却有天壤之别，为什么在外形上和物理性质上有很大差异？是什么原因造成的？

图 7-1-1 雪花图案

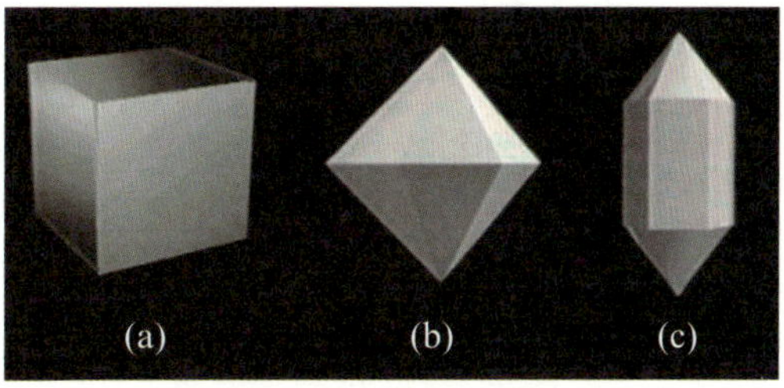

图 7-1-2 晶体外形示意图

晶体和非晶体 我们知道固体可以分成晶体和非晶体两类，在常见的固态物体中，透明的石英晶体（又称水晶，图 7-1-3）、云母、明矾、食盐、硫酸铜、糖、味精等都是晶体，图 7-1-4 所示的柱状晶体为我国 2022 年 9 月 9 日首次在月球上发现的新矿物——嫦娥石。玻璃、蜂蜡、松香（图 7-1-5）、沥青、橡胶、塑料等都是非晶体。晶体和非晶体在外形上和物理性质上都有很大区别。

图 7-1-3 水晶

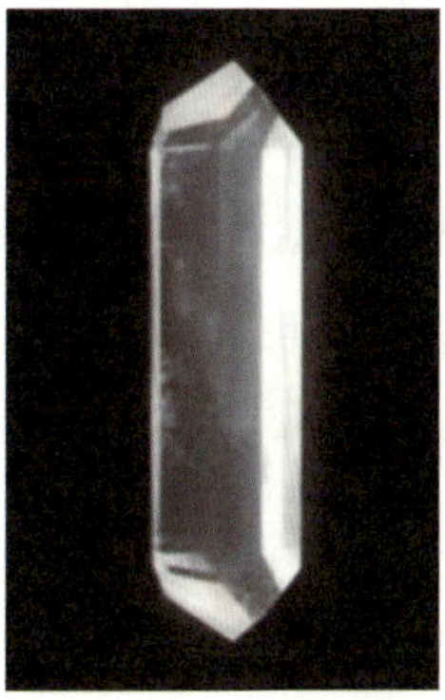
图 7-1-4 嫦娥石

图 7-1-5 松香

晶体都具有规则的几何形状，非晶体则没有规则的几何形状。晶体和非晶体除了外形上的差异外，在物理性质上也有所不同。我们在初中已经学过，晶体有一定的熔点，非晶体没有一定的熔点。下面通过实验观察晶体和非晶体其他不同的物理性质。

实验与探究　观察云母和玻璃的导热性

取一张云母薄片，在上面涂一层很薄的石蜡，然后用烧热的钢针去接触石蜡。观察接触点周围的石蜡熔化后所成的形状。然后再在玻璃片上涂一层很薄的石蜡做同样的实验，并比较观察的结果。

从实验中我们看到，熔化了的石蜡在云母片上呈椭圆形（图 7-1-6），而在玻璃片上呈圆形（图 7-1-7）。上述实验现象表明，云母晶体在各个方向上的导热性能不同，而非晶体玻璃在各个方向上的导热性能相同。

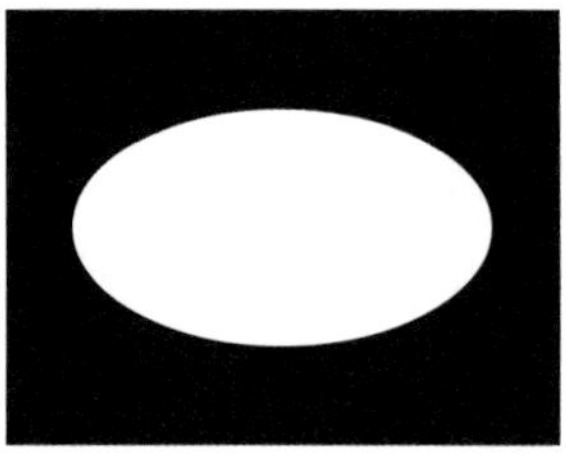

图 7-1-6　在云母片上熔化的石蜡形状

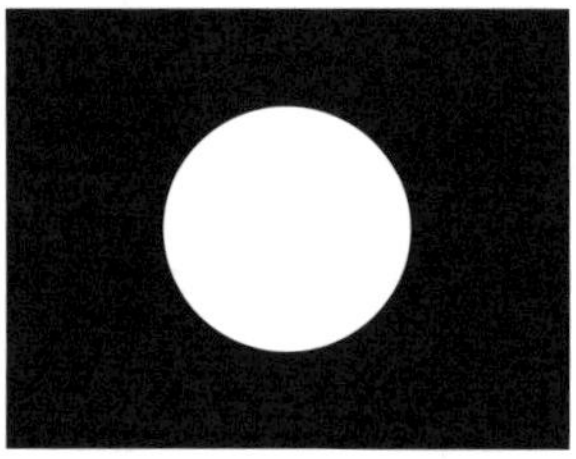

图 7-1-7　在玻璃片上熔化的石蜡形状

晶体在不同的方向上不仅导热性能不同，而且机械强度和导电性能等物理性质也不一样。也就是说，晶体的物理性质与方向有关，这种特性称为**各向异性**。而非晶体的各种物理性质，在各个方向上都是相同的，所以非晶体是**各向同性**的。

总之，晶体在外观上有规则的几何形状，有确定的熔点，一些物理性质表现为各向异性；非晶体在外观上没有规则的几何形状，没有确定的熔点，一些物理性质表现为各向同性。

实际上，一种物质可能以晶体和非晶体两种不同的形态出现，也就是一种物质是晶体还是非晶体，并不是绝对的。例如，天然水晶是晶体，而熔化以后再凝结的水晶（即石英玻璃）就是非晶体。许多非晶体在一定的条件下可以转化为晶体。例如古老建筑的窗玻璃常出现局部结晶状态。人们在研究中还发现，在冷却得足够快和冷却到足够低的温度时，几乎所有的材料都能成为非晶体。

单晶体和多晶体 晶体又可以分为单晶体和多晶体。如果整个物体就是一个晶体，如雪花、食盐小颗粒等，这样的晶体称为**单晶体**。单晶体是科学技术上的重要原材料，如制造各种晶体管就要用纯度很高的单晶硅或单晶锗。

如果整个物体是由许多杂乱无章地排列着的小晶体组成的，这样的物体就称为**多晶体**。由许多食盐单晶体粘在一起而形成的大块食盐，就是多晶体。其中的小晶体称为**晶粒**。

我们平常见到的各种金属材料，也是多晶体。如果把纯铁做成的样品放在显微镜下观察，可以看到它是由许许多多晶粒组成的。

多晶体没有规则的几何形状，也不显示各向异性，但是同单晶体一样，仍有确定的熔点。

晶体的微观结构 晶体和非晶体在外形和物理性质上存在那么多的差异，这是为什么呢？17 世纪开始，人们根据晶体外形的规则性和物理性质的各向异性提出了一些假说，认为晶体内部的微粒是有规则地排列着的。到了 19 世纪中叶，晶体结构学说进一步发展，许多人认为晶体内部的微粒是依照一定的规律在空间整齐排列的。但是由于受当时的科学技术条件限制，缺少实验证据，这种想法仍然是一种假说。从 1912 年开始，人们应用 X 射线对晶体结构进行研究，证实了这种假说是正确的。现在，人们用电子显微镜对晶体内部结构进行直接观察和照相，进一步证实了这种假说的正确性。

组成晶体的物质微粒（分子或原子、离子）依照一定的规律在空间中整齐地排列，晶体中物质微粒的相互作用很强，微粒的热运动不足以克服它们的相互作用而远离。微粒的热运动表现为在一定的平衡位置附近不停地做微小的振动。

图 7-1-8 是食盐的晶体结构示意图，食盐的晶体是由钠离子 Na^+ 和氯离子 Cl^- 组成的，它们等距离、交错地排列在三组相互垂直的平行线上，因而食盐具有正立方体的外形。

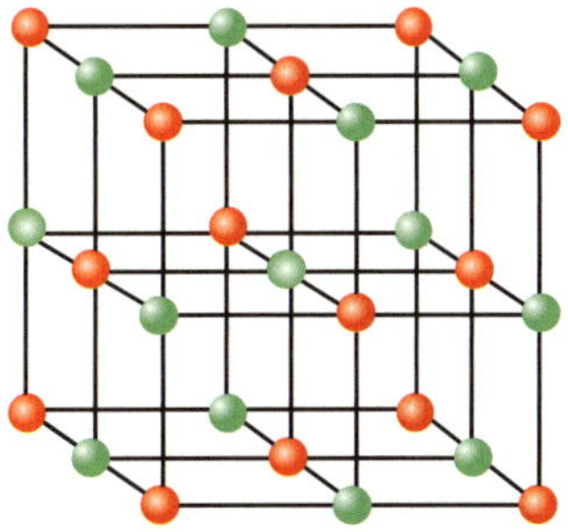
图 7-1-8 食盐的晶体结构

晶体外形的规则性可以用物质微粒的规则排列来解释。同样，晶体的各向异性也是由晶体的内部结构决定的。

图 7-1-9 表示在一个平面上晶体物质微粒的排列情况。可以看出，在沿不同方向所画的等长直线 *AB*、*AC*、*AD* 上，物质微粒的数目不同。直线 *AB* 上物质微粒较多，直线 *AD* 上较少，直线 *AC* 上更少。正因为在不同方向上物质微粒的排列情况不同，才引起晶体的不同方向上物理性质的不同。

有的物质能够生成种类不同的几种晶体，是因为它们的物质微粒能够形成不同的晶体结构。例如，碳原子如果按图 7-1-10 那样排列就成为石墨，按图 7-1-11 那样排列就成为金刚石，按图 7-1-12 那样排列就成为石墨烯。

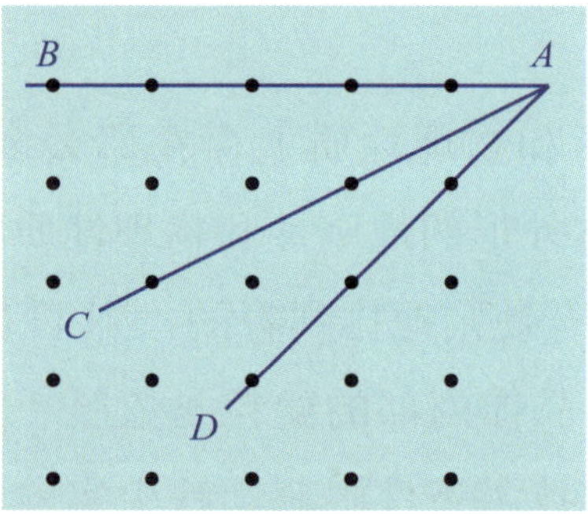

图 7-1-9　物质微粒的规则排列

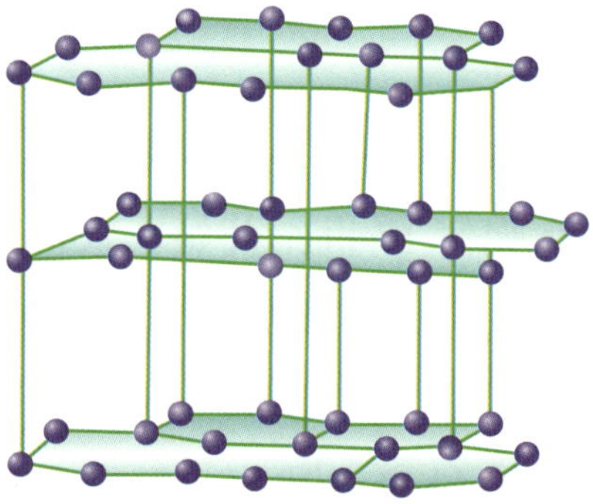
图 7-1-10　石墨的层状结构

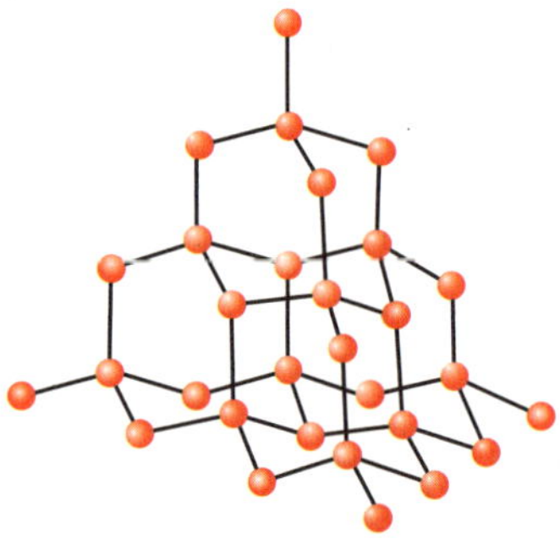
图 7-1-11　金刚石的点阵结构

图 7-1-12　石墨烯蜂窝状点阵结构

石墨是层状结构，层与层之间距离较大，作用力较弱，沿着这个方向容易把石墨一层层地剥下。石墨的层状结构决定了它的质地松软，可以用来制作粉状润滑剂，也可以用来制作铅笔芯。金刚石中碳原子间的作用力很强，所以金刚石有很大的硬度，可以用来切割玻璃。如果把它装在钻探机的钻头上，能够钻入坚硬的岩石内。石墨烯内部碳原子的排列方式与石墨单原子层一样，它是由碳六环组成的二维周期蜂窝状点阵结构，厚度为一个原子层，六个碳原子围成的六边形，是世界上已知最薄的材料，其硬度比最好的钢铁强 100 倍，甚至超过钻石。

石墨和金刚石，除了力学性质不同外，其他物理性质也有很大差异，例如石墨的密度小，金刚石的密度大；石墨能导电，金刚石不能导电。石墨烯具有优异的光学、电学、力学特性，在材料学、微纳加工、能源、生物医学和药物传递等方面具有重要的应用前景，被认为是一种未来革命性的材料。

目前，晶体和非晶体材料在很多领域应用广泛，尤其在电子材料领域发挥重要作用。例如，根据晶体结构与组成物质的差异、晶体的物理性质各不相同，利用晶体多样性制作各种器件。压电晶体应用范围广，涉及传感器、探测器等多个领域；激光晶体的作用主要体现在激光加工、激光武器方面；线性光学晶体用于光学透镜与贴膜等。在非晶体材料中，应用比较广的是金属玻璃，在很多行业与领域发挥作用；在人造卫星领域，采用单晶硅的太阳能电池造价较高，如果使用非晶硅，成本将得到大幅降低；非晶态合金是较为优质的软磁材料，能够进行有效的磁化与退磁处理，磁导率较高，损坏低。

技术·中国 享誉全球的“中国牌晶体”

20 世纪 70 年代至 80 年代，我国科学家陈创天领导的团队和合作者相继研制出了非线性光学晶体：低温相偏硼酸钡晶体（BBO）（图 7-1-13）、三硼酸锂（LBO）（图 7-1-14），其性能优异，应用前景好，在国际上被誉为“中国牌晶体”。它们是制造激光武器、量子通信的重要晶体材料。

90 年代初，陈创天团队又研制出了氟代硼铍酸钾晶体（KBBF），弥补了 BBO 和 LBO 两种晶体不能实现深紫外倍频光输出的缺陷，从而把非线性人工晶体的转换能力推向了深紫外波段，打破了国际激光界长期以来的“200 nm 壁垒”，奠定了我国非线性光学晶体在国际上的领先地位。别看 KBBF 只有硬币大小，它却是芯片制造、激光制导，甚至制造太空激光武器的核心部件，对于国防科技和其他高科技领域非常重要。

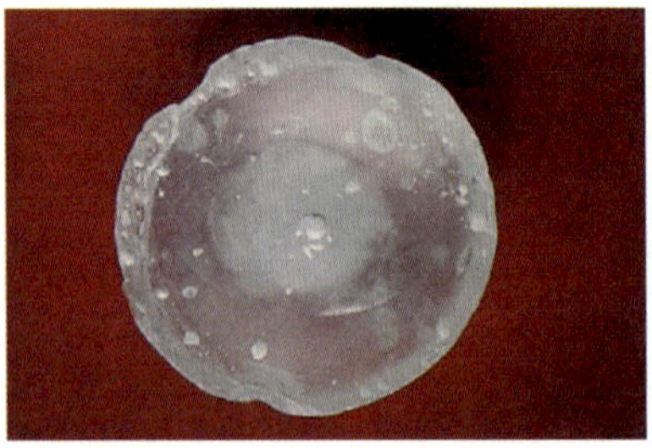

图 7-1-13 非线性光学晶体 BBO

图 7-1-14 非线性光学晶体 LBO

练习与应用（Ⅰ）

1. 晶体和非晶体在外形和物理性质上有什么区别？举例说明。
2. 晶体的微观结构有什么特点？为什么晶体具有规则的外形和各向异性？
3. 如果某个固体显示出各向同性，下列说法中正确的是（　　）。

A. 它一定不是晶体　　B. 它一定不是单晶体

C. 它一定不是非晶体　　D. 它一定是非晶体

4. 某一物体在物理性质上表现为各向异性，则可以判断（　　）。

A. 它一定是单晶体

B. 它一定是多晶体

C. 它一定是非晶体

D. 可能是单晶体，也可能是多晶体

练习与应用（Ⅱ）

1. 诺贝尔物理学奖获得者安德烈 · 海姆和康斯坦丁 · 诺沃肖洛夫在石墨烯材料方面有卓越研究。他们通过透明胶带对石墨进行反复的粘贴与撕开使得石墨片的厚度逐渐减小，最终寻找到了石墨烯是碳的二维结构（图 7-1-12）。根据以上信息和已学知识判断，下列说法正确的是（　　）。

A. 石墨是晶体，石墨烯是非晶体

B. 石墨是单质，石墨烯是化合物

C. 石墨、石墨烯都是晶体

D. 他们是通过化学变化的方法获得石墨烯的

2. 关于石墨与金刚石的区别，下列说法正确的是（　　）。

A. 它们是由不同物质微粒组成的不同晶体

B. 它们是由相同物质微粒组成的不同晶体

C. 金刚石是晶体，石墨是非晶体

D. 金刚石比石墨原子间作用力小，金刚石有很大的硬度

3. 取一张云母（晶体）薄片、玻璃（非晶体）片上涂一层很薄的石蜡，用烧热的钢针接触石蜡，石蜡熔化后所成的形状不同。下列说法不正确的是（　　）。

A. 石蜡在云母片上熔化后形成的痕迹是椭圆

B. 石蜡在非晶体玻璃片上熔化后形成的痕迹是圆

C. 云母导热性质各向同性，在平面的各个方向导热速度不同

D. 玻璃导热性质在平面的各个方向上相同

4. 2020 年 12 月 17 日嫦娥五号探测器顺利完成月球采样任务并返回地球。探测器上装有规则几何外形石英晶体制成的传感器，其受压时在两两相对的表面上会产生大小相等、符号相反的电荷，从而形成电压。下列说法正确的是（　　）。

A. 该石英晶体是多晶体

B. 该石英晶体具有各向异性的电学性质

C. 石英晶体没有确定的熔点

D. 石英晶体传感器是将电学量转换成力学量的装置

7.2　液体的表面张力　毛细现象

观察与思考

同学们是否注意到，叶面上的露珠总是球形的（图 7-2-1）。我们拿一枚硬币轻轻地平放到水面上，把手拿开，这时你会看到，密度比水大的金属硬币并没有沉入水中，而是稳稳当当地浮在水面上（图 7-2-2），硬币为什么能被水托住而不下沉呢？

图 7-2-1　叶面上的露珠

图 7-2-2　水中的硬币

液体的表面张力　通过下面的实验和分析，我们就会明白这些现象都是液体表面张力作用的结果。

实验与探究　观察薄膜发生的变化

把一根棉线的两端系在铁丝环上（棉线不要张紧），然后把环浸入肥皂水里，再拿出来环上就布满了肥皂水的薄膜。这时薄膜上的棉线是松弛的（图 7-2-3）。用热针刺破棉线左侧的薄膜，观察薄膜和棉线发生的变化。重做这个实验，再用热针刺破棉线右侧的薄膜，观察薄膜和棉线发生的变化。

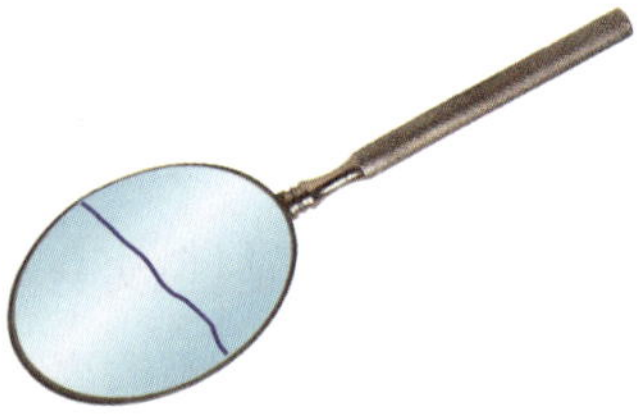

图 7-2-3　薄膜上的棉线

从实验中观察到，刺破棉线左侧的薄膜，右侧的薄膜就会收缩，使棉线向右弯成弧形（图 7-2-4）；刺破棉线右侧的薄膜，左侧的薄膜就会收缩，使棉线向左弯成弧形（图 7-2-5）。

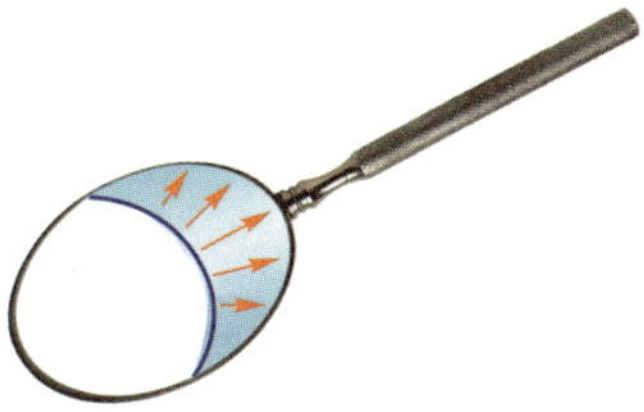
图 7-2-4 刺破棉线左侧的薄膜

图 7-2-5 刺破棉线右侧的薄膜

实验与探究 观察肥皂膜发生的变化

把一个棉线圈系在铁丝环上，使环上布满肥皂水的薄膜，这时膜上的棉线圈是松弛的（图 7-2-6），用热针刺破棉线圈里的肥皂膜，观察棉线圈外的薄膜和棉线圈有什么变化。

图 7-2-6 薄膜上的棉线圈

从实验中看到，刺破棉线圈里的肥皂膜后，棉线圈外的薄膜就会收缩使棉线圈张紧成圆形（图 7-2-7），这些实验表明：液体的表面就好像张紧的橡皮膜一样，具有收缩的趋势。

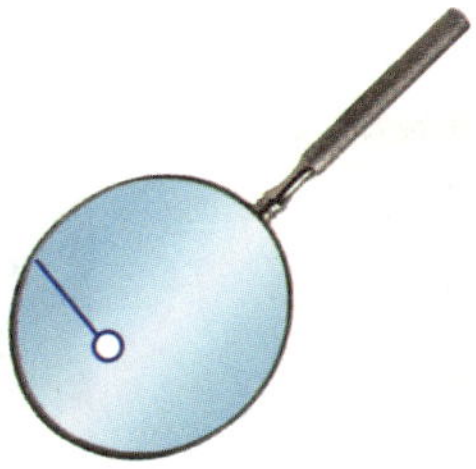
图 7-2-7 刺破棉线圈里的肥皂膜

为什么液体表面具有收缩的趋势呢？原来，液体跟气体接触的表面存在一个薄层，称为**表面层**。表面层里的分子要比液体内部稀疏些，也就是分子间的距离要比液体内部大些。图 7-2-8 显示出与气体接触的液体表面附近分子的分布的大致情况。在液体内部，分子间既存在着吸引力，又存在着排斥力，在通常条件下可以认为它们的大小是相等的。

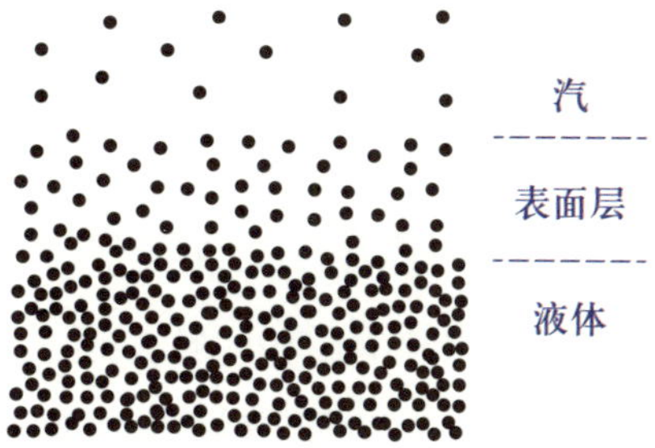

图 7-2-8 液体表面附近分子的分布情况

在表面层里，分子间的距离大，分子间的相互作用表现为吸引力。如图 7-2-9 所示，如果在液面上画一条分界线 MN，把液面分为 1 和 2 两部分，那么，由于表面层中分子间的吸引力，液面 1 对液面 2 有吸引力 F_1 的作用，液面 2 对液面 1 有吸引力 F_2 的作用，F_1 和 F_2 大小相等、方向相反。像这种液面各部分间相互吸引的力，称为**表面张力**。液体的表面张力使液面具有收缩的趋势。

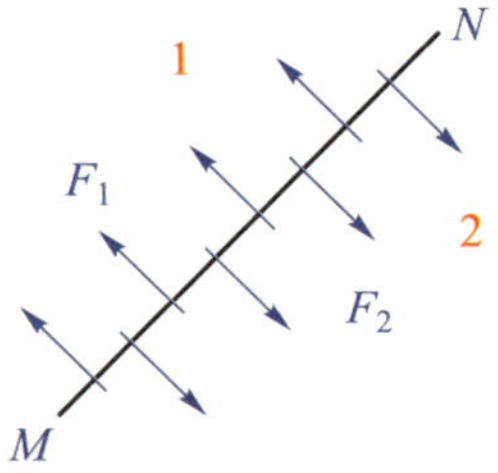

图 7-2-9　液体表面的分子力

思考与讨论

航天员王亚平曾在天宫一号进行了水膜和水球实验。她将一个金属圈插入饮用水的自封袋中并慢慢抽出后，形成了一个水膜。往水膜表面贴上了一个塑料片，水膜依然完好（图 7-2-10）。与同学讨论，为什么在太空中普通的饮用水就能形成水膜？贴了塑料片的水膜为什么没破？

当慢慢地向水膜注水后，水膜很快就变成了一个亮晶晶的大水球（图 7-2-11）。与同学讨论，为什么会有这样的现象？

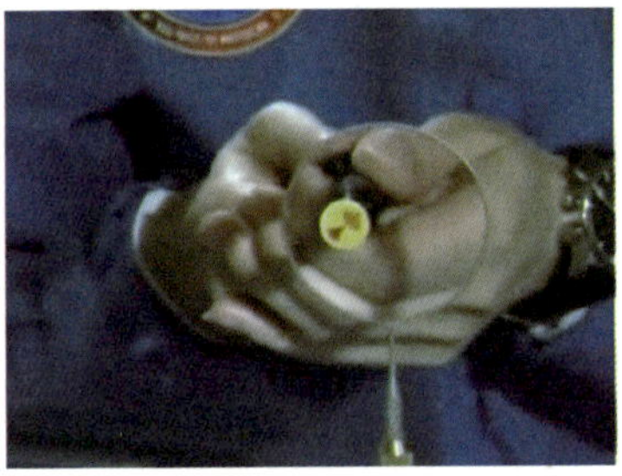
图 7-2-10　太空水膜实验

图 7-2-11　太空水球实验

在体积相等的各种形状的物体中，球形物体的表面积最小，所以草叶上的露珠，小水银滴等，都因表面张力使液面收缩而呈球形。

浸润和不浸润　放在洁净的玻璃板上的一滴水银，能够在玻璃板上滚来滚去，而不附着在上面（图 7-2-12）。把一块洁净的玻璃片浸入水银里再取出来，玻璃上也不附着水银。这种**液体不会润湿某种固体，也就不会附着在固体表面上的现象**称为**不浸润**。对玻璃来说，水银是不浸润液体。

放在洁净的玻璃板上的一滴水（图 7-2-13），会附着在玻璃板上形成薄层。

把一块洁净的玻璃片浸入水里再取出来，玻璃表面会沾上一层水。这种**液体会润湿某种固体并附着在固体表面上的现象**称为**浸润**。对玻璃来说，水是浸润液体。

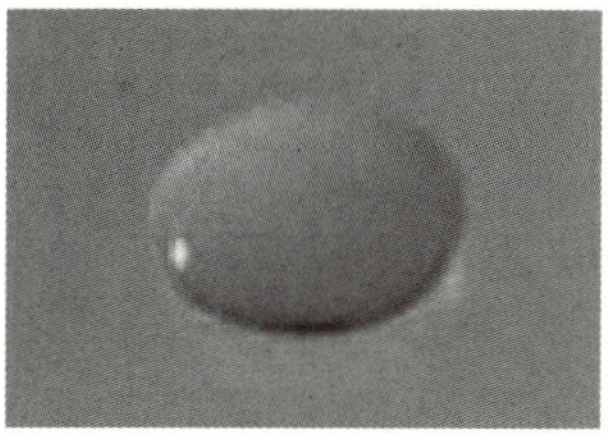

图 7-2-12　不浸润现象

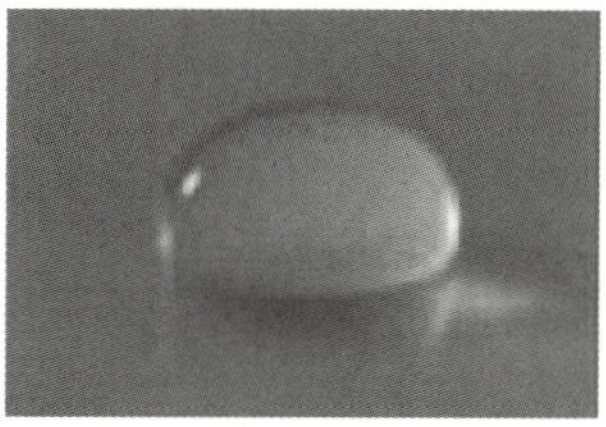

图 7-2-13　浸润现象

同一种液体，对一些固体是浸润的，对另一些固体是不浸润的。水能浸润玻璃，但不能浸润石蜡。水银不能浸润玻璃，但能浸润锌。

浸润和不浸润现象是分子力作用的表现。当液体与固体接触时，在接触处形成一个液体薄层，称为**附着层**。附着层里的分子既受到固体分子的吸引力，又受到液体内部分子的吸引力。如果受到固体分子的吸引力比较小，附着层里的分子就比液体内部稀疏，在附着层里就出现跟表面张力相似的收缩力，这时跟固体接触的液体表面有缩小的趋势，形成不浸润现象。相反，如果受到固体分子的吸引力相当大，附着层里的分子就比液体内部更密，在附着层里就出现液体相互排斥的力，这时跟固体接触的液体表面有扩展的趋势，形成浸润现象。

把浸润液体装在容器里，例如把水装在玻璃容器里，由于水浸润玻璃，器壁附近的液面向上弯曲（图 7-2-14）；把不浸润液体装在容器里，例如把水银装在玻璃容器里，由于水银不浸润玻璃，器壁附近的液面向下弯曲（图 7-2-15）。

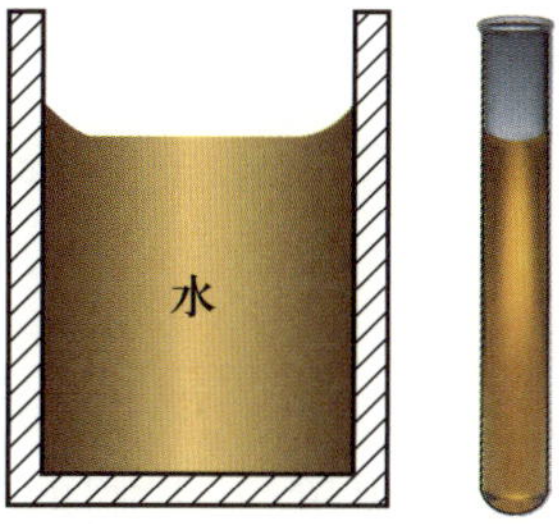

图 7-2-14　浸润现象

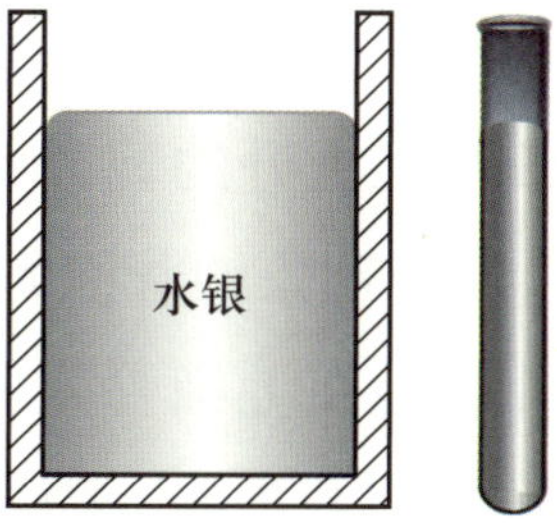

图 7-2-15　不浸润现象

浸润现象和不浸润现象在日常生活中都是很常见的。我们用的毛巾都是用能被水浸润的织物做成的。能够用墨水在纸上写字，是因为所用的纸被墨水浸润。脱脂棉脱脂的目的，在于使它从不能被水浸润变为可以被水浸润，以便吸取药水。各种游禽用嘴把由体内分泌出来的油脂涂在自己的羽毛上，使羽毛不被水浸润。

毛细现象　下面我们做实验来观察浸润液体和不浸润液体在细管里发生的现象。

实验与探究　观察毛细现象

把几根内径不同的细玻璃管插入水中和水银中，观察发生什么现象？

通过实验发现，把几根内径不同的细玻璃管插入水中，可以看到管里的水面比容器里的水面高。管的内径越小，管里的水面越高，如图 7-2-16 所示。如果把这些细玻璃管插入水银中，发生的现象正好相反，管里的水银面比容器里的水银面低。管的内径越小，管里的水银面越低，如图 7-2-17 所示。

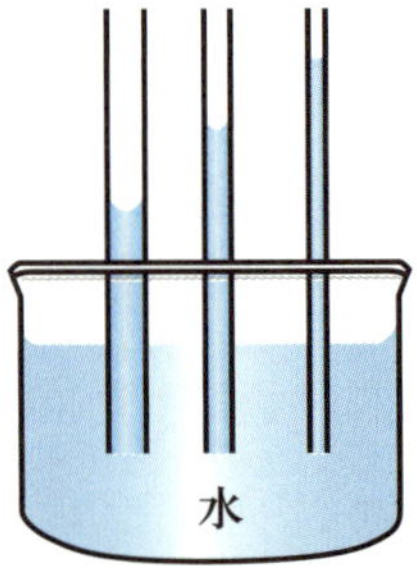

图 7-2-16　细玻璃管插入水中

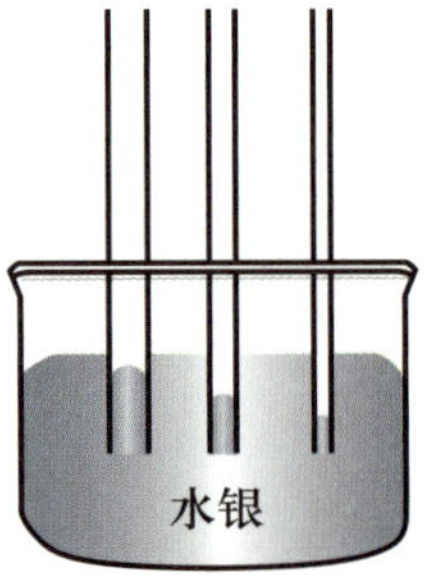

图 7-2-17　细玻璃管插入水银中

浸润液体在细管里上升的现象和不浸润液体在细管里下降的现象，称为**毛细现象**。能够发生毛细现象的管称为**毛细管**。

浸润液体为什么能在毛细管里上升呢？原来，浸润液体跟毛细管内壁接触时，管壁附近的液面向上弯曲，使液面变大。而表面张力的收缩作用要使液面减小，于是管内液体上升，以减小液面。直到表面张力向上的拉引作用跟管内升高的液柱的重力达到平衡时，管内液体停止上升，稳定在一定的高度。利用类似的分析，也可以解释不浸润液体在毛细管里下降的现象。

毛细现象的应用和防止　毛巾吸汗，砖块吸水，粉笔吸墨水，都是常见的毛细现象。在纸张、毛巾、粉笔、木材、土壤、砖块等物体内部有许多细小的孔道，起着毛细管作用。

毛细现象在农业生产上有非常重要的意义。土壤里有很多毛细管，地下的水分可以沿着它们上升到地面。如果要保存地下的水分，就要把地面的土壤锄松，破坏这些土壤里的毛细管。相反，如果想把地下的水分引上来，就不仅要保持土壤里的毛细管，而且还要使它们变得更细，这时就要用磙子压紧土壤。

在有些情况下，要防止发生毛细现象。例如，在建筑房屋的时候，在砌砖的地基上铺一层油毡或涂过沥青的厚纸，防止地下的水分沿着夯实的地基以及砖墙的毛细管上升，以使房屋保持干燥。

实践与探索　缝衣针浮在水面上

把一根缝衣针放在一张棉纸上，用纸托着缝衣针一同放在水面上。纸湿透后沉入水底，缝衣针会浮在水面上。做这个实验，你能说明缝衣针被水的表面托住是什么原因吗？

技术应用　建筑材料中的毛细现象

图 7-2-18　铺油毡

建造楼房时，在砖砌的基地上铺一层油毡（图 7-2-18），这是为什么？

毛巾吸汗，砖块吸水，粉笔吸墨水，都是常见的毛细现象。在纸张、毛巾、粉笔、木材、土壤、砖块等物体内部有许多细小的孔道，起着毛细管作用。在建筑中，毛细现象是建筑材料中常见的现象，砖墙上的毛细管水能达到一层楼的高度。不仅地下水能被有孔的建筑材料吸收产生毛细作用，潮湿土壤中的水分也能通过毛细作用对建筑物和构筑物产生危害。因此，虽然有的地下建筑物处于地下水位线以上，毛细作用仍然对其有危害。

石材吸水　建筑材料中的石材晶体之间有着微小的缝隙，正是这些微孔产生的毛细作用，使石材吸水，并且吸水量与时间成正比。长期与水接触则是导致石材出现病变和损坏的主要原因。我们常看到一些建筑物的石材墙面呈现的斑斑水迹，是由于雨水渗入墙体。

防水建材　我国的新型建筑防水材料获得了迅速的发展，产量大幅度增加，新型材料由油毡逐步发展到包括防水卷材、建筑防水涂料、密封材料、堵漏和刚性防水材料五大类新产品，基本上形成了门类齐全、档次配套的材料工业体系。这些材料具备优质的抗渗能力，具有整体不透水性。图 7-2-19 为建筑材料渗水实验图。

图 7-2-19　建筑材料渗水实验图

生态砂透水砖　被称为会“喝水”的环保地砖（图 7-2-20），其外观具有天然水晶的质感，表面致密、光洁度高，一瓶矿泉水洒上去，瞬间就被全部吸收，连鞋底踩在湿地面上留下的黑脚印也不见了。在北京奥运村办公区停车场使用的就是这种地砖。一般的透水砖通过材料内的缝隙让水渗透下去，而生态砂透水砖是通过破坏水的表面张力，水在虹吸作用力下被砖“喝”下去。

图 7-2-20　生态环保地砖

练习与应用（Ⅰ）

1. 毛细现象遍布我们生活的每个角落。请收集这方面的相关资料，谈谈毛细现象在生活和生产中的应用及危害。

2. 设计实验，比较肥皂水和清水的表面张力的不同，讨论交流其产生原因，撰写实验小报告。

3. 把玻璃管的裂口放在火焰上烧熔，它的尖端就变圆，这是什么缘故？

4. 透过布制的伞面能看得见纱线间的缝隙，但是通常雨天使用时伞面却不漏雨水。试解释这种现象。

练习与应用（Ⅱ）

1. 在地球上，较小的水银滴呈球形，较大的水银滴因所受重力的影响不能忽略而呈扁平形状。那么，在处于失重状态的宇宙飞船中，一大滴水银会呈什么形状？为什么？

2. 2022 年 3 月 23 日，“天宫课堂”第二课开讲，“太空教师”翟志刚、王亚平、叶光富在中国空间站再次为广大青少年带来一堂精彩的太空科普课，其中有一个实验是王亚平在太空拧毛巾，拧出的水形成一层水膜，附着在手上，像手套一样，晃动也不会掉。形成这种现象的原因，下列说法正确的是（　　）。

A. 在空间站水滴不受重力

B. 水和手发生浸润现象

C. 水和手发生不浸润现象

D. 在空间站中水的表面张力变大，使得水“粘”在手上

3. 浸润现象在生活中有着很多的应用，下列关于浸润的说法正确的是（　　）。

A. 水是浸润液体，水银是不浸润液体

B. 在很细的玻璃试管中，如果液体能够浸润器壁，液面呈凸形

C. 下雨天外出的人们打伞或穿雨衣不漏雨，是浸润现象

D. 鸭子的羽毛上有一层油脂，使水不能浸润羽毛

4. 如图 7-2-21 所示，将靠得很近的两根木质筷子竖直插入盛水的碗中，你会发现两根筷子之间的水面会沿着筷子上升，试解释这一现象。改变两根筷子之间的距离，你又会有什么发现？尝试做一做。

图 7-2-21　筷子插入水中

7.3　液晶及其应用

观察与思考

今天，液晶已不是陌生的名词，在日常生活中随处可见，如液晶手表（图 7-3-1），汽车仪表的显示屏（图 7-3-2），计算器上的显示屏，液晶电视，电脑液晶显示屏，等等。那什么是液晶？它有怎样的特性？

图 7-3-1　液晶手表

图 7-3-2　汽车仪表的显示屏

液晶　众所周知，物质有三态，最典型的例子就是水，一般环境下，水在 0 ℃以下是固体，在 0～100 ℃范围内是液体，高于 100 ℃是气体。固体、液体和气体是物质最普通的三种状态（当然物质还有第四态——等离子体，这里不讨论）。例如有一种含胆固醇的有机材料，在室温时是固体状态，当慢慢加热到 71 ℃，它发生熔化形成液体，但这种液体十分混浊，完全不同于我们日常看到的普通液体，如水、酒精所呈现的清晰透明。但若继续加热到 85 ℃，我们突然发现混浊瞬间消失了，代之而起的是清晰透明的状态。继续加热到 200 ℃，这种状态也不会有什么改变。

某些化合物在加热时并不直接由固态变为液态，而是先转变成介于固态与液态之间的过渡状态，一方面像液体，具有流动性，另一方面又像晶体，分子在某个方向上排列比较整齐，具有各向异性，这种处在过渡状态的物质称为**液晶**。

液晶是介于固态和液态之间的中间态。图 7-3-3 为固态、液晶以及液态的分子排列示意图。液晶是不稳定的，外界的微小变化，例如温度、电场等，都会引起液晶分子排列变化，改变它的光学性质。

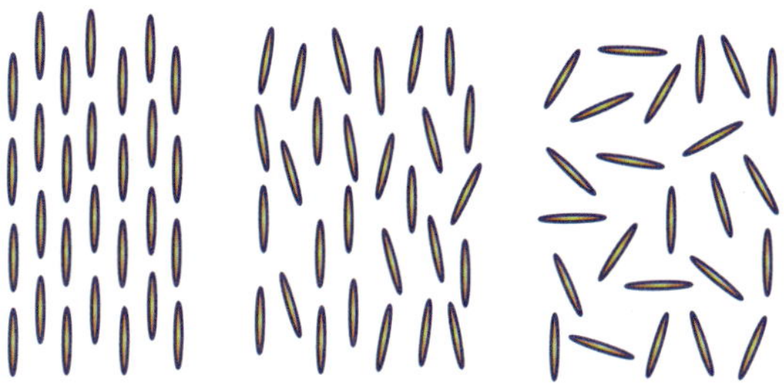

图 7-3-3　固态、液晶以及液态的分子排列示意图

现已发现这样的有机化合物有 3 000 多种。液晶具有液体的流动性，但它的分子在某个特定方向上排列比较整齐，又很像晶体。液晶只能存在于一定的温度范围内，温度高于这个范围，就熔化成普通的液体；温度低于这个范围，就凝固成普通的晶体。

液晶的特性　液晶分子的排列是不稳定的，外界条件的微小变动都会引起液晶分子排列的变化，因而改变液晶的某些性质，例如温度、压力、摩擦、电磁作用、容器表面的差异等，都可以改变液晶的光学性质。

有一种液晶，在外加电压的影响下，会由透明状态变成混浊状态而不再透明，去掉电压，又恢复透明，利用液晶的这一特性可以制作显示元件。例如，在两块镀有很薄的金属层的玻璃中间，用液晶涂成文字或数码，加上适当电压，透明的液晶变得混浊，文字或数码就显示出来了（图 7-3-4）。这种显示元件用于数字式电子手表、电子计算器、液晶电视、电脑的液晶显示屏（图 7-3-5）等器件中。

图 7-3-4　数码显示

还有一种液晶，温度改变时会改变颜色。随着温度

图 7-3-5　液晶显示屏

的逐渐升高，液晶就会按红、橙、黄、绿、蓝、靛、紫的顺序改变颜色；温度降低，又按相反顺序改变颜色。液晶的这种性质，可以用来探测温度。

液晶显示材料具有明显的优点：驱动电压低、功耗小、可靠性高、显示信息量大、彩色显示、无闪烁、对人体无危害、生产过程自动化、成本低廉，可以制成各种规格和类型的液晶显示器。

液晶的应用　液晶早在 19 世纪 80 年代就被发现，然而没有引起人们的注意，直到 20 世纪 60 年代，随着微电子技术和光电信息技术迅速发展，人们对于液晶的研究才有了重要进展，使液晶在电子工业、航空工业、生物、医学等领域获得了广泛的应用。如计算机显示屏、液晶电视屏、手机平板屏、液晶拼接屏（图 7-3-6）、控制面板、广告牌匾、仪表面板等。

图 7-3-6　液晶拼接屏

在医学上可利用液晶对温度的灵敏性来检查肿瘤。在皮肤表面涂上一层液晶，由于肿瘤温度与周围正常组织的温度不同，液晶会显示出不同的颜色。利用这种液晶还可以检查电路中的短路点，把液晶涂在印刷线路板上，由于短路处温度升高，显示的颜色就与其他地方不同。

随着科学技术的发展，液晶的理论和技术应用会越来越广泛。

实践与探索

有不怕沸水煮、钢丝卷、重力压这样的柔性显示屏吗？收集资料，了解 OLED 柔性显示屏（图 7-3-7）的特点。

图 7-3-7 柔性显示屏

技术应用 柔性显示屏

柔性显示屏，顾名思义，就是柔软的屏幕，其制造原理就是采用柔性材质取代刚性显示屏。可以想象的是，在柔性显示技术广泛应用的前景下，我们的智能世界将被彻底“掰弯”。手机可以折叠卷曲成腕表，平板电脑可以卷起来携带，将来电视机不需要挂在墙上，显示器可以做得像一个卷帘，只要一按键就能自动显示出来，在汽车挡风玻璃上铺一层显示屏，显示汽车行驶路径，等等。

图 7-3-8 石墨烯电子显示屏

2017 年我国研制出全球首款“石墨烯电子显示屏”（图 7-3-8）是全球最轻薄的、可直接用于智能手机领域的彩色柔性显示器，其厚度只有惊人的 0.01 mm（即 10 μm），是真正意义上“轻薄如蝉翼”的显示器。在如此纤薄的基础上，其收缩卷曲半径小于 1 mm，比圆珠笔芯还细。而且在弯折 10 万次后，依然可以呈现高质量的显示效果。石墨烯电子显示屏耐摔耐撞、透光率高，显示亮度佳，并且能像纸一样卷曲，非常适合用在穿戴式电子设备上，它的诞生无疑是颠覆性新技术新产业革命。

图 7-3-9 可折叠手机

目前，最新推出的可折叠手机（图 7-3-9），在折叠状态下，屏幕对角线长为 16.76 cm，展开时可达到 20.32 cm。折叠手机非常薄，打开后厚度只有 5.5 mm，折叠后厚度大约 11 mm。现在已研制出可折叠平板电脑（图 7-3-10）、可视化智能音箱、可穿戴手机等电子设备。

图 7-3-10　可折叠平板电脑

练习与应用（Ⅰ）

1. 下列说法正确的是（　　）。

A. 液晶有人工合成的，也有天然的

B. 液晶的结构与液体的结构相同

C. 液晶是液体和晶体的混合物

D. 所有物质在一定条件下都能成为液晶

2. 关于液晶，下列说法正确的有（　　）。

A. 液晶是一种晶体

B. 液晶分子的空间排列是稳定的，具有各向异性

C. 液晶的光学性质随温度的变化而变化

D. 液晶的光学性质并不随外加电压的变化而改变

3. 下列说法正确的是（　　）。

A. 液晶不具有流动性

B. 液晶具有各向异性

C. 液晶具有稳定的空间排列规律

D. 液晶就是液态的晶体

4. 关于液晶，下列说法正确的是（　　）。

A. 任何物体都有液晶态

B. 人体的某些组织中存在液晶结构

C. 所有物质都具有液晶性质

D. 液晶分子物理性质不易受外界的影响而发生变化

练习与应用（Ⅱ）

1. 查阅资料液晶有哪些奇特的效应？与同学讨论，制作彩色液晶显示器、探测温度、排查毒气、检查肿瘤分别利用了液晶的什么效应？

2. 关于现代科技在生产、生活中的应用，下列说法正确的是（　　）。

A. 潮湿的房间内，开启空调制热，可降低空气的绝对湿度

B. 天然气是一种洁净环保的能源，相比于传统化石燃料不会产生地球温室效应

C. 石墨晶体是层状结构，层与层原子间作用力小，可以用来切割玻璃

D. 普通液晶显示器在严寒地区不能工作，是因为物质的液晶态是在一定温度范围内

3. 关于液晶，以下说法不正确的是（　　）。

A. 液晶既具有流动性，又具有光学性质各向异性

B. 液晶分子排列的有序性介于固体和液体之间

C. 当液晶中电场强度不同时，它对不同颜色的光吸收强度就不同

D. 任何物质都有液晶态

4. 关于液晶，下列说法不正确的是（　　）。

A. 因为液晶在一定条件下发光，所以可以用来做显示屏

B. 利用液晶可检查肿瘤，还可以检查电路中的短路点

C. 不是所有物质都具有液晶态，液晶态可在一定温度范围或某一浓度范围内存在

D. 利用液晶在电压变化时由透明变浑浊可制作电子手表和电子计算器的显示元件

7.4　伯努利方程

观察与思考

1912 年秋季的一天，当时一艘大轮船——“奥林匹克”号（图 7-4-1）在海面上全速航行，从远处驶来一艘名叫“霍克”号的军舰，在相距 100 m 的海面上两船平行航行，不久“霍克”号失控，舰首转向“奥林匹克”号，一头“扎进”“奥林匹克”号的船舷。为什么会发生这样的惨剧呢?

图 7-4-1　“奥林匹克”号轮船

理想流体　气体和液体统称为**流体**，其主要特点是连续性和流动性。

流体连续不断地流动，且各处的流速一般不同。如水在河里的流速从上往下逐渐减小，表面层的流速最大，贴近河底的流速很小甚至为零；在水管中流动的水流，管中心的流速最大，越靠近管壁流速越小。由于流速不同，流体内部会产生摩擦力作用，这种摩擦力称为**黏滞力**。黏滞力阻碍流体各部分之间的相对滑动。流体的这一性质，称为**黏滞性**。一些液体如水、酒精等黏滞力很小，气体黏滞力更小，一般可以忽略。

为了掌握流体运动的基本规律，需简化问题，建立理想模型。我们把**不可压缩的、没有黏滞性的流体**称为**理想流体**。最常见的流体是水和空气。一般研究时，常常把流体看作理想流体，以下讨论的对象均是理想流体。

流体的连续性原理　流体流过空间中，如果任意一点处的流速都不随时间变化，这种流动称为**稳定流动**，简称**稳流**。自来水管里的水流、输油管道里的石油、缓缓流动的河水等都可以近似地看作稳流。

在水利工程中，为了表示洪水的大小，常用到流量这个物理量。单位时间内流过某一横截面的流体的体积，称为通过这个横截面的流量。常用符号 Q 表示。

$$Q=Sv$$

式中 v 是流体在截面 S 处的流速。在国际单位制中，流量的单位是 m^3/s（米^3/秒）。

在理想流体的稳定流动中，流体通过横截面积不同的管道时，流量应该保持不变。在图 7-4-2 所示的情况中，应有

$$S_1v_1=S_2v_2$$

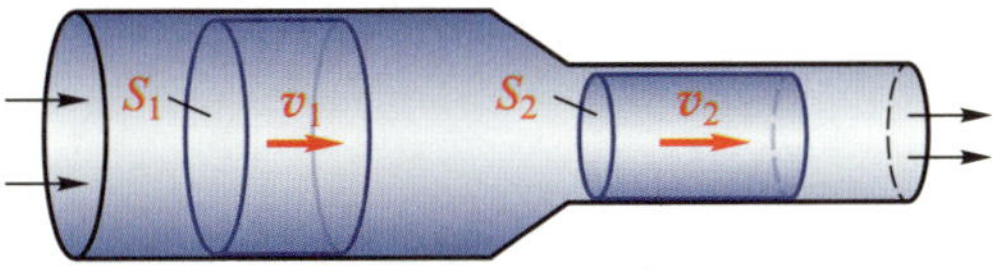

图 7-4-2 理想流体的稳定流动

上式表明，在理想流体的稳定流动中，单位时间内流过同一管道的任何横截面的流体的体积相等，这个结论称为**流体的连续性原理**。

从上式可看出：流体通过同一管道任一横截面的流速与横截面积成反比。即管道较粗的地方流速小；管道较细的地方流速大。因此，在一条江河中，在江面窄、江底浅的地方水流得快，而江面宽、江水深的地方水流得慢。所以长江水在三峡段（水流的横截面积小）的流速要比在九江处（水流的横截面积大）的流速大得多。

【例题 1】 自来水管粗处的横截面积是细处横截面积的 2 倍。如果水在粗处的流速是 20 cm/s，则它在细处的流速是多大？若细处的直径是 2 cm，求管内水的流量。

解： 设水管粗处的横截面积为 S_1，流速为 v_1，水管细处的横截面积为 S_2，流速为 v_2。根据稳流的连续性原理可得

$$S_1v_1=S_2v_2$$

水管细处的流速为

$$v_2 = \frac{S_1}{S_2}v_1 = \frac{2S_2}{S_2}\times 0.2\ \text{m/s} = 0.4\ \text{m/s}$$

水管细处的横截面积为

$$S_2 = \pi\left(\frac{d_2}{2}\right)^2 v_1 = 3.14\times\left(\frac{0.02}{2}\right)^2\ \text{m}^2 = 3.14\times 10^{-4}\ \text{m}^2$$

管内水的流量为

$$Q = S_2 v_2 = 3.14\times 10^{-4}\times 0.4\ \text{m}^3/\text{s} = 1.256\times 10^{-4}\ \text{m}^3/\text{s}$$

伯努利方程　在粗细不均匀的管道中，取一小段稳流中的流体 a_1b_1，在某一时刻，这段流体处于位置 1，距参考面的高度为 h_1。经过极短时间 Δt 后流到位置 2，距参考面的高度为 h_2，此时为 a_2b_2，如图 7-4-3 所示。

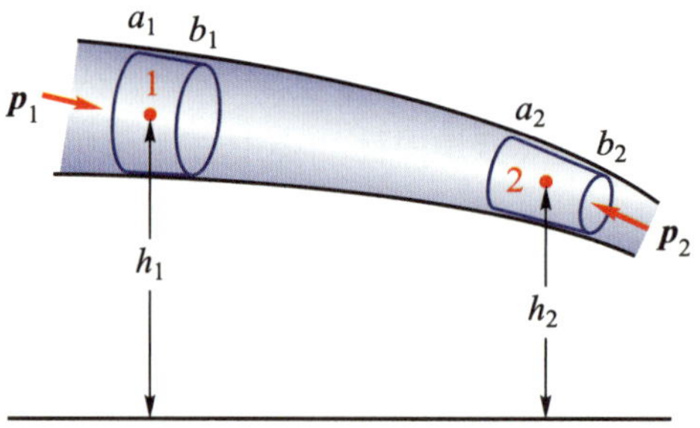

图 7-4-3　流体的流动

设在位置 1 处，流体左侧所受的压强为 p_1，流速为 v_1；在位置 2 处，流体右侧所受的压强为 p_2，流速为 v_2。

若流体的密度为 ρ，根据动能定理可以证明

$$p_1 + \rho g h_1 + \frac{1}{2}\rho v_1^2 = p_2 + \rho g h_2 + \frac{1}{2}\rho v_2^2$$

或

$$p + \rho g h + \frac{1}{2}\rho v^2 = \text{恒量}$$

这就是**伯努利方程**。

式中各量的国际单位制单位分别是：p–Pa（帕），ρ–kg/m^3（千克/米^3），v–m/s（米/秒）。

若管道水平放置，取其中心线所在的面为参考面，则伯努利方程可表示为

$$p_1+\frac{1}{2}\rho v_1^2=p_2+\frac{1}{2}\rho v_2^2$$

从上式可看出：流速小的地方，压强大；流速大的地方，压强小。

综上可得：**理想流体在水平管道内做稳定流动时，在横截面积大的地方，流速小，压强大；横截面积小的地方，流速大，压强小**。

因此，当两艘船平行高速航行时，两船之间的水流被挤在一个狭窄的通道里，其速度比两船之外的水流速度大，两船之间的压强远小于两船之外的压强，这就使得两船之间的外舷受到较大的压力而相互靠拢，这时较小的船更容易受到这股力的作用而撞向大船。“霍克”号撞上“奥林匹克”号就是这个原因。

【例题 2】如图 7-4-4 所示，一水塔的水面离地面的高度是 h_1（单位：m），水塔下面有一水龙头，离地面的高度是 h_2（单位：m），求水龙头的出水速度为多少？

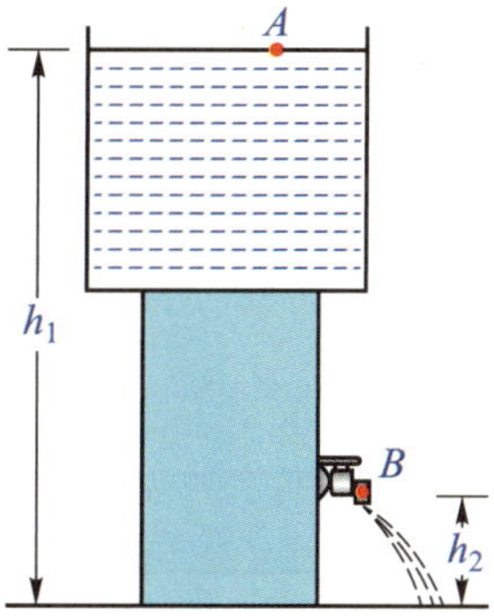

图 7-4-4 水塔

分析：由于水塔的水面宽度远大于水龙头的横截面积，所以我们认为水塔里面的水的流速近似为零，选取水塔水面上的某点 A 和水龙头的出水口 B 两点，根据伯努利方程求出水龙头的出水速度。

解：设 A 点水速为 v_1，压强为 p_1，B 点的水速为 v_2，压强为 p_2。以地面为参考平面，则根据伯努利方程可得

$$p_1+\rho g h_1+\frac{1}{2}\rho v_1^2=p_2+\rho g h_2+\frac{1}{2}\rho v_2^2$$

其中 $p_1=p_2=p_0$，把 $v_1=0$ 代入上面的方程可得

$$v_2=\sqrt{2g(h_1-h_2)}$$

伯努利方程的应用 喷雾器（图 7-4-5）、水流抽气机、内燃机中的汽化器、日常用水的流量计等都是伯努利方程在生产生活上的应用。

如图 7-4-6 所示，水平 T 形管插在盛水容器 D 里，其中 B、C 处的横截面积远大于 A 处的横截面积，管中的流体在外力的作用下，由 C 向 B 流动，则在 A 处，因横截面积小，流速大，压强小。当 A 处的压强小于大气压时，容器 D 中的水在大气压的作用下被吸入 A 处而被水平管中的流体带走，流体的这种作

用称为**抽吸作用**。

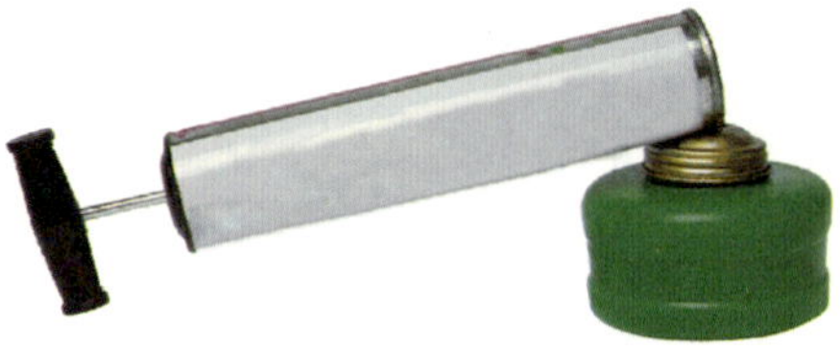

图 7-4-5　喷雾器

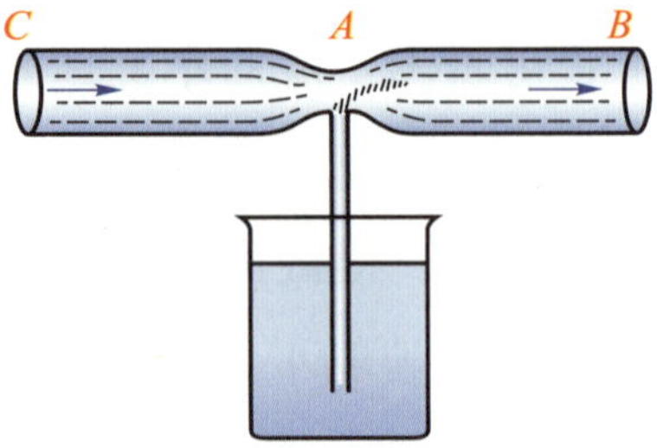

图 7-4-6　T 形管

文丘里流量计是测量流体流经管道时流量与流速的一种仪器，也称为**文丘里管**，如图 7-4-7 所示。它是由一段中间细两端粗的短管构成，在粗管上和细管上分别接有竖直细管。测量时，把管子的两端连接到待测流体的管道中，当流体从文丘里管流过时，水平放置的文丘里管上两根竖直的液面就产生了高度差，可根据有关数据来计算流体的流速和流量。图 7-4-8 是水表和金属流量计。

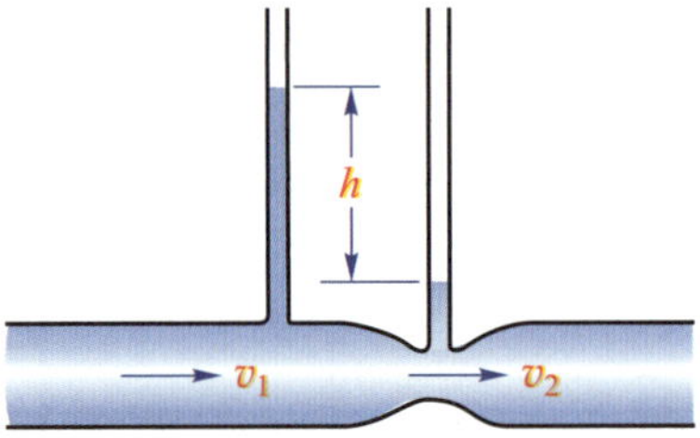

图 7-4-7　文丘里流量计

图 7-4-8　水表和金属流量计

实践与探索

在桌上放一只乒乓球，只要对着它轻轻地吹一口气，球就会沿着吹气的方向滚动。

如果用一只漏斗放在球的上方，如图 7-4-9 所示，用嘴对着漏斗使劲吹气，小球不但没有被吹走，反而被漏斗吸了上去。这是为什么？

图 7-4-9　小实验

技术应用 飞机的升力 流体的阻力

飞机的升力 飞机在空中水平飞行时，根据我们已掌握的知识，能够断定飞机会受到发动机的推力 F、飞机的重力 G、空气阻力 F_f 的作用。但如果只有这三个力的作用，飞机是飞不起来的，一定还有一个力在支持它，这就是飞机的升力。飞机的升力主要产生在机翼上，下面我们讨论它是怎样产生的。

图 7–4–10 表示绕飞机机翼截面气流的流线。由图中可以看出，气流在机翼上方处，因横截面积减小，而使流速增大。根据流体的流速和压强的关系可知，流速大处压强小，流速小处压强大。因此机翼的上面受到的空气压强小于下面受到的压强，这种压强差就对机翼产生了向上的作用力，即升力。当这个升力跟重力平衡时，飞机就能在一定的高度上水平飞行。

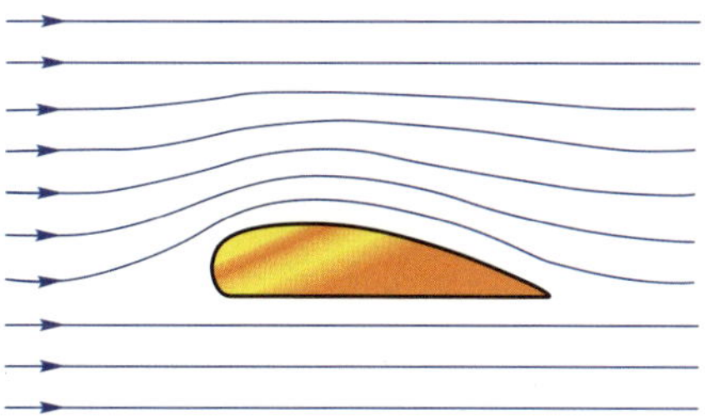

图 7–4–10 绕飞机机翼截面气流的流线

流体的阻力 物体在流体中运动时，要受到流体的阻力。汽车、火车、飞机、火箭在空气中运动，都要受到空气的阻力；潜水艇在水中航行，受到水的阻力；快速骑自行车、在水中游泳，我们也能亲身感受到空气或水的阻力。在很多情况下，流体阻力对物体运动的影响很大。

把人们大量的生产、生活经验归纳起来，可以得出流体阻力的大小与以下因素有关：流体阻力的大小与物体相对流体的运动速度有关，速度越大，阻力越大。同一个人逆风骑车比逆风行走更困难就说明了这一点。

流体的阻力跟物体的正面面积（垂直于运动方向的截面积）有关，这个面积越大，流体的阻力越大。大风天人们打伞逆风行走时，遇到的空气阻力比不打伞逆风行走要大得多。

另外，流体阻力的大小还与物体的形状有关。“复兴号”“和谐号”高速列车（图 7–4–11）流线型的头部设计就比以同样速度行驶的方头机车受空气阻力小得多。

大量的实验证明，具有流线型的物体受到的阻力较小。当流体的阻力影响物体的运动时，应设法减小流体的阻力。因此人们把各种航天、航海和陆上的交通工具设计成流线型。图 7-4-12 是超音速飞机。

图 7-4-11　高速列车

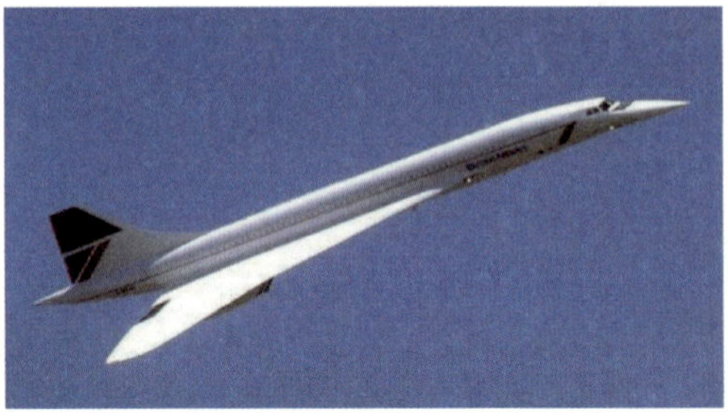
图 7-4-12　超音速飞机

一般说来，空气阻力比液体阻力、固体间的摩擦力要小，气垫船靠船下喷出的气体，悬浮在水面上航行，阻力减小，速度增大。

在很多情况下，流体的阻力可以巧妙地加以利用。跳伞运动员在空中张开降落伞以增大空气阻力（图 7-4-13），才能缓慢地安全着陆。歼-20 着陆后，在飞机后面张开减速伞（图 7-4-14），加大阻力，以便较快地停下来。

图 7-4-13　跳伞运动员降落

图 7-4-14　歼-20 降落

技术 · 中国　举世闻名的都江堰水利工程

举世闻名的都江堰水利工程（图 7-4-15）建成至今已有 2 270 多年了，是中国古代水利工程的科学杰作。公元前 256 年，战国时期李冰率众修建的都江堰水利工程，位于四川成都平原西部都江堰市西侧的岷江上，距成都 56 km。该水利工程至今依旧在灌溉田畴，是造福人民两千多年的伟大水利工程。2023 年灌溉面积达到 $7.384 \times 10^9\ m^2$，灌溉区域达 40 余县，其以年代久、无坝引水为特征，是世界水利文化的鼻祖。

图 7-4-15　都江堰水利工程

这项工程主要由鱼嘴分水堤、飞沙堰溢洪道、宝瓶口进水口三大部分（图 7-4-16）和百丈堤、人字堤等附属工程构成，科学地解决了江水自动分流（鱼嘴分水堤四六分水）、自动排沙（鱼嘴分水堤二八分沙）、控制进水流量（宝瓶口与飞沙堰）等问题，消除了水患。

图 7-4-16　都江堰水利工程示意图

都江堰的创建，以不破坏自然资源，充分利用自然资源为人类服务为前提，变害为利，使人、地、水三者高度和谐统一，是一项伟大的“生态工程”。

练习与应用（Ⅰ）

1. 什么是理想流体？主要特点是什么？什么情况下可以把流体看成是理想流体？

2. 伯努利方程的适用条件是什么？上网查阅伯努利方程在生产生活中的应用，在课堂上交流。

3. 关于稳定流动的说法正确的是（　　）。

A. 河水的流动一定是稳定流动

B. 理想流体的流动一定是稳定流动

C. 空间各点流速都不随时间变化的流动是稳定流动

D. 粘性较小的液体的流动一定是稳定流动

4. 在一粗细不均匀的管道中，测得水在直径 $d_1 = 2.0$ cm 处的流速为 $v_1 = 50$ cm/s，问水在直径 $d_2 = 1.0$ cm 处的流速是多少？水在管中的流量是多大？

练习与应用（Ⅱ）

1. 往小河里扔几片树叶，观察它们在水中漂流的快慢，我们发现河道越宽，树叶漂得越慢，河道越窄，树叶漂得越快。为什么？

2. 关于理想流体的概念，下列说法不正确的是（　　）。

A. 绝对不可压缩的液体是理想流体

B. 完全没有粘性的液体是理想流体

C. 水、乙醇、煤油都是理想流体

D. 绝对不可压缩、完全没有粘性的液体是理想流体

3. 自来水管中的水在水压的作用下流入一层楼的房间，房内水管的内径为 1 cm，管内水的流速为 2 m/s，引入该层楼的水管的内径为 2 cm，求此水管里水的流速。

4. 图 7-4-17 为某小区高压水箱的泄水管，当阀门关闭时，测得安装在此管路上的压力表读数为 $p_1 = 280$ kPa，当阀门开启后，压力表上的读数变为

$p_2 = 60$ kPa，已知此泄水管的直径 $d = 25$ mm，求每小时的泄水流量（不计水头损失）。

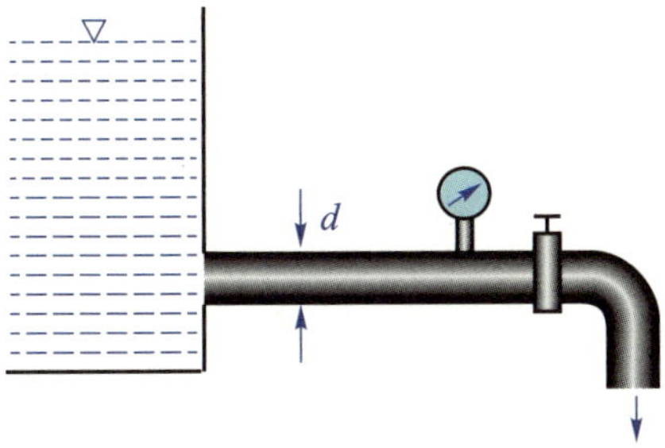

图 7-4-17　高压水箱

本章思维导图

- 固体和液体的性质 伯努利方程
  - 晶体 非晶体
    - 晶体
      - 外形：有规则的几何形状
      - 熔点：有一定的熔点
      - 物理性质：各向异性
      - 微观结构
        - 空间点阵
        - 特点：周期性、对称性
    - 非晶体
      - 外形：没有规则的几何形状
      - 熔点：没有一定的熔点
      - 物理性质：各向同性
      - 晶体和非晶体在一定条件下可以相互转化
  - 液体的表面张力
    - 表面张力
      - 成因：分子间存在相互作用的引力和斥力
      - 方向：跟液面相切，跟液面分界线垂直
      - 效果：使液体表面具有收缩趋势
    - 浸润和不浸润现象
      - 浸润：一种液体会润湿某种固体并附着在固体表面上的现象
      - 不浸润：一种液体不会润湿某种固体，也不会附着在固体表面上的现象
      - 产生的原因
    - 毛细现象
      - 概念：浸润液体在细管里上升的现象和不浸润液体在细管里下降的现象
      - 产生的原因
      - 毛细现象的应用和防止
  - 液晶
    - 介于固态和液态之间的一种物质
    - 特点：流动性、各向异性有序排列
    - 用途
  - 伯努利方程
    - 理想流体
    - 流量$Q=Sv$
    - 流体的连续性原理$S_1v_1=S_2v_2$
    - 伯努利方程 $p_1+\rho gh_1+\frac{1}{2}\rho v_1^2=p_2+\rho gh_2+\frac{1}{2}\rho v_2^2$
    - 适用条件：理想流体的稳定流动

第八章　物体的热力学能　气体的性质

自然界里凡是与温度有关的现象都称为**热现象**。在物理学中，研究热现象的规律及其应用的科学称为**热学**。

热学理论在工业、农业、医学、科研和日常生活中都有重要的应用。例如，各种热机和制冷设备的研制，化工、冶金、气象的研究，都离不开热学知识。

本章研究的对象是由大量分子组成的物质系统。我们将从分子动理论出发，主要讨论分子动理论的基本论点、物体的热力学能及改变热力学能的两种方式，学习热力学第一定律，能量守恒定律，描述气体状态的三个参量及理想气体状态变化时的规律。

学习目标

了解热力学能、热力学温度、气体的压强等物理概念，了解分子动理论的基本论点、布朗运动的特点，会解释布朗运动产生的原因；知道改变物体热力学能的两种方法，理解热力学第一定律、能量守恒定律、理想气体状态方程和气体实验定律，能用其进行简单计算，解释生产、生活中的相关现象。知道能量守恒是自然界中最基本、最普遍的规律之一，能运用能量守恒定律解释自然界中简单的能量转化问题。

建构理想气体等物理模型，进一步体会物理模型在科学研究中的作用。通过分子动理论的基本论点、能量守恒定律、理想气体状态方程等规律的学习，了解归纳法、转换法、近似处理法等科学思维方法的具体应用。通过对布朗运动现象的解释，进一步了解假设推理的科学方法。

通过观察布朗运动、做功和热传递改变物体的热力学能、理想气体状态方程等实验，增加对相关物理现象的感性认识，提升探究设计的能力。

通过查阅资料了解能量守恒定律的发现过程，体会人类对自然界的探索是不断深入的。通过了解世界领先的压缩空气储能技术、绿色建筑在节能减排低碳环保中的应用，认识能源开发与利用对人类生活和社会发展的影响，进一步树牢绿水青山就是金山银山的理念，坚持创新、协调、绿色、开放、共享的可持续发展理念，增强保护环境的社会责任感。

8.1　分子动理论

观察与思考

桂花飘香的季节（图 8-1-1），沁人心脾的花香令人陶醉。我们都有这样的体验，当气温较高时，随处都可闻到花香，而且香气较浓；而当气温较低时，则只能在花的附近才能闻到花香，香气也比较淡。花香的浓淡，真的与气温有关吗？

水和酒精混合后总体积缩小，墨汁在水中会扩散开来，拉断一根绳子要费相当大的力气，等等，这都是我们实际生活中比较常见的现象。那么，发生这些现象的原因又是什么呢？

图 8-1-1　桂花

物质是由大量分子组成的　自古以来，人们就不断地探索物质组成的秘密。在 2 500 年前，古希腊的德谟克利特就认为世界是由无数微小的不可再分的粒子组成的，他把这种粒子称为“原子”。并且认为各种不同物质具有各种不同的原子。古希腊的原子论，虽然是粗糙的、没有经过实验证明的假说，但却包含着以后发展起来的原子理论的萌芽。科学技术发展到今天，原子的存在早已被证实，而且原子也不是不可再分的。原子能够结合成分子，分子是构成宏观物质并保持该物质的物理、化学特性的最小粒子。

最早测量分子大小的方法是：使体积已知的油滴在水面上摊开，然后由油膜面积推算出分子的直径。通过各种实验，估算出分子大小的数量级为 10^{-10} m。因此，物质都是由大量分子组成的。你喝一口水，呼一口气，就动员了 10^{21}～10^{23} 个分子。1981 年发明的一种显微镜，可放大 3 亿倍，让人们看到了金属表面一个个的原子。科技的进步，已使由分子组成的物体，犹如由五官组成的脸部那样清楚明白。图 8-1-2 是放大 10 亿倍的水的示意图，每个氧原子（红色）与两个氢原子（绿色）结合，形成了 105° 的张角。

气体很容易被压缩；水和酒精混合后总体积反而减小（图 8-1-3）；高压下

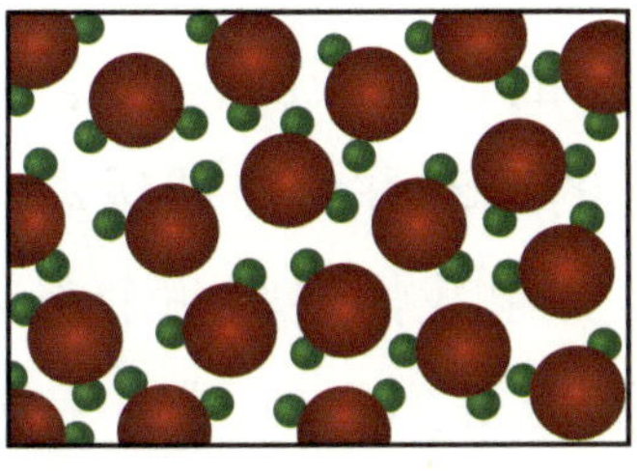

图 8-1-2　水分子的示意图

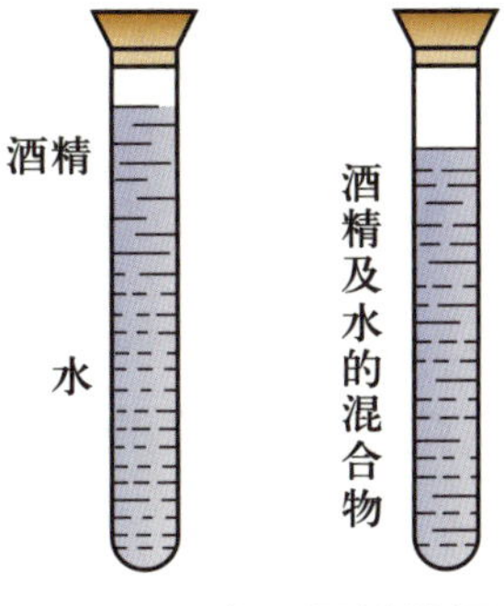

图 8-1-3　水和酒精的混合

的油会透过钢壁渗出……这类事实告诉人们：不论在气体、液体或固体中，组成它们的分子之间是有间隙的。一般来说，分子之间的空隙在气态时最大，液态时次之，固态时最小。

分子热运动　当我们打开汽油或氨水瓶塞，很快就可以闻到汽油或氨气的气味。在清水中滴入几滴蓝墨水，要不了多久，整杯水都会变蓝。这说明气体和液体分子在不停地运动。实验测得，常温下无风时空气分子的平均速度高达 500 m/s，12 级飓风的风速也不过是 32 m/s，可见气体分子运动之快。

1827 年，英国植物学家布朗在用显微镜观察悬浮在水中的花粉颗粒的形态时，发现其在不停地做无规则的运动，并首先在显微镜下开始深入研究。

实验与探究　观察布朗运动

如图 8-1-4 所示，用胶头滴管将一滴水滴入载玻片的凹槽内，再滴入一滴稀释的墨汁，盖上盖玻片，然后放在显微镜下观察悬浮在液体中微小颗粒的运动。再将一滴热水滴入载玻片的凹槽内，重复上面的实验。通过观察墨汁小颗粒运动特点，分析其成因。通过比较归纳影响墨汁小颗粒运动剧烈程度的有关因素。

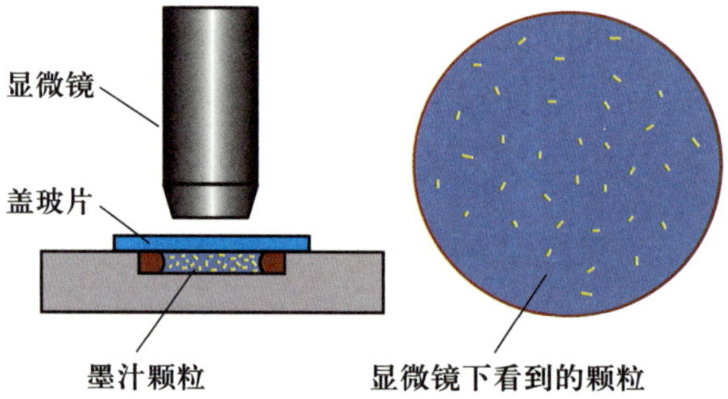

图 8-1-4　观察布朗运动

实验表明，墨汁小颗粒做的运动是短促的、跳跃的、无定向的、时快时慢的，毫无规则可言。**悬浮微粒这种无规则的运动**称为**布朗运动**。布朗运动的特点是固体小颗粒永不停息的无规则运动。如果我们追踪两个小颗粒，每隔相等时间（例如 30 s）记录一次它的位置，就会得到类似图 8-1-5 所示的运动路径。

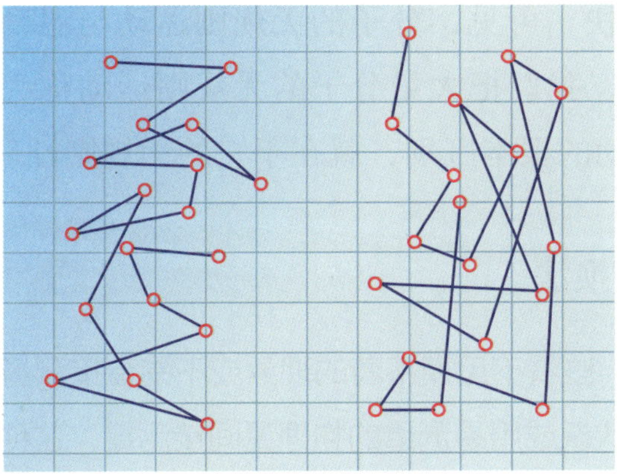

图 8-1-5 小颗粒的运动轨迹

从观察的结果我们知道，布朗运动是绝不会停止的。不管任何时刻，在显微镜下观察水中的悬浮微粒，都可以看到布朗运动。

布朗运动是怎样产生的呢？原来，悬浮的小颗粒被液体分子包围着，不断受到液体分子的撞击。图 8-1-6 是模拟一个颗粒受到它周围液体分子撞击的情景。每个液体分子撞击时都给小颗粒一定的冲力。由于小颗粒体积很小，在某一瞬间和它相撞的分子数也比较少。如果从某一个方向撞击的分子数多于从其他方向撞击的分子数，小颗粒受到的冲力是不平衡的，它将在冲力大的方向产生加速度。下一瞬间，在另外一个方向上受到的冲力大些，小颗粒又在那个方向产生加速度。这样，就引起了小颗粒无规则的运动。做布朗运动的小颗粒虽然不是分子，但它的无规则运动是液体分子无规则运动的反映。

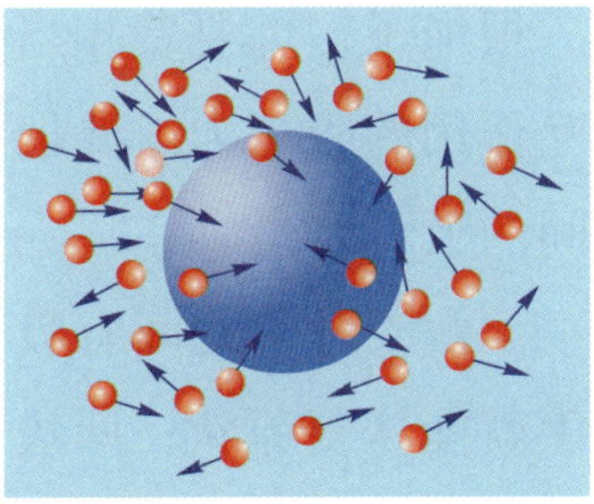

图 8-1-6 液体分子对小颗粒的撞击

如果悬浮颗粒比较大，虽然它也受到周围液体分子的碰撞，由于同时跟它碰撞的分子数较多，来自各个方向的冲击力的平均效果可以认为是互相抵消的。而且颗粒的质量较大，受到很小的冲击力，也很难改变原有的运动状态。所以，对于较大的悬浮颗粒，就观察不到布朗运动。

在不同温度下观察同一种液体中悬浮微粒的布朗运动时发现：温度越高，小颗粒的运动越剧烈。在观察扩散现象时我们也看到滴进热水中的墨水比滴进冷水中的墨水扩散得快。可见，分子的无规则运动与温度有关，温度越高，分子运动越剧烈。所以，我们把大量分子的无规则运动称为**分子热运动**。热运动与力学中宏观机械运动的根本区别，就在于它的无规则性。

思维与方法　转换法

物理学中对于一些看不见摸不着的现象或不易直接测量的物理量，通常用一些非常直观的现象去认识或用易测量的物理量间接测量，这种研究问题的方法称为**转换法**。虽然布朗运动观察到的是小颗粒做无规则运动，但它反映了液体分子的无规则运动。

分子间的相互作用力　物体都是由一个个分子组成的，而且分子之间还有间隙。可是要把固体的一部分跟另一部分分开却很困难。折断一根木棍，拉断一根绳子，都要费相当大的力气。这又是什么原因呢？原来分子之间存在着相互作用的吸引力。要把物体的一部分跟另一部分分开，必须用力来克服分子之间的吸引力。

由于分子之间有吸引力，坚硬的固体很难使它伸长；伸长的橡皮筋，松开手就能恢复原状；两块铅压紧以后能连成一块；把许多碎铅块压紧，可以形成一整块铅。我们不但很难使固体伸长，也很难使它缩短。液体也是很难被压缩的，即使是气体，压缩到一定程度后，再继续压缩也是很困难的。物体为什么能抗拒外界对它的压缩呢？

这是因为，分子之间吸引力和排斥力是同时存在的，实际表现出来的分子力是分子吸引力和排斥力的合力。吸引力和排斥力的大小与分子间距离 r 有关。如图 8-1-7 所示，当 $r=r_0$（约为 10^{-10} m）时，吸引力和排斥力恰好相等，分子处于平衡状态。当 $r<r_0$ 时，排斥力大于吸引力，分子力表现为排斥力；当 $r>r_0$ 时，吸引力大于排斥力，分子力表现为吸引力；当 $r>10r_0$ 以后，分子力就变得十分微弱，一般可以忽略。例如，拉伸物体时，分子间的相互作用力表现为吸引力；压缩物体时，分子间的相互作用力表现为排斥力。图 8-1-8 表示分子力与分子距离的关系。

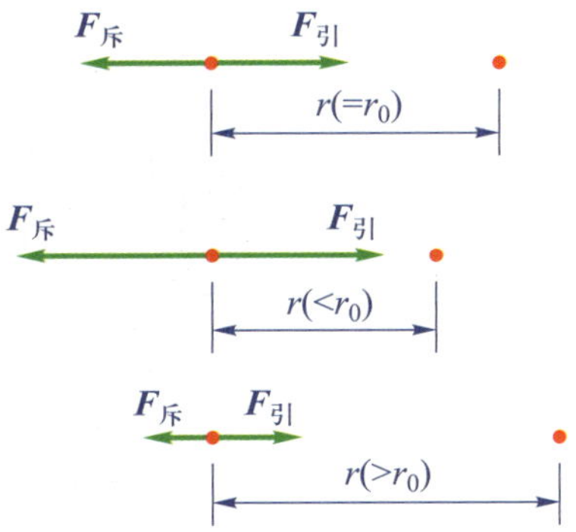

图 8-1-7 吸引力和排斥力与分子间距离的关系

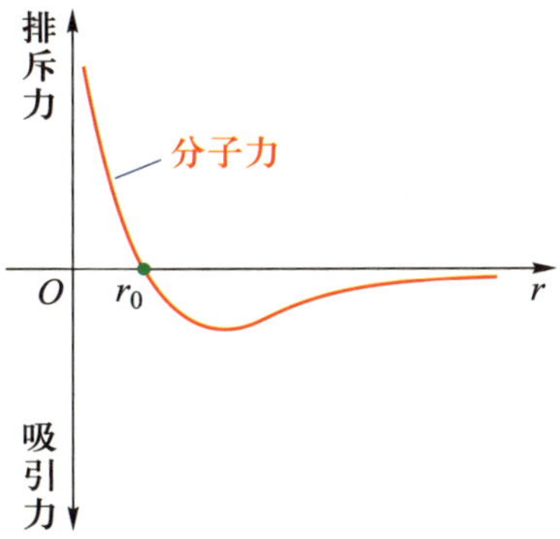

图 8-1-8 分子力与分子距离的关系图

分子动理论的基本论点 综上所述，**一切物体都是由大量分子组成的，分子间有空隙；分子在永不停息地做无规则的运动；分子间有相互作用力**。这就是**分子动理论的基本论点**。

热力学能 一切运动着的物体都具有动能，质量越大，速度越快，它的动能就越大。组成物体的分子都在不停地做无规则的运动，因此，一切分子也具有动能。分子做无规则运动所具有的动能，称为**分子动能**。

前面我们曾经学过，地面上的物体，由于跟地球相互吸引，而具有重力势能。发生弹性形变的弹簧，由于各部分间存在相互作用力，而具有弹性势能。同样，分子间也存在相互作用力，因此，分子也具有由它们相对位置所决定的势能，称为**分子势能**。在温度不变的条件下，当物体体积膨胀或收缩时，分子间的距离就发生了改变，分子势能也发生改变。显然，物体的热力学能与物体的温度和体积有关。

我们把**物体内所有分子的分子动能与分子势能的总和称为物体的热力学能**，也叫**内能**。一切物体都是由不停地做无规则运动并且相互作用着的分子组成，所以，任何物体都具有热力学能。

通常我们所说的“热能”，是热力学能的一种不太确切的俗称。物体除具有热力学能外，还可以具有别的形式的能量。例如，飞行的热气球（图 8-1-9），除了具有热力学能外，还具有跟机械运动有关的动能和重力势能。应当注意，热力学能和机械能是不同的。

由于物体分子的平均动能同温度有关，分子的势能同物体的体积有关，所以物体热力学能的多少同物体的温度和体积都有关。但理想气体由于分子间的距离较大，可以认为分子间除碰撞外没有作用力，因而理想气体没有分子势能。它的热力学能仅与它的温度有关。温度越高，理想气体的热力学能越大；温度越低，理想气体的热力学能越小。

图 8-1-9　飞行的热气球

改变热力学能的两种方式　物体的热力学能是可以改变的。当温度升高时，分子的动能增加，物体的热力学能也增加；温度降低时，分子的动能减少，物体的热力学能也随之减少。物体的体积改变时，分子势能发生变化，物体的热力学能也会改变。

实验与探究　观察做功和热传递

如图 8-1-10 所示，一个薄铜管里倒入适量乙醚（一种低沸点易挥发液体），用软木塞塞紧管口，把铜管固定在底座上，用结实的软绳子迅速来回摩擦铜管。如图 8-1-11 所示，把浸有乙醚的一小块棉花放在厚玻璃筒的底部，快速向下压活塞。认真观察发生的现象，分析其原因。

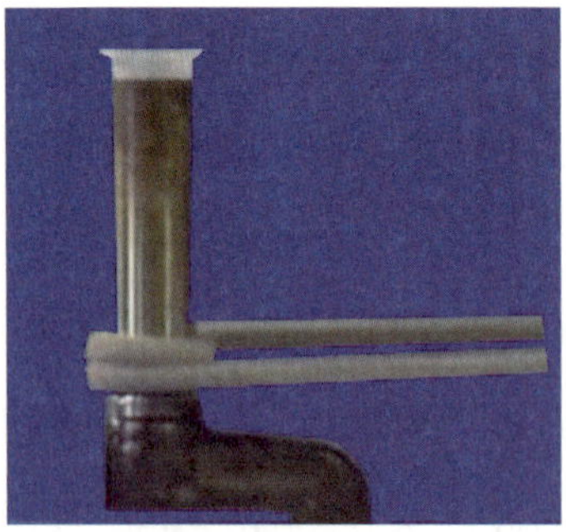

图 8-1-10　摩擦铜管

图 8-1-11　向下压活塞

实验表明，软绳子来回迅速摩擦铜管做功产生热量，热量传递给管内低沸点的乙醚，使之沸腾，对外做功，易挥发的乙醚的热力学能减少，温度降低，乙醚蒸气液化变成小液滴，管口冒出白气。快速向下压活塞时，外力对空气做功，温度升高，热力学能增加，乙醚达到着火点燃烧起来。

在日常生活中，我们常常可以看到物体热力学能变化的例子。在用砂轮磨刀具的时候（图 8-1-12），要克服摩擦力做功，砂轮和刀具的温度都升高，热力学能增加；寒冷的冬天，我们用双手相搓，两手会发热，热力学能也增加。在现代制造与加工行业中常使用摩擦焊接技术，利用工件摩擦产生的热量作为热源，再将两个工件用压力黏合在一起完成焊接，如图 8-1-13 所示。我国自主研发的搅拌摩擦焊设备已成功用于我国新型大型运载火箭的焊接，并达到世界顶尖水平。

图 8-1-12　用砂轮磨刀具

图 8-1-13　摩擦焊接

大量事实说明，做功可以改变物体的热力学能。但是，做功并不是改变物体热力学能的唯一方法。例如，放在炉子上加热的一壶冷水，过一段时间后温度升高，热力学能增加。把壶从炉子上取下后，壶中的热水不断向外界散热而逐渐冷却，热力学能减少。从这个例子中可以看到，虽然没有做功，但物体的热力学能改变了。这种没有做功而使物体的热力学能改变的过程称为**热传递**。

热传递的规律是热力学能从温度高的物体转移到温度低的物体，或者从物体中温度高的部分转移到温度低的部分，直到它们的温度相等，即达到热平衡时才会停止。

可见，能够改变物体热力学能的物理过程有两种：**做功和热传递**。

思考与讨论

如图 8-1-14 所示，我们可以用加热（热传递）的方法使一根铁丝的温度升高，也可以让它与其他物体摩擦，用做功的方法使它升高同样的温度。所以，做功和热传递在改变物体热力学能上是等效的。但是它们之间还是有本质的区别。请你说说它们本质上有什么区别？

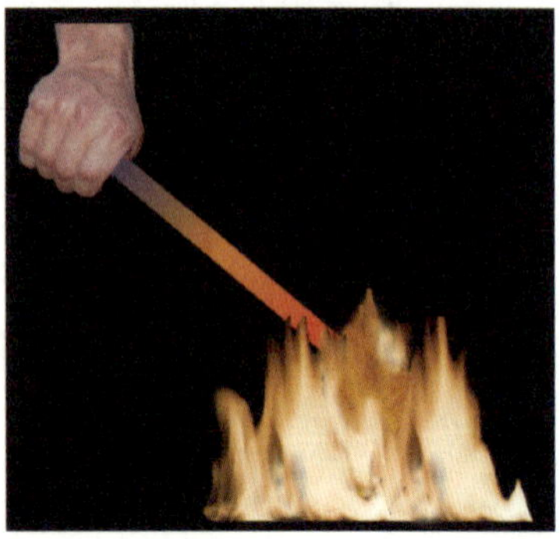

图 8-1-14　加热铁丝

技术应用　微观世界的眼睛——扫描隧道显微镜

扫描隧道显微镜（图 8-1-15），是一种利用量子理论中的隧道效应探测物质表面结构的仪器，由格尔德·宾宁和海因里希·罗雷尔在 1982 年发明，两人因此获得诺贝尔物理学奖。

图 8-1-15　扫描隧道显微镜

利用扫描隧道显微镜可直接观测材料表面原子是否具有周期性的表面结构特征、表面的重构和结构缺陷等。扫描隧道显微镜使人类第一次能够实时地观察和定位单个原子。在低温（4 K）下可以利用探针尖端精确操纵原子。例如，利用扫描隧道显微镜针尖移动铁原子（图 8-1-16），不但可以观察这个地形在纳米尺度上的变化，还可以用这个针尖像筷子一样，把原子推来推去。图 8-1-17 是我国科学家用一个个铁原子排列出的世界上最小的“原子”二字。量子现象研究，尽管看起来非常简单，但是给人类社会带来的技术进步是巨大的。

图 8-1-16　用扫描隧道显微镜针尖移动铁原子

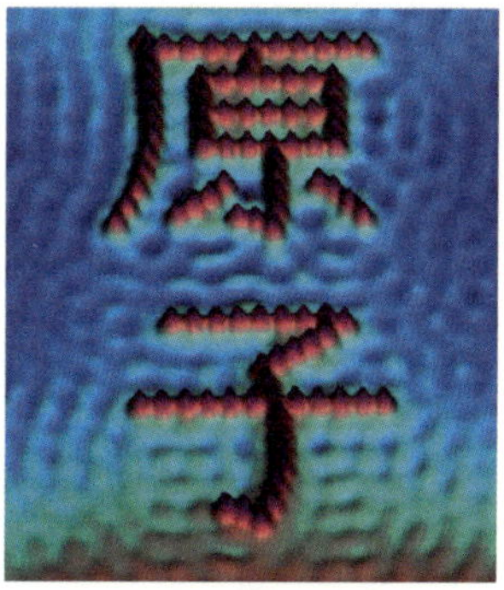

图 8-1-17　铁原子排列的“原子”二字

扫描隧道显微镜在表面科学、材料科学、生命科学等领域的研究中有着重大的意义和广泛的应用前景，被国际科学界公认为 20 世纪 80 年代世界十大科技成就之一。

练习与应用（Ⅰ）

1. 请用分子动理论的基本论点解释下列现象。

（1）高压下的油为什么会透过容器壁渗出？

（2）为什么物体能够被压缩但又不能无限地被压缩？

2. “墨滴入水，扩而散之，徐徐混匀”。关于该现象的分析不正确的是（　　）。

A. 墨汁小颗粒做布朗运动

B. 水温越高，墨汁小颗粒运动越快

C. 墨汁小颗粒做分子热运动

D. 墨汁小颗粒在液体中的运动是受到液体分子的撞击不平衡引起的

3. 科学家曾做过这样一个实验，把表面光滑的铅块放在光滑的金块之上，几年之后，发现金块里含有铅，铅块里含有金，这是什么现象？表明了什么？

4. 指出下面例子中各是通过什么物理过程改变物体热力学能的。

（1）阳光照射衣服，衣服的温度升高；

（2）用打气筒打气，筒壁变热；

（3）手感到冷时，搓搓手就会觉得暖和些；

（4）冬天冷时，用火炉取暖。

练习与应用（Ⅱ）

1. 下面各实例中，不属于用做功的方法改变物体热力学能的是（　　）。

A. 钻木取火

B. 把浸有乙醚的一小块棉花放在厚玻璃筒的底部，快速向下压活塞

C. 酒精涂在手背上，会觉得凉快

D. 薄铜管里倒入适量乙醚，用结实的软绳迅速来回摩擦铜管

2. 气溶胶是指悬浮在气体介质中的固态或液态颗粒所组成的气态分散系统，这些固态或液态颗粒在气体中做布朗运动，关于气溶胶做的布朗运动，下列说法正确的是（　　）。

A. 布朗运动是气溶胶分子的无规则运动

B. 布朗运动反映了气体分子之间存在着斥力

C. 悬浮在气体中的颗粒越小，布朗运动越明显

D. 当固态或液态颗粒很小时，能很长时间都悬浮在气体中是因为气体浮力作用

3. 2023 年 6 月 4 日晚，神舟十五号飞船返回舱在东风着陆场着陆，着陆时外壳黑乎乎的一副烧焦的样子，这是为什么？提示：飞船外表涂着灰色耐高温的特殊材料，飞船返回要穿过浓密的大气层。

4. 飞机在万米高空飞行时气温很低，高空的气压低于机舱内的气压，为了获得新鲜空气，通过空气压缩机把空气从舱外压进舱内。与同学讨论，在此过程中，空气压缩机对气体做功吗？被压缩气体的热力学能、温度怎样变化？飞机上的空调的作用是升温还是降温？

8.2 热力学第一定律 能量守恒定律

观察与思考

历史上曾有人幻想制造一种机器（图 8-2-1），它不需要消耗任何能量，却能源源不断对外做功，这种机器称为永动机。但所有设计永动机的企图都在实践中失败了，为什么？

图 8-2-1 永动机示意图

热力学第一定律 现在我们来研究热力学能的变化与做功和热量之间的关系。

如图 8-2-2 所示，一个物体，如果它跟外界不发生热交换，也就是说，它既没有吸收热量也没有放出热量，那么，外界对它做了多少功，它的热力学能就增加多少。设外界对物体所做的功为 W，热力学能的增加为 ΔU，则 $\Delta U=W$。在物体对外界做功的情况下，上式同样适用，这时 W 为负值，热力学能的变化 ΔU 也是负值，表示热力学能减少。

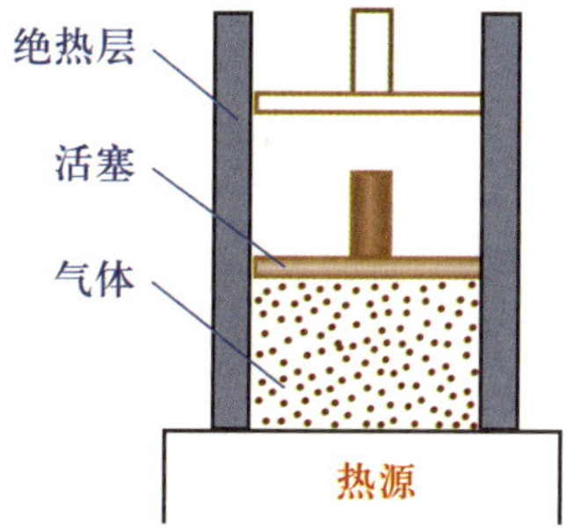

图 8-2-2 绝热容器

如果外界既没有对物体做功，物体也没有对外界做功，那么物体吸收多少热量，它的热力学能就增加多少。设物体吸收的热量为 Q，热力学能的增加为 ΔU，则 $\Delta U=Q$。在物体放出热量的情况下，上式同样适用。这时 Q 为负值，热力学能的变化 ΔU 也是负值，表示热力学能减少。

如果物体跟外界同时发生做功和热传递的过程，则**外界对物体所做的功 W 加上物体从外界吸收的热量 Q 等于物体热力学能的增加 ΔU**，即

$$\Delta U=Q+W$$

这就是**热力学第一定律**。

热力学第一定律中的各个物理量可以取正值，也可以取负值，我们在应用热力学第一定律解题时，需明确公式中各量的物理意义及正、负的规定：

物体热力学能增加 $\Delta U > 0$，物体热力学能减小 $\Delta U < 0$；

物体从外界吸热 $Q > 0$，物体向外界放热 $Q < 0$；

外界对物体做功（气体被压缩）$W > 0$，物体对外界做功（气体膨胀）$W < 0$。

绝热过程　系统和外界没有热量交换的过程称为**绝热过程**。例如气体在具有绝热套的气缸中进行膨胀（或压缩），就可以认为是绝热过程（图 8-2-3）。当气体迅速膨胀或急剧被压缩时，系统来不及和外界进行热量交换，这种情况就可以视为绝热过程来处理。在绝热过程中，因为系统和外界没有热量交换，所以 $Q = 0$，依照热力学第一定律：

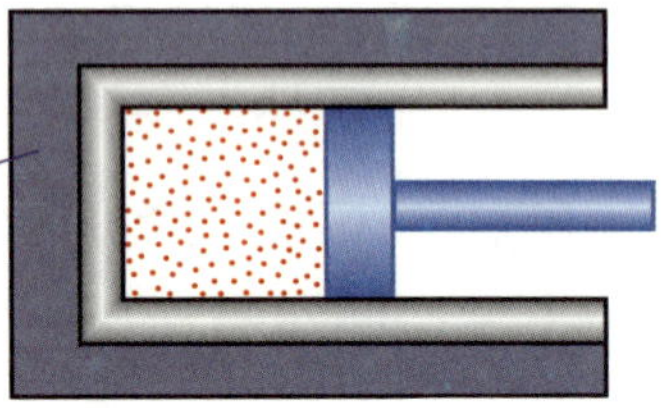

图 8-2-3　绝热过程

$$\Delta U = W$$

（1）如果外界对系统做功（绝热压缩），$W > 0$，$\Delta U > 0$，系统的热力学能增大，温度升高。内燃机点火时，就是依靠活塞压缩燃料混合气，使之温度升高，实现点火的。

（2）如果系统对外界做功（绝热膨胀），$W < 0$，$\Delta U < 0$，系统的热力学能减少，温度降低。制冷设备（如电冰箱）就是利用工作物质绝热膨胀来降温的。

在工程技术中，普遍使用的蒸汽机、柴油机、汽油机等统称**热机**。热机的核心是汽缸（图 8-2-3），汽缸中的工作物质（如蒸汽等）称为工质。热机工作时，工质不断地吸热（如汽油机点火燃烧，汽缸里的气体升温），同时不断地对外做功（气体膨胀推动活塞对外做功）。

思考与讨论

查阅资料，与同学一起用热力学第一定律解释汽油机正常工作时压燃的原理。

提示：热机工作时，工质（空气和汽油的混合物）不断地吸热，同时不断地对外做功。

【例题】 一定质量的气体，从外界吸收热量 2.8×10^{5} J，热力学能增加了

4.0×10^5 J，问气体对外界做了功，还是外界对气体做了功？做了多少焦耳的功？

解： 将气体看作一个系统，它一方面从外界吸热，同时又对外做功，根据热力学第一定律 $\Delta U=Q+W$，则

$$W=\Delta U-Q=4.0\times10^5\ \text{J}-2.8\times10^5\ \text{J}=1.2\times10^5\ \text{J}$$

$W>0$ 表明外界对气体做了功。

能量守恒定律　我们通过前面的学习，已经明白，跟机械运动联系的是机械能，跟物体分子热运动联系的是物体的热力学能。实际上，物质有许多不同的运动形式，每种运动形式都有一种对应的能。例如，跟电、磁运动联系着的电能、磁能，此外还有跟其他运动联系着的化学能、原子能。

我们知道，在机械能中，动能和势能是可以互相转化的。前面的学习，又使我们了解到热力学能和机械能也是可以互相转化的。除了机械能，其他形式的能也可以和热力学能互相转化。通过电流的电饭煲温度升高，电能转化为热力学能；燃料燃烧产生热，化学能转化为热力学能；炽热的电灯丝发光，热力学能转化为光能等。

思考与讨论

与同学讨论，图 8-2-4 中太阳能、电能、化学能、机械能、热力学能之间是如何相互转化的？

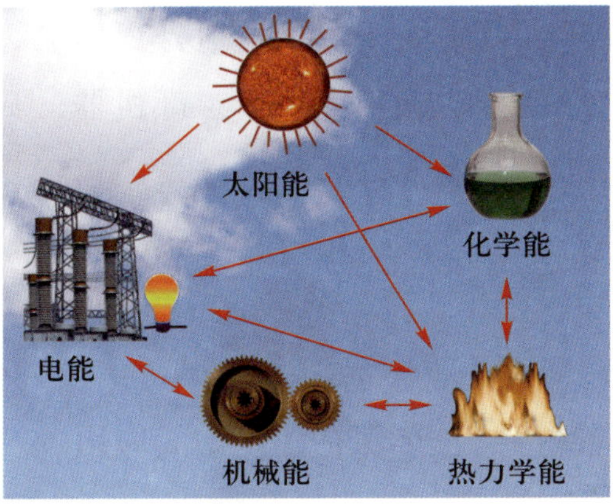

图 8-2-4　能量转换示意图

由于每种形式的能都是跟物质的某种形式的运动相对应的，因此，能的不断相互转化表明了物质的运动不断地由一种形式转化为其他形式。

我们学过，物体如果没有受到摩擦力和介质阻力，只发生动能和势能的相互转化时，机械能的总和保持不变。在其他形式的能互相转化过程中，能的总量是不是守恒呢？焦耳先后用了许多种方法测得的热功当量的值都是定值。这个事实表明，做一定量的机械功，即消耗一定量的机械能，总得到等量的热力学能，也就是说，在机械能和热力学能转化过程中总的能量是守恒的。给电阻丝通电，使隔热容器里的水温升高，结果证明：电能在转化为热力学能时，消耗一定量的电能，总是得到等量的热力学能，这表示电能和热力学能转化过程中总的能量也是守恒的。大量事实证明，任何形式的能转化为别种形式的能时，总的能量都是守恒的。

因此，**能量既不能凭空产生，也不能凭空消失，它只能从一种形式转化为另一种形式，或者从一个物体转移到另一个物体**。这就是**能量守恒定律**。

能量守恒定律是经过许多物理学家的长期探索，在 19 世纪中叶确立的。在此定律确立后，就成为人们认识自然和改造自然的有力武器。从物理、化学、生物到天文、地质学以及工程技术，甚至哲学，这一定律都发挥了重要作用。可以说，没有哪一条定律能像这一定律应用得如此广泛。恩格斯称这一定律为“伟大的运动基本规律”，认为它是 19 世纪自然科学的三大发现之一。

虽然人们做了各种努力，这种永动机却从来也没有研制成功过。人类通过不断实践和研究，逐渐认识到：任何机器对外界做功，都要消耗能量。能量守恒定律的发现使人们进一步认识到：任何一部机器，只能使能量从一种形式转化为另一种形式，而不能无中生有地创造能量。工程技术的任务在于设法找出合理利用能源的途径并减少机器运转过程中不必要的能量损耗，而不是去研制永远无法实现的永动机。

技术应用　节能减排绿色环保在建筑中的应用

为应对全球气候变化、资源能源短缺、生态环境恶化的挑战，人类正在建设低碳生态城市、推广普及低碳绿色建筑。绿色建筑能最大限度地节约资源，包括节能、节地、节水、节材等，以保护环境和减少污染。

如何节能减排低碳环保？一是采用保温材料。全世界 36% 的能源消耗在房屋的取暖和降温上，采用新材料和新方法进行取暖和降温，节能潜力难以估量。我国杭州低碳科技馆（图 8–2–5）选择了天然、可回收的材料。上海金茂大厦的主要填充墙、防火分区隔墙等均采用空心砌块，裙房屋面、主楼局部屋面均采用了屋面保温层，有效降低了能耗。

二是更换灯泡。全世界 20% 的电力消耗在照明上，其中 40% 的电力是老式白炽灯泡消耗掉的。在发光量相同的情况下，荧光灯、LED 等节能灯不仅比白炽灯省电 75% 至 80%，而且使用寿命也达到后者的 10 倍。美丽的珠江夜景（图 8–2–6）、上海外滩等城市“点亮工程”都大量采用了 LED 灯。

图 8–2–5 杭州低碳科技馆

图 8–2–6 珠江夜景

三是“光电建筑一体化”。就是将太阳能光伏发电技术与建筑结合，把已经成熟的太阳能技术产品真正融入建筑中，是打造低碳、节能、环保的绿色建筑的重要方式。如北京南站候车大厅屋顶安装了 4 186 块太阳能电池板（图 8–2–7）。而上海中心大厦 580 m 的塔冠上竟藏着 270 台 500 W 的“垂直轴涡轮”风力发电机，每年可以为大厦提供 1.19×10^{7}kW · h 的绿色电力，供屋顶、观光层中的设备使用。

图 8–2–7 北京南站

此外，收集建筑物屋面雨水，用于消防、清洁、水景补水、绿化浇灌等，可以提高整幢建筑的节能节水率。

行为与责任

我们在工作和生活中，要时刻注意节约能源，养成低碳生活的习惯，如多乘公交出行，不将空调温度调得过高或过低，做到人走灯熄等。只有这样，我们才能建成天蓝、地绿、水清的美丽中国。

练习与应用（Ⅰ）

1. 一定质量的某种气体，若外界传递给它的热量等于它热力学能增加的数值，那么该气体在状态变化中（　　）。

A. 温度不变　　B. 体积发生变化

C. 外界对该气体没做功　　D. 压强不变

2. 如图 8-2-8 所示，一绝热容器被隔板 K 隔开 A、B 两部分。已知 A 内有一定量的稀薄气体，B 内为真空，抽开隔板 K 后，A 内气体进入 B，最终达到平衡状态。在此过程中（　　）。

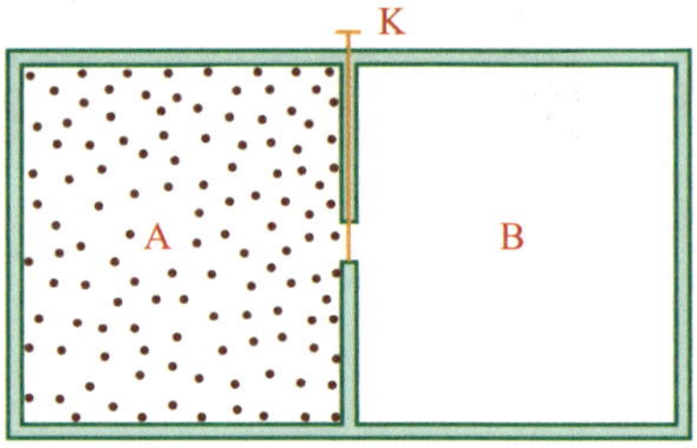

图 8-2-8　绝热容器

A. 气体对外界做功，热力学能减少

B. 气体不做功，热力学能不变

C. 气体压强变小，温度降低

D. 气体压强变小，温度不变

3. 以下说法正确的是（　　）。

A. 能量可以凭空消失

B. 任何违背能量守恒的物理过程都不可能实现

C. 太阳能电池板将太阳能转化为电能说明能量可以创生

D. 由于能量守恒，所以热量也可以从低温物体传向高温物体

4. 一个物体的热力学能减少了 90 J。（1）如果物体与外界是绝热的（没有热传递），则物体对外界做了多少功？（2）如果物体没有对外做功，则物体对外放出了多少热量？

练习与应用（Ⅱ）

1. 高速列车运行的平稳性与车厢的振动密切相关，车厢底部安装的空气弹簧可以有效减振，空气弹簧主要由活塞、气缸及内封的一定质量的气体构成。上下乘客及剧烈颠簸均能引起车厢振动，上下乘客时气缸内气体的体积变化缓慢，气体与外界有充分的热交换；剧烈颠簸时气缸内气体的体积变化较快，气体与外界来不及热交换。若气缸内气体视为理想气体，在气体压缩的过程中（　　）。

A. 上下乘客时，气体的热力学能不变

B. 上下乘客时，气体从外界吸热

C. 剧烈颠簸时，气体对外界做功

D. 剧烈颠簸时，气体的温度不变

2. 过量排放二氧化碳是导致“温室效应”的主要原因之一。目前为了减缓全球变暖趋势，专家们正在研究二氧化碳的深海处理技术。在某次实验中，将一定质量的二氧化碳气体封闭在一个可自由压缩的导热容器中，将容器缓慢移到海水深处，气体体积减为原来的一半，不计温度的变化，试分析封闭气体在此过程中的热力学能变化、对外做功、与外界传递热量的情况。

3. 空气压缩机在一次压缩过程中，活塞对气缸中的气体做功 220 J，同时气体的热力学能增加了 180 J，则在此过程中，气体与外界传递了多少热量？是吸热还是放热？

4. 氢能是一种清洁、高效、安全、可持续的二次能源，是目前公认的最为理想的绿色能源，已得到广泛应用。氢气压缩机是氢能源汽车加氢站的核心设备，设某活塞式氢气压缩机在一次压缩过程中，活塞对氢气做了 5×10^3 J 的功，同时传给了气缸 2×10^2 J 的热量，问氢气的热力学能改变了多少？

8.3　理想气体状态方程

观察与思考

在力学中，我们用位移、速度、加速度等物理量来描述物体的机械运动状态。在热学里，常用体积 V、压强 p 和温度 T 这三个物理量来描述气体的状态。如图 8-3-1 所示，当密封容器中打开阀门时，气体充满整个容器（图 8-3-2）。此时，其压强、体积和温度这三个物理量是否发生变化？如果发生变化，它遵循什么规律呢？

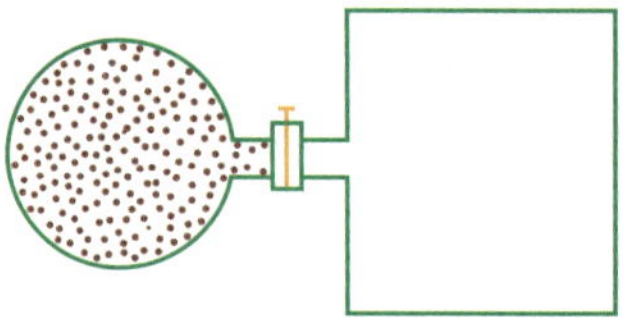
图 8-3-1　气体充满部分容器

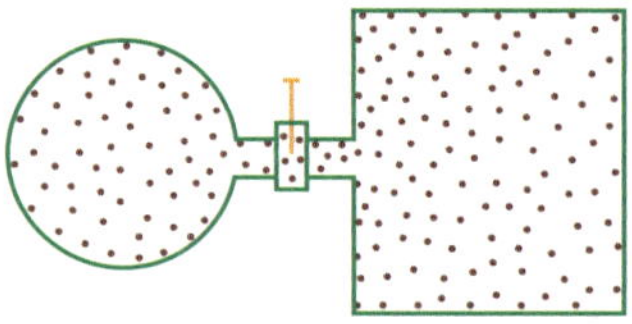
图 8-3-2　气体充满整个容器

由于物体是由大量分子组成的，而且分子永不停息地做无规则的热运动，因此，我们只能从宏观上去研究气体的性质，用体积 V、压强 p 和温度 T 这三个物理量来描述气体的状态。我们把这些物理量称为**描述气体的状态参量**。

气体的体积　由于气体分子间的距离较大，除分子间相互碰撞外，分子之间的相互作用力很小，可以忽略不计，因而气体很容易扩散。在密封容器中，气体总是充满整个容器，所以通常用容器的容积来表示气体的体积 V。在国际单位制中，体积的单位是 m^3（立方米）。工程技术上有时体积也可用 L（升）、mL（毫升）作单位。它们之间有如下关系：

$$1\ m^3 = 10^3\ L = 10^6\ mL$$

气体的温度　温度是用来表示物体冷热程度的物理量。它反映了分子热运动的剧烈程度。

要定量地确定温度，必须给物体的温度以具体的数值，这个数值决定于温度零点的选择和分度的方法。温度数值的表示方法称为**温标**。日常生活中常用的温标称为**摄氏温标**。用摄氏温标表示的温度称为**摄氏温度**，符号用 t 表示，单位为℃（摄氏度）。它是把大气压为 1.013×10^5 Pa 的情况下，冰水混合时的温度定为 0 ℃，同样压强下水的沸点定为 100 ℃。中间分为 100 等份，每一等份代表 1 ℃。

把 −273.15 ℃作为零度的温标称为**热力学温标**（或**绝对温标**）。用热力学温标表示的温度称为**热力学温度**（或**绝对温度**）。−273.15 ℃也称之为**绝对零度**。目前实验室可以通过激光冷却法使最低温度接近绝对零度，但不可能达到绝对零度。

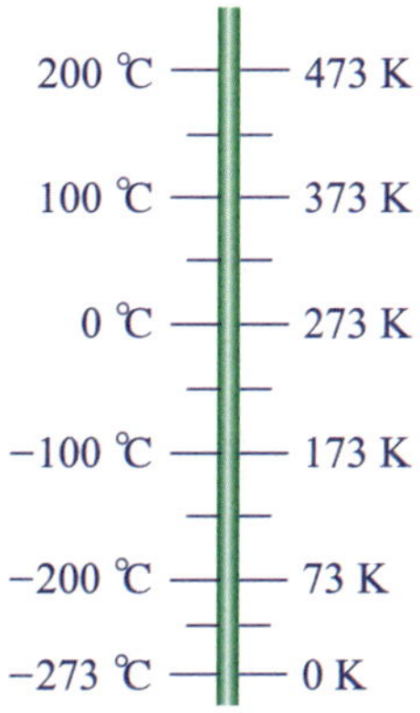

图 8-3-3　热力学温度和摄氏温度的关系

热力学温度用 T 表示，单位是开尔文，简称 K（开）。它是国际单位制中七个基本单位之一。就每一分度的大小来说，热力学温度和摄氏温度是相同的，如图 8-3-3 所示。所以热力学温度 T 跟摄氏温度 t 间的关系为

$$T = t + 273.15$$

为了简化，可以取 −273 ℃为绝对零度，这样就有

$$T = t + 273$$

例如，大气压为 1.013×10^5 Pa 时，冰的熔点为 0 ℃，即 273 K，水的沸点为 100 ℃，即 373 K。在科学研究和一些工程技术中，用得更多的是热力学温度。你在后面很快可以看到，与用摄氏温度 t 相比，用热力学温度 T 表达的定律、公式十分简洁，物理意义也特别明确。

温度是很基本但又很重要的物理量，它在宏观上表示了物体的冷热程度，在微观实质上则反映了分子热运动的剧烈程度。例如，温度越高，布朗运动、分子扩散就越剧烈。

在生产过程和科学研究中，常常需要测量和控制温度，测量温度可以用温度计（图 8-3-4）或红外线温度计（图 8-3-5），常用的温度计如表 8-3-1 所列。

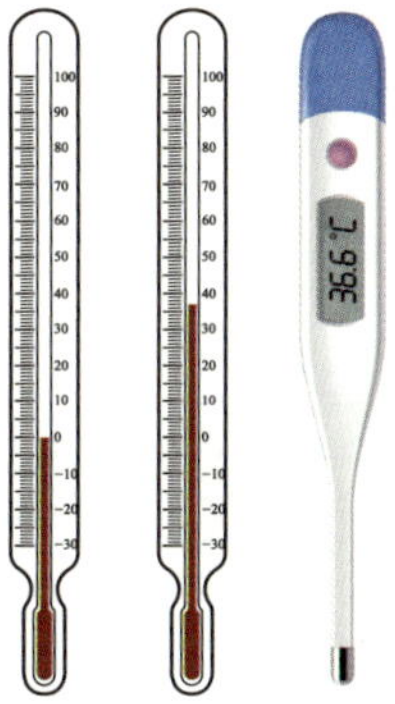

图 8-3-4　温度计

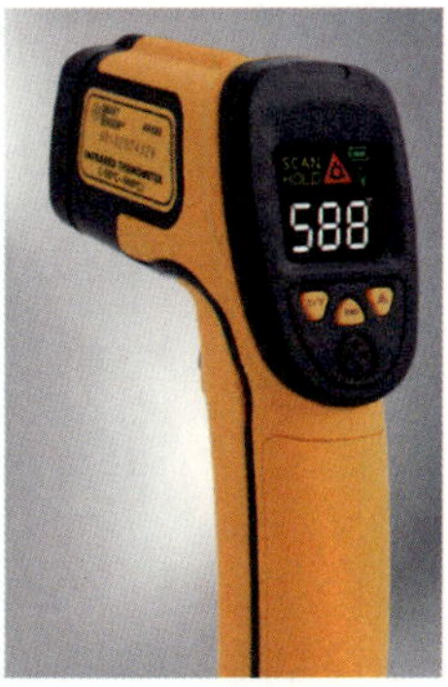

图 8-3-5　红外线温度计

表 8-3-1　常用的温度计

测量方式	类型	利用的原理	测温范围 / ℃
接触式	水银温度计	热胀冷缩	−30～300
	电阻温度计	电阻随温度变化	−259～1 000
	温差电偶温度计	温差电效应	−273～2 100
非接触式	光学温度计	光强随温度变化	600～3 000
	辐射高温计	热辐射强度随温度变化	＞700

气体的压强　容器中大量做热运动的气体分子，不断碰撞器壁，虽然每个分子对器壁的撞击力很小，而且不连续，但是大量气体分子对器壁的撞击，就对器壁产生持续的稳定的压力，就像大量密集雨点接连不断地打在雨伞上，会对雨伞产生一个持续的稳定的压力一样。**气体作用在器壁上的压力跟器壁面积的比值**称为**气体的压强**。

在国际单位制中，压强的单位是 Pa（帕），$1\ \text{Pa} = 1\ \text{N/m}^2$。在工程技术和生活中，常用的压强的单位有 atm（大气压，标准大气压的简称）、cmHg（厘米汞柱）和 mmHg（毫米汞柱）等，它们的关系是

$$1\ \text{atm} = 76\ \text{cmHg} = 760\ \text{mmHg} = 1.013 \times 10^5\ \text{Pa}$$

$$1\ \text{mmHg} = 133.3\ \text{Pa}$$

在本书中，将近似地取 1.0×10^5 Pa 为 1 atm。我们把 $p_0=1.0 \times 10^5$ Pa，T_0 = 273 K 的气体状态，称为**标准状态**。实验表明：在标准状态下，1 mol 的任何气体的体积都是 22.4 L。

分子动理论指出，气体的压强与气体的密度和温度有关：气体的密度越大，一定体积内的分子数目就越多，气体分子与器壁碰撞的次数也越多，产生的压强就越大。气体的温度升高，分子运动加剧，形成的压强就越大。

在工程技术上，常用压力表来测量压强。图 8-3-6 是一种常见的压力表（压强计），在锅炉和氧气瓶上都装有这种压强计。

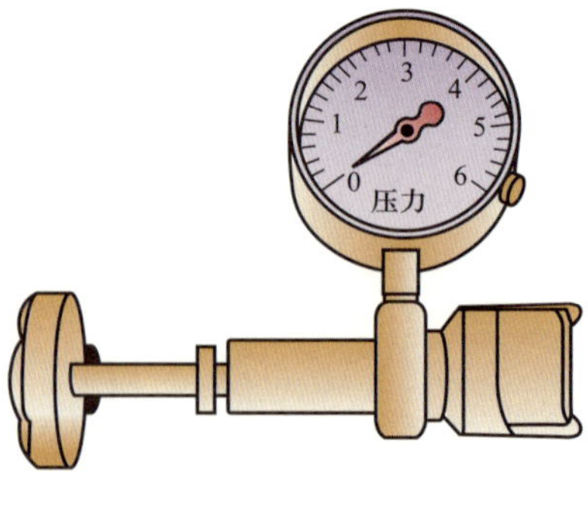

图 8-3-6　压力表

气体的状态变化 一定质量的气体，它的温度、体积和压强这三个量的变化是互相关联的。例如，把一定质量的气体压缩到钢筒里去，气体的体积就缩小了，同时它的压强会增大，温度会上升。燃气在气缸里工作的时候，体积膨胀，同时压强减小，温度降低。对于一定质量的气体来说，如果温度、体积和压强这三个量都不改变，我们就说气体处于一定的状态中。如果三个量中有两个改变了或者三个都改变了，我们就说气体的状态变了（图 8-3-7）。只有一个量改变而其他两个量都不改变的情况是不会发生的。

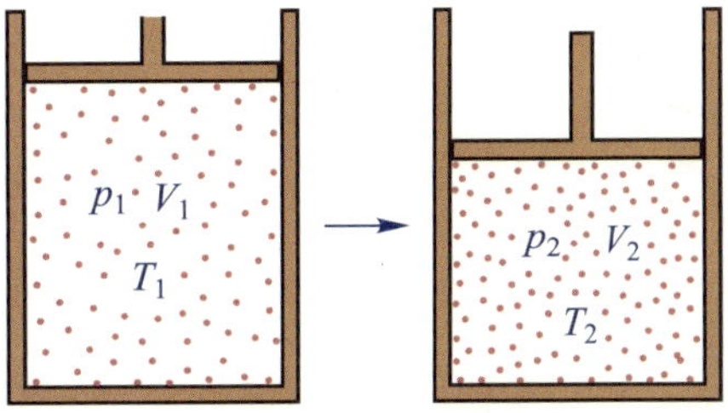

图 8-3-7 气体的状态变化

理想气体状态方程 下面我们通过实验来研究一定质量的气体在状态变化时，这三个量的变化规律。

实验与探究 探究理想气体状态变化的规律

如图 8-3-8 所示，一根固定在刻度尺上的 U 形玻璃管，其左端开口，右端封闭。在右端有一段被水银封闭在里面的气体柱。实验时，将 U 形管连同刻度尺一起竖直浸入盛水的容器中，只留左端开口露出水面。改变水的温度可以看出气体的体积和压强同时发生变化。记下几组温度、体积和压强的数值，并将摄氏温度换算成热力学温度。计算每次测得的 $\frac{pV}{T}$ 值，并进行比较。

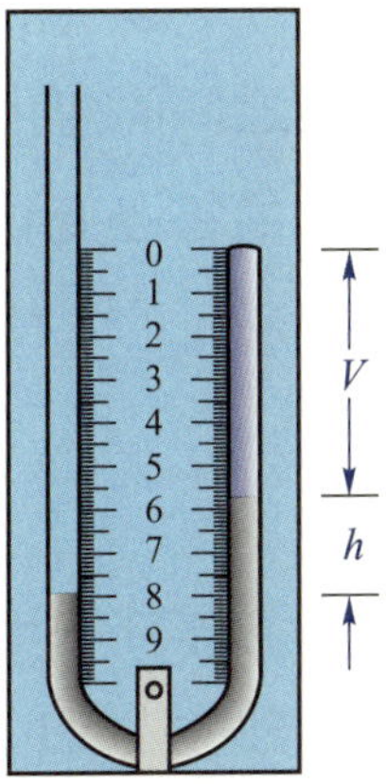

图 8-3-8 研究理想气体状态变化的实验装置

通过实验，我们得出如下结论：

一定质量的气体，它的压强 p 和体积 V 的乘积与热力学温度 T 的比值，在状态变化时始终保持不变。即

$$\frac{pV}{T}=\text{常量} \quad \text{或} \quad \frac{p_2V_2}{T_2}=\frac{p_1V_1}{T_1}$$

精密实验指出，实际气体并不完全符合上式，计算结果有偏差，随着压强的增大，温度的降低，偏差会越来越大。为此，我们设想有一种气体，它能够严格地符合这一公式，这种气体就称为**理想气体**。这一公式称为**理想气体状态方程**，简称**气态方程**。

思维与方法 近似处理法

理想气体是一种理想化的物理模型，实际并不存在，它只是实际气体在一定条件下的近似。有许多实际气体，如氢气、氧气、氮气、氦气等，在压强不太大（跟大气压相比），温度不太低（跟室温相比）的条件下，把实际气体当作理想气体来处理，误差很小，可是计算起来却简便多了，这就应用了近似处理法。

气体的三个实验定律 对于一定质量的理想气体，在状态变化时，如果在 p、V、T 三个参量中保持一个量不变，那么根据气态方程，我们可以分别得出其余两个量之间的变化规律。

气体的等温变化 气体在状态变化时，温度保持不变的过程称为**等温过程**。对于一定质量的气体，当温度 T 保持不变时，它的压强跟体积成反比。即

$$p \propto \frac{1}{V} \quad 或 \quad p_2V_2 = p_1V_1$$

这个规律称为**玻意耳-马略特定律**。它是英国科学家玻意耳和法国科学家马略特各自独立发现的。

气体的等容变化 气体在状态变化时，体积保持不变的过程称为**等容过程**。对于一定质量的气体，当体积 V 保持不变时，它的压强跟热力学温度成正比。即

$$p \propto T \quad 或 \quad \frac{p_2}{T_2} = \frac{p_1}{T_1}$$

这个规律称为**查理定律**。它是由法国科学家查理通过实验研究发现的。

气体的等压变化 气体在状态变化时，压强保持不变的过程称为**等压过程**。对于一定质量的气体，当压强 p 保持不变时，它的体积与热力学温度成正

比。即

$$V \propto T \quad 或 \quad \frac{V_2}{T_2}=\frac{V_1}{T_1}$$

这个规律称为**盖 · 吕萨克定律**。最初是由法国科学家盖 · 吕萨克研究了多种气体的热膨胀后得出的实验定律。

思考与讨论

1. 民间常用“拔火罐”来治疗某些疾病，方法是将点燃的纸片放入一个小罐内（图 8-3-9），当纸片燃烧完时，迅速将火罐开口端紧压在皮肤上，火罐就会紧紧地“吸”在皮肤上，与同学讨论，发生此现象的原因。

2. 焊接和切割作业用的氧气瓶、乙炔瓶如果充满氧气后在烈日下曝晒，尤其在夏天随时都有爆炸的危险，这是为什么？

图 8-3-9　点燃的纸片放入拔火罐

行为与责任

《气瓶安全监察规程》规定，气瓶运输，夏季使用时应防止曝晒。氧气瓶使用时必须距明火 10 m 以外，贮存时严禁和乙炔瓶同室存放。焊接和切割作业时要严格遵守安全防护措施和安全操作规程。

【例题 1】 气焊用的氧气储存于容积为 100 L 的筒内，这时筒上压强计显示的压强是 60 p_0（$p_0=1.0\times10^5$ Pa），筒的温度是 16 ℃，求筒里氧气的质量。已知在温度为 0 ℃、压强为 p_0 时，氧气的密度 ρ_0=1.43 kg/m³。

分析： 本题研究对象是筒内一定质量的氧气。由于不知氧气在温度为 16 ℃、压强为 60 p_0 下的密度，但知道氧气在温度为 0 ℃、压强为 p_0 时的密度，所以要用气体状态方程算出在温度为 0 ℃、压强为 p_0 下的体积，根据密度公式再算出氧气的质量。氧气有两个状态：

状态 1 的参量为 $p_1=60\,p_0$，V_1=100 L = 0.1 m^3，$T_1=(273+16)$ K = 289 K；

状态 2 的参量为 $p_2=p_0$，$T_2=(273+0)$ K = 273 K。

解： 由理想气体状态方程 $\frac{p_2V_2}{T_2}=\frac{p_1V_1}{T_1}$ 可求得

$$V_2=\frac{p_1V_1T_2}{p_2T_1}=\frac{60\times0.1\times273}{1\times289}\ \text{m}^3\approx5.668\ \text{m}^3$$

$$m=\rho_0V_2=1.43\times5.668\ \text{kg}\approx8.1\ \text{kg}$$

【例题 2】 图 8–3–10 为一简易火灾报警装置。其原理是竖直放置的粗细均匀的细玻璃管中装有水银，当温度升高时，水银柱上升，使电路导通，蜂鸣器发出报警的响声。27 ℃时，空气柱长度 L_1 为 20 cm，水银上表面与导线下端的距离 L_2 为 10 cm，管内水银柱的高度 h 为 8 cm，大气压强为 75 cm 水银柱高。则：（1）当温度达到多少℃时，报警器会报警？（2）如果要使该装置在 87 ℃时报警，则应该再往玻璃管内注入多高的水银柱？

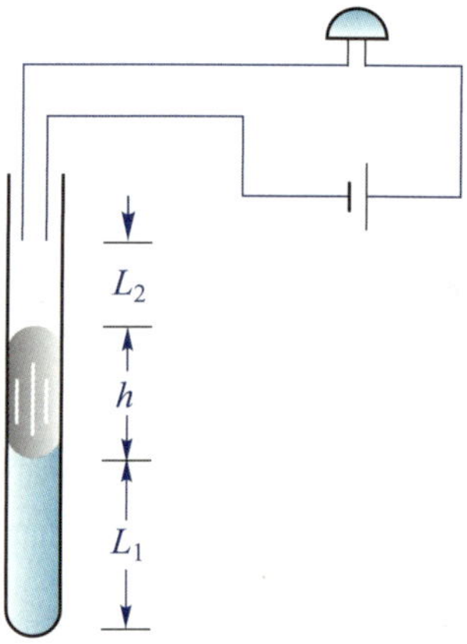

图 8–3–10　简易火灾报警装置

分析： 取封闭在玻璃管内的空气作为研究对象，设玻璃管的横截面积为 S。（1）根据题意，温度升高时可以认为压强保持不变。当 $T_1=300$ K 时，空气的体积 $V_1=L_1S$；当温度为 T_2 报警时，体积为 $V_2=(L_1+L_2)S$。（2）未加水银时，空气柱内的温度、压强、体积分别为 $T_1=300$ K，$p_1=(75+8)$ cmHg，$V_1=L_1S$，当 $T_3=360$ K 报警时，应该再往玻璃管内注入 x cm 高的水银柱，否则无法报警。此时，空气柱内的压强、体积分别为 $p_3=(75+8+x)$ cmHg，$V_3=(L_1+L_2-x)S$。

解：（1）根据盖·吕萨克定律 $\frac{V_1}{T_1}=\frac{V_2}{T_2}$ 得

$$T_2=\frac{V_2}{V_1}T_1=\frac{(L_1+L_2)S}{L_1S}T_1=\frac{0.20+0.10}{0.2}\times300\ \text{K}=450\ \text{K}$$

$$t_2=(450-273)\ ℃=177\ ℃$$

（2）当往玻璃管内注入 x cm 高的水银柱，根据 $\frac{p_1V_1}{T_1}=\frac{p_3V_3}{T_3}$ 得

$$\frac{83\times 20S}{300}=\frac{(83+x)(30-x)S}{360}$$

解得 $x=8.14$。

要使该装置在 87 ℃时报警，应该再往玻璃管内注入 8.14 cm 高的水银柱。

技术·中国　世界领先的压缩空气储能技术

利用电网负荷低谷时的剩余电力将空气压缩，并将其储存在高压密封设施内，在用电高峰时再将它释放出来驱动燃气轮机发电，这是一种新型蓄能蓄电技术，具有规模大、成本低、寿命长、清洁无污染等优势，因此也是一种更为高效的能源利用方式。

压缩空气储能技术门槛高，研发难度大。目前，中国科学院工程热物理研究所已突破了 1—100 MW 级压缩空气储能技术的瓶颈，其整体研发进程及系统性能均处于国际领先水平。2013 年，我国在河北廊坊建成了国际上首个 1.5 MW 压缩空气储能国家示范项目，2016 年，在贵州毕节建成了国际上唯一的 10 MW 级新型压缩空气储能国家示范项目。同时，应用压缩空气储能技术的我国第一个 10 MW 商业电站——山东肥城压缩空气储能电站已基本建成，世界首座非补燃式压缩空气储能商业电站——金坛盐穴压缩空气储能项目（图 8-3-11），已于 2021 年 8 月投入运行。2021 年 12 月 31 日，国际首套百兆瓦先进压缩空气储能国家示范项目在张家口送电成功，顺利实现并网。

图 8-3-11　盐穴压缩空气储能

练习与应用（Ⅰ）

1. 一杯水的温度从 20 ℃升至 30 ℃，它的热力学温度升高了 283 K，这句话对吗？

2. 在炎热的夏天，打足气的自行车胎在日光曝晒下有时会爆胎，为什么？

3. 存放在冷库内的密闭且能导热的氮气瓶容积为 V，瓶内气体的压强为 0.9 p_0，温度与冷库内温度相同。现将氮气瓶移至冷库外，假设冷库外的环境温度保持 27 ℃不变，稳定后瓶内气体压强变为 p_0，求冷库内的温度。

4. 在温度为 18 ℃时，氧气瓶上压强计的读数为 6.0×10^6 Pa，当温度降低至 0 ℃时，氧气瓶上压强计的读数为多少？

练习与应用（Ⅱ）

1. 在图 8-3-12 中，用长为 50 mm 的一小段水银柱，把空气封闭在粗细均匀的玻璃管里，当时的大气压强为 1.0×10^5 Pa。试计算当玻璃管水平放置时，开口向上竖直放置时，开口向下竖直放置时，封闭在玻璃管里的空气的压强。

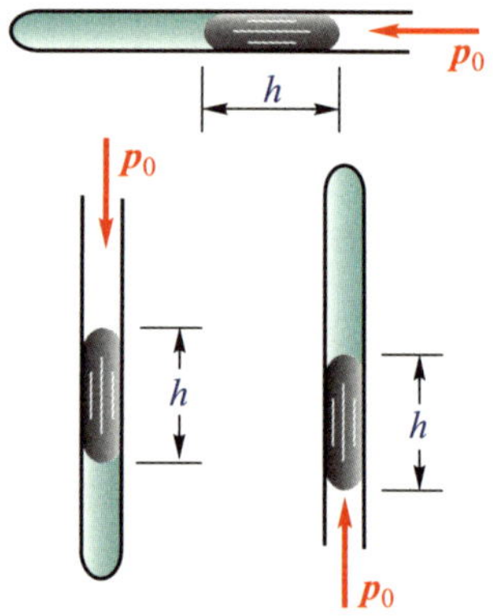

图 8-3-12　细玻璃管封闭一段空气

2. 给某包装袋充入氮气后密封，在室温下，袋中气体压强为 1 个标准大气压、体积为 1 L。若将其缓慢压缩到压强为 2 个标准大气压，气体的体积变为 0.45 L。请问该包装袋是否漏气？

3. 为适应太空环境，去太空旅行的航天员都要穿航天服。航天服有一套生命系统，为航天员提供合适温度、氧气和气压，让航天员在太空中如同在地面上一样。假如在地面上航天服内气压为 1.0×10^5 Pa，气体体积为 2 L，到达太空后由于外部气压低，航天服急剧膨胀，内部气体体积变为 4 L，使航天服达到最大体积。若航天服内气体的温度不变，将航天服视为封闭系统。（1）求此时航天服内的气体压强；（2）若开启航天服封闭系统向航天服内充气，使航天服内

的气压恢复到 9.0×10^4 Pa，则需补充 1.0×10^5 Pa 的等温气体多少升？

4. 2020 年 12 月 8 日，我国和尼泊尔共同宣布了珠穆朗玛峰海拔的最新测定数据：8 848.86 m，这展示了我国测绘技术的发展成果，对于珠峰地区的生态环境保护等具有重大意义。登山队员在攀登高峰的时候必须带上专业的登山装备，某队员戴了登山手表攀登珠穆朗玛峰，手表是密封的，表内温度 27 ℃时气体压强为 1.0×10^5 Pa（常温下的大气压强值），当他登上峰顶时，峰顶气压为 4.0×10^4 Pa，表内温度为 −23 ℃。则此登山手表表面玻璃可以承受的内外压强差至少为多大？

本章思维导图

- 物体的热力学能 气体的性质
  - 分子动理论
    - 分子热运动
      - 实验：扩散运动、布朗运动
      - 运动特点：永不停息，无规则，温度越高，运动越剧烈
    - 分子间的相互作用力
      - 引力、斥力同时存在，引力和斥力的合力为分子力
      - 分子间的作用力与分子间的距离有关
    - 分子动理论的基本观点
      - 一切物体都是由大量分子组成的
      - 分子在永不停息地做无规则运动
      - 分子之间有空隙，分子间有相互作用力
    - 热力学能
      - 影响因素：温度和体积
      - 改变途径：做功、热传递
  - 热力学第一定律
    - 热力学第一定律
      - 公式：$\Delta U = Q+W$
      - 各物理量正、负的规定
    - 能量守恒定律
      - 表达式：(1) 从不同状态看，$E_{初} = E_{末}$
        (2) 从能的转化角度看，$\Delta E_{增} = \Delta E_{减}$
      - 适用范围：是自然界普遍适用的基本定律之一
  - 理想气体状态方程
    - 气体的状态参量
      - 体积
        - 体积的概念
        - SI单位：m^3，$1\ m^3 = 10^3\ L = 10^6\ mL$
      - 温度
        - 摄氏温度：$t = T-273$
        - 热力学温度：$T = t+273$
      - 压强
        - 压强的概念
        - SI单位：Pa，$1\ atm = 76\ cmHg = 1.013\times10^5\ Pa$
    - 理想气体状态方程
      - 适用条件：一定质量的理想气体
      - 公式：$\dfrac{p_2V_2}{T_2} = \dfrac{p_1V_1}{T_1}$
    - 气体三个实验定律
      - 玻意耳-马略特定律
        - 公式：$p_1V_1 = p_2V_2$
        - 成立条件：气体质量一定、温度不变
      - 查理定律
        - 公式：$\dfrac{p_2}{T_2} = \dfrac{p_1}{T_1}$
        - 成立条件：气体质量一定、体积不变
      - 盖·吕萨克定律
        - 公式：$\dfrac{V_2}{T_2} = \dfrac{V_1}{T_1}$
        - 成立条件：气体质量一定、压强不变

附录　法定计量单位

在物理学中，任何一个物理量，都有它自己的单位。如长度的单位用 m（米），力的单位用 N（牛），速度的单位用 m/s（米 / 秒）。只有数值而没有单位的物理量是没有意义的。

以前，各国所采用的单位不一致，例如，英国在日常生活中用英尺、磅作为计量的基本单位，而我国常用尺、斤作为计量的单位。由于采用的基本单位不同，由此推导出来的单位也不相同，因而存在着多种单位制。多种单位制的并用，严重影响了科学技术的交流和发展。为了避免这一点，国际上制定了一种通用的适合一切计量领域的单位制，称为**国际单位制**，简称 SI。1971 年第十四届计量大会决定采用七个基本单位：米、千克、秒、安培、开尔文、摩尔和坎德拉，见表 1：

表 1　SI 中基本单位

物理量名称		长度	质量	时间	电流	热力学温度	物质的量	发光强度
单位名称		米	千克	秒	安培	开尔文	摩尔	坎德拉
单位符号	中文	米	千克	秒	安	开	摩尔	坎
	英文	m	kg	s	A	K	mol	cd

只要我们选定以上七个基本单位，就能够利用有关公式推导出其他物理量的单位。根据物理公式导出的单位称为**导出单位**。例如，可根据公式 $s=\frac{v}{t}$，得出速度的单位是 m/s（米 / 秒）。另外，还有一些专门名称的 SI 导出单位，如力的单位 N（牛）、压强的单位 Pa（帕）、能量的单位 J（焦）、功的单位 W（瓦）等。

另外，国家还规定了一些非国际单位制的法定计量单位，如质量的单位 t（吨）、时间的单位 h（时）、min（分）等。

本书中所有的物理量，一律采用以国际单位制为基础的国家法定计量单位。表 2—表 5 简单介绍了上册用到的一些法定计量单位和一些工程技术上广泛沿用的非国际单位制的法定单位。

表 2　SI 中具有专门名称的导出单位

物理量的名称	单位名称	单位符号	备注
频率	赫［兹］	Hz	s^{-1}
力、重力	牛［顿］	N	$kg \cdot m/s^2$
压强	帕［斯卡］	Pa	N/m^2
能量、功、热	焦［耳］	J	$N \cdot m$
功率	瓦［特］	W	J/s
摄氏温度	摄氏度	℃	

注：方括号内的字在不致混淆的情况下可以省略，后面各表同此。

表 3　组 合 单 位

物理量的名称	单位名称	单位符号	备注
力矩	牛［顿］米	$N \cdot m$	
速度	米每秒	m/s	
加速度	米每二次方秒	m/s^2	
角速度	弧度每秒	rad/s	
冲量	牛［顿］秒	$N \cdot s$	
动量	千克米每秒	$kg \cdot m/s$	
面积	平方米	m^2	
体积	立方米	m^3	
密度	千克每立方米	kg/m^3	

表 4　可与国际制单位并用的我国法定计量单位

物理量的名称	单位名称	单位符号	备注
时间	分	min	1 min = 60 s
	［小］时	h	1 h = 60 min = 3 600 s
质量	吨	t	$1\ t = 10^3\ kg$
体积	升	L	$1\ L = 10^{-3}\ m^3$
转速	转每分	r/min	$1\ r/min = (1/60)\ s^{-1}$
级差	分贝	dB	
平面角	［角］秒	″	1″ = π /648 000 rad
	［角］分	′	1′ = 60″
	度	°	1° = 60′

表 5　用于构成十进倍数单位和分数单位的常用词头

表示的因数	10^6	10^3	10^2	10^1	10^{-1}	10^{-2}	10^{-3}	10^{-6}	10^{-9}	10^{-12}
词头名称	兆	千	百	十	分	厘	毫	微	纳	皮
词头符号	M	k	h	da	d	c	m	μ	n	p

注：（1）除有专门名称外，其他导出单位称为组合单位。

（2）加有词头的单位，称为倍数单位或分数单位，如 km，cm（但 kg 是基本单位，而 g 是分数单位）。